"碳中和多能融合发展"丛书编委会

主　编：

刘中民　中国科学院大连化学物理研究所所长/院士

编　委：

包信和　中国科学技术大学校长/院士

张锁江　中国科学院过程工程研究所研究员/院士

陈海生　中国科学院工程热物理研究所所长/研究员

李耀华　中国科学院电工研究所所长/研究员

吕雪峰　中国科学院青岛生物能源与过程研究所所长/研究员

蔡　睿　中国科学院大连化学物理研究所研究员

李先锋　中国科学院大连化学物理研究所副所长/研究员

孔　力　中国科学院电工研究所研究员

王建国　中国科学院大学化学工程学院副院长/研究员

吕清刚　中国科学院工程热物理研究所研究员

魏　伟　中国科学院上海高等研究院副院长/研究员

孙永明　中国科学院广州能源研究所副所长/研究员

葛　蔚　中国科学院过程工程研究所研究员

王建强　中国科学院上海应用物理研究所研究员

何京东　中国科学院重大科技任务局材料能源处处长

"十四五"国家重点出版物出版规划项目

国家出版基金项目
NATIONAL PUBLICATION FOUNDATION

碳中和多能融合发展丛书

刘中民　主编

生物能源基础与应用

郭荣波　崔　球　吴晋沪 等/著

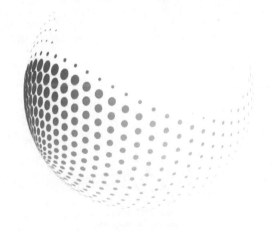

科 学 出 版 社

龙 門 書 局

北 京

内 容 简 介

全书分为生物能源基础和生物能源应用两篇。第一篇包括生物能源概论、生物能源与微生物、能源植物、能源微藻等四章内容,主要从生物能源的基本要素、基本原理等方面介绍生物能源基础知识。第二篇包括油脂基生物燃油、生物天然气、木质纤维素糖化和液体生物燃料、生物质热化学转化等四章内容,主要从不同形式的生物能源的生产工艺、生产设备、工程建设和运行等方面介绍生物能源的应用技术。

本书可为生物能源领域的科技人员、生产人员提供参考。

图书在版编目(CIP)数据

生物能源基础与应用 / 郭荣波等著. -- 北京: 龙门书局, 2024.6. -- (碳中和多能融合发展丛书 / 刘中民主编). -- ISBN 978-7-5088-6430-3

Ⅰ. TK6

中国国家版本馆 CIP 数据核字第 2024Y9A338 号

责任编辑:吴凡洁 高 微 / 责任校对:王萌萌
责任印制:师艳茹 / 封面设计:有道文化

科学出版社
龙门书局 出版
北京东黄城根北街 16 号
邮政编码:100717
http://www.sciencep.com
涿州市殷润文化传播有限公司印刷
科学出版社发行 各地新华书店经销
*
2024 年 6 月第 一 版 开本:787×1092 1/16
2024 年 6 月第一次印刷 印张:14 1/2
字数:344 000
定价:168.00 元
(如有印装质量问题,我社负责调换)

本书编撰委员会

主　　编：郭荣波　　崔　球　　吴晋沪

副 主 编：冯银刚　　刘天中　　李福利　　付春祥
　　　　　李学兵　　徐　健

委　　员：郭荣波　　赵玉中　　冯　权　　罗生军
　　　　　李福利　　吕　明　　刘自勇　　苏　航
　　　　　付春祥　　吴振映　　熊王丹　　刘天中
　　　　　徐　健　　周文俊　　辛　一　　陈　林
　　　　　王勤涛　　李学兵　　李广慈　　陈　松
　　　　　陈　磊　　庄庆发　　付善飞　　师晓爽
　　　　　连淑娟　　崔　球　　冯银刚　　吴晋沪
　　　　　陈天举

丛书序

2020 年 9 月 22 日，习近平主席在第七十五届联合国大会一般性辩论上发表重要讲话，提出"中国将提高国家自主贡献力度，采取更加有力的政策和措施，二氧化碳排放力争于 2030 年前达到峰值，努力争取 2060 年前实现碳中和"。"双碳"目标既是中国秉持人类命运共同体理念的体现，也符合全球可持续发展的时代潮流，更是我国推动高质量发展、建设美丽中国的内在需求，事关国家发展的全局和长远。

要实现"双碳"目标，能源无疑是主战场。党的二十大报告提出，立足我国能源资源禀赋，坚持先立后破，有计划分步骤实施碳达峰行动。我国现有的煤炭、石油、天然气、可再生能源及核能五大能源类型，在发展过程中形成了相对完善且独立的能源分系统，但系统间的不协调问题也逐渐显现，难以跨系统优化耦合，导致整体效率并不高。此外，新型能源体系的构建是传统化石能源与新型清洁能源此消彼长、互补融合的过程，是一项动态的复杂系统工程，而多能融合关键核心技术的突破是解决上述问题的必然路径。因此，在"双碳"目标愿景下，实现我国能源的融合发展意义重大。

中国科学院作为国家战略科技力量主力军，深入贯彻落实党中央、国务院关于碳达峰碳中和的重大决策部署，强化顶层设计，充分发挥多学科建制化优势，启动了"中国科学院科技支撑碳达峰碳中和战略行动计划"(以下简称行动计划)。行动计划以解决关键核心科技问题为抓手，在化石能源和可再生能源关键技术、先进核能系统、全球气候变化、污染防控与综合治理等方面取得了一批原创性重大成果。同时，中国科学院前瞻性地布局实施"变革性洁净能源关键技术与示范"战略性先导科技专项(以下简称专项)，部署了合成气下游及耦合转化利用、甲醇下游及耦合转化利用、高效清洁燃烧、可再生能源多能互补示范、大规模高效储能、核能非电综合利用、可再生能源制氢/甲醇，以及我国能源战略研究等八个方面研究内容。专项提出的"化石能源清洁高效开发利用"、"可再生能源规模应用"、"低碳与零碳工业流程再造"、"低碳化、智能化多能融合"四主线"多能融合"科技路径，为实现"双碳"目标和推动能源革命提供科学、可行的技术路径。

"碳中和多能融合发展"丛书面向国家重大需求，响应中国科学院"双碳"战略行动计划号召，集中体现了国内，尤其是中国科学院在"双碳"背景下在能源领域取得的关键性技术和成果，主要涵盖化石能源、可再生能源、大规模储能、能源战略研究等方向。丛书不但充分展示了各领域的最新成果，而且整理和分析了各成果的国内国际发展情况、产业化情况、未来发展趋势等，具有很高的学习和参考价值。希望这套丛书可以为能源领域相关的学者、从业者提供指导和帮助，进一步推动我国"双碳"目标的实现。

中国科学院院士

2024 年 5 月

前言

从广义上讲，生物能源与人类的发展息息相关，从远古的钻木取火，到目前的生物乙醇、生物燃油、生物燃气等新能源，生物能源一直伴随着人类的发展进步。生物能源直接或间接来源于植物的光合作用，其资源丰富且多样，包括农业生物质废弃物、林木废弃物、厨余垃圾、工业有机垃圾、藻类生物质和能源作物等，分布广泛，且取之不尽、用之不竭。生物能源的产品形式也多种多样，包括发电、供热、燃油、燃气、乙醇等，可以构建出互补的能源系统，广泛应用于工业、农业、交通、生活等各领域，其原料的多样性和燃料产品的多样性是其他可再生能源无法替代的。同时，生物能源作为绿色、低碳、清洁能源的同时，还可以提供大宗化学品原料和有机肥、土壤改良剂等生态产品，可以成为可持续发展和循环经济的关键枢纽。基于上述因素，生物能源必然会成为未来解决能源危机的重要途径之一。

"双碳"目标是中国参与全球环境治理、应对气候变化的政治承诺，同时也是一场广泛而深刻的经济社会系统性变革，更是一场新的科学技术革命。生物能源是国际公认的零碳能源，可以从生物质废弃物治理、化石能源替代、化肥替代、农业循环经济发展等多个方面实现碳减排效益，若结合生物质能—碳捕集和封存（BECCS）技术，生物能源可实现负碳利用。可以说，生物能源是可再生能源中最具碳减排效益的新能源技术，在当前"双碳"背景下，生物能源的发展愈发受到世界各国的重视，已经逐步成为我国以及欧美国家的重大科技需求和战略性新兴产业。

本书分为"生物能源基础"和"生物能源应用"两篇，第一篇"生物能源基础"主要包括：生物能源概论、生物能源与微生物、能源植物、能源微藻等四章，按照生物质资源分类对生物能源的基础进行介绍。第二篇"生物能源应用"主要包括：油脂基生物燃油、生物天然气、木质纤维素糖化和液体生物燃料、生物质热化学转化等四章，按照不同的生物能源产品对生物能源的产业应用进行介绍。通过以上篇章，希望从生物能源过程的基本理论和实际工程应用两方面对读者作较为全面的介绍。但由于篇幅所限，本书对相关原理或技术的介绍尚不够深入。本书为中国科学院战略性先导科技专项"变革性洁净能源关键技术与示范"的最新研究成果，对生物质直燃发电、生物质成型燃料等两种生物能源未做过多讨论。

本书主要由中国科学院青岛生物能源与过程研究所生物能源研究室的相关专家撰写，其中工业生物燃气研究中心主任郭荣波研究员担任主编，并负责撰写了第 1 章和第 6 章；分子微生物工程研究组组长李福利研究员负责撰写第 2 章；能源作物分子育种研究组组长付春祥研究员负责撰写第 3 章；微藻生物技术研究组组长刘天中研究员和单细胞研究中心主任徐健研究员负责撰写第 4 章；多相催化转化研究组组长李学兵研究员负责撰写第 5 章；代谢物组学研究组组长崔球研究员和副组长冯银刚研究员负责撰写第 7 章；热化学转化研究组吴晋沪研究员负责撰写第 8 章。同时，各研究组的其他同事也为本书的资料收集和撰写做出了大量工作，在此不一一详列。

由于作者知识有限，相关文献资料搜集也不够全面，有不足或疏漏之处，恳请广大读者和领域内专家批评指正。

2023 年 10 月 30 日

目录

第一篇
生物能源基础

第1章

生物能源概论

生物能源是以生物质为原料通过生物和化学过程得到的能源化学品。生物质原料资源丰富，包括农业废弃物(秸秆、粪污、蔬菜尾菜等)、工业废弃物(酒糟、食品加工剩余物、林业三剩等)、城市固体有机废弃物、藻类生物质以及能源作物等。生物质原料转化所得的生物能源产品可分为气体生物燃料(沼气、热解气等)、液体生物燃料(生物乙醇、生物柴油等)以及固体生物燃料(生物质成型燃料等)，其具有可持续、绿色、低碳、清洁的特点。自古以来，以煤炭、石油、天然气为主的化石燃料资源一直是人类发展的基石，然而，对化石燃料资源的过度开发和利用导致了温室气体的大量排放，从而导致全球气温上升。针对全球气候变化这一关键问题，零碳排放的概念已被全球学术界和工业界广泛接受。生物质能作为公认的零碳能源，是化石能源的重要替代品，引起人们关注。

1.1　生物质资源

生物质资源十分丰富，主要包括生物质废弃物、能源植物、能源微藻等资源，鉴于能源微生物在生物能源转化过程中发挥的关键作用及多样性，也可将其归类为生物质资源。

1.1.1　生物质废弃物

生物质废弃物是我国资源潜力最大的一类生物质资源，主要包括农林生物质废弃物(秸秆、粪污、蔬菜尾菜)、工业生物质废弃物(酒糟、食品加工剩余物、林业三剩)、生活生物质垃圾(厨余垃圾、餐饮垃圾)等。根据《3060 零碳生物质能发展潜力蓝皮书》[1]，当前我国主要的生物质废弃物资源年产量约 34.94 亿 t，作为能源相当于 4.6 亿 t 标准煤的开发潜力，具有很大的应用前景。其中，我国 2020 年秸秆的理论资源量约为 8.29 亿 t，其中约 6.94 亿 t 可收集，但秸秆的燃料化利用仅 8821.5 万 t，秸秆资源主要分布在东北、四川、河南等产粮大省，秸秆资源前五的省份黑龙江、吉林、四川、湖南、河南占全国总量的 59.9%；我国畜禽粪污的资源量达 18.68 亿 t(不含清洗粪污的废水)，用于沼气利用的总量 2.11 亿 t，资源集中在山东、四川、河北、河南、江苏五个养殖大省，占全国总量的 37.7%。林业三剩可利用总量约为 3.5 亿 t，其中有 960.4 万 t 被能源化利用，主要集中在我国南部山区，广东、广西、云南、湖南、福建五省的资源量占全国总量的 39.9%。我国生活垃圾(厨余垃圾占比约一半)资源量为 3.1 亿 t，其中焚烧量约 1.43 亿 t，集中在人口稠密的东部地区，广东、山东、河南、浙江、江苏五省的资源量占全国总量的 36.5%。废弃油脂年产 1055.1 万 t，仅 52.76 万 t 被资源化利用；污水污泥年产 1447 万 t(干重)，约 114.69 万 t 被资源化利用，集中在城市化程度较高的地区，北京、广东、山东、浙江、江苏五省市的资源量占全国总量的 44.3%。另外，大量蔬菜尾菜、酒糟、地沟油等食品加工废弃物等，也是生物能源利用的重要原料。总体来说，我国生物质废弃物资源丰富，资源总量呈现出不断上升的趋势，预计将维持 1.1% 以上的年增长率。预计 2030 年我国生物质废弃物资源总量约 37.95 亿 t，到 2060 年将达到 53.46 亿 t。

1.1.2 能源植物

能源植物从狭义上来说，是富含淀粉、纤维、脂肪等可应用于提取能源的植物。但从广义上来说，一切使用目的是获取能源(直接燃烧、气体、液体或者固体等)的植物，都可以定义为能源植物(藻类、草本、木本、一年生或者多年生等)。这种广泛性使得能源植物的分类标准难以统一，对其分类一直饱受争议。常见的分类方法有很多，包括但不限于植物系统分类法、生活周期分类法、光合途径分类法、化学成分分类法以及时间序列分类法等。其中化学成分分类法是目前比较常见的一种分类方法，该方法是以植物中所含有的某一种或一类可以用于提炼能源的物质进行分类的，常见的主要有糖类能源植物(甘蔗、菊芋、甜高粱、甜菜等)、淀粉类能源植物(玉米、木薯、甘薯等)、油料类能源植物(油菜、蓖麻、棕榈、麻疯树以及富含油脂藻类等)、纤维素类能源植物(柳枝稷、芒草、杨树、桉树等)等四大类[2-4]。在一些国家，能源植物被用作制备生物能源的主要原料，如德国利用玉米厌氧发酵制备沼气，巴西利用甘蔗制备生物乙醇，美国利用大豆制备生物柴油。我国为保证"不与人争粮、不与粮争地"，主要发展非粮能源植物，种类繁多，如西南分布广泛的甘蔗和麻疯树、北方常见的甜高粱和甜菜、长江流域分布广泛的油菜、西北的黄连木，芒草、柳枝稷、木薯、棕榈、水葫芦等资源也十分丰富。

1.1.3 能源微藻

微藻是一类在显微镜下才能辨别其形态的微小的藻类群体，主要生长在陆地、湖泊和海洋中，含蛋白质、藻蛋白、蓝藻蛋白、脂肪酸等物质。其油脂含量可达 20%～80%，可作为生物柴油的主要原材料使用。微藻作为第三代可再生能源的原料来源之一，具有光合效率高、生长周期短、不占用耕地资源、可高密度大规模生产等特点，是未来最有潜力替代化石燃料的资源[5]。同时，微藻对极端环境适应能力强，可以利用废水中的氮、磷等元素合成自身生物质，实现与废水处理的耦合。现阶段制约微藻能源规模化发展的主要因素是生产成本，其中微藻的培养成本最高，占微藻能源化生产总成本的 70% 以上[6,7]，而在微藻培养过程中水资源消耗占其培养成本的 6%～20%[8]。提高微藻的生物质产量和利用效率，减少微藻培养过程中淡水资源的消耗，可以有效地降低其生产成本。利用废水为微藻生长提供大量廉价原料，对能源生产、净化水体、修复生态有着重要的实际价值。

1.1.4 能源微生物

能源微生物是指能够将生物质转化为液体或气体燃料，以及与生物质转化密切相关的微生物的总称，包括木质纤维素乙醇转化、产甲烷、产氢或产脂等相关微生物。这些微生物分别与沼气、生物乙醇、生物氢气、生物柴油和生物燃料电池等能源的转化有直接的关系[9]。除此之外，前几年发现了一些能够产烃类化合物的微生物[10]，这种烃类化合物的成分与生物柴油的某些组分类似，这一发现为能源微生物的研究开辟了新的领域。近年来国内外针对农业废弃物进行的生物质转化成为国内研究的重点，主要涉及秸秆厌氧发酵产沼气和生物乙醇。沼气是最早被人们利用且应用范围广泛的一类生物能源，而生物乙醇是近年来发展较快的一类生物能源，特别是利用木质纤维素转化乙醇成为关注的热点。这两大类的生物质转化中主要是厌氧微生物起到关键作用。

1.2 生物能源产品

以生物质制备所得的生物燃料从形态上可以分为三类，即气体生物燃料、液体生物燃料和固体生物燃料。气体生物燃料主要包括由生物质经过厌氧发酵所得沼气、沼气提纯所得的生物天然气、生物氢气，以及由生物质热解所得的热解气。液体生物燃料主要包括生物乙醇、生物丁醇和生物柴油等。固体生物燃料在我国一般是指生物质成型燃料，通过专用燃烧设备直接燃烧使用。

1.2.1 气体生物燃料

生物质转化为气体燃料主要有两种途径。第一种途径即厌氧发酵途径，一般利用畜禽粪便、农作物秸秆、高浓度有机废水、有机垃圾等生物质废弃物在厌氧（没有氧气）条件下发酵，被种类繁多的发酵微生物分解转化后得到沼气，沼气的主要成分是 60%～70% 的甲烷，30%～40% 的二氧化碳，少量氢气、氮气、硫化氢等其他气体，沼气可以通过沼气发电机实现热电联供，也可以提纯后制成生物天然气以替代化石天然气。目前沼气/生物天然气的生产与利用已经实现商业化应用，尤其是在欧洲，沼气/生物天然气的能源供应占据了可再生能源的相当比例，我国近年来也建设了众多规模化的沼气工程和生物天然气工程。国内外也有众多学者研究生物制氢，同样是利用生物质厌氧发酵制备氢气，或通过光合细菌制备氢气，但受限于技术相对不够成熟，目前尚缺乏商业化应用的案例。第二种途径即热化学转化途径，也称为热解技术。固体生物质热解是利用有机物的热不稳定性，在无氧或缺氧条件下受热分解的过程。热解过程有机物发生化学分解，不仅得到气体燃料，在一定工艺条件下也会产生液体或固体可燃物质。热解气的成分主要包括氢气、一氧化碳、甲烷、水蒸气、二氧化碳、氨气、硫化氢、氰化氢等。热解液主要包括有机酸、芳烃、焦油、甲醇、丙酮、乙酸等。固体残渣主要包括灰渣、炭黑等含纯碳和聚合高分子的含碳物。20 世纪 70 年代初期，热解技术被应用于城市固体废物，随着现代工业的发展，热解处理已经成为一种有发展前景的固体废物处理方法之一。

1.2.2　液体生物燃料

液体生物燃料主要包括生物醇和生物油。生物乙醇可以直接作为燃料或作为添加剂直接添加到汽油中使用而无须对发动机做任何改造,根据我国乙醇汽油的国家标准,乙醇添加量为 10%。生物乙醇的制备过程是首先生物质预处理得到糖单体(葡萄糖),糖在各种微生物(酵母、细菌、酶)存在下发酵得到乙醇,乙醇经过蒸馏纯化后作为燃料使用。美国和巴西是生物乙醇的生产大国,其中美国主要以玉米制作生物乙醇,巴西主要以甘蔗为原料。我国当前也在大力推广乙醇汽油,因其不仅可以减少化石燃料使用,还可有效减少汽车尾气中 $PM_{2.5}$ 和 CO 等污染物及碳排放,但我国为保证粮食供应,前期主要使用甜高粱、木薯等非粮食作物作为原料。木质纤维素被认为是制备第二代生物乙醇的原料,其瓶颈在于如何将它转化为糖,目前糖化技术已取得重大突破,具有良好的市场前景。第三代生物乙醇利用藻类等高效光生物反应器为原料制备乙醇,但技术尚不成熟,远未达到工业化水平。

生物柴油是产量第二大的液体生物燃料。根据国际能源署(IEA)统计数据,2020 年生物柴油(含加氢植物油)全球产量为 480 亿 L。生物柴油可以与柴油混合使用,也可以单独使用。第一代生物柴油是由脂肪酸或三甘油酯与醇(甲醇、乙醇)在碱性或酸性催化剂存在下通过酯化或转酯化反应生成,脂肪酸(甲、乙)酯从甘油中分离出来直接用作燃料。第二代生物柴油采用加氢处理,该过程通过将植物油与溶剂在石油精炼装置中混合后加氢处理实现。棕榈油、葵花籽油、菜籽油、大豆油可用作油脂原料,但是它们作为食用油一般价格都较高。生物柴油生产的瓶颈在于如何获取低品质或废油来降低成本,避免与食品行业竞争。但这些廉价油通常含有大量水分和其他一些杂质而使转化过程变得复杂。基于此,一些非食用油如菜蓟油、麻疯树油、卡兰贾油被认为可以成为制备生物柴油的优选原料。此外,目前很多科研工作者也正在将目光转向利用微藻中的油脂来制备第三代生物柴油。

1.2.3　固体生物燃料

固体生物燃料一般指生物质成型燃料。制备方法一般是将木屑、稻壳、秸秆等农林废弃物进行破碎、除杂、混合、软化、调质、挤压、烘干等物理处理后,制成颗粒状的成型燃料。生物质成型燃料的使用一般需要专用炉具,用于提升燃烧效率并减少污染物的排放,成为高效的清洁燃料。相对于生物处理所产生的燃料,成型燃料工艺简单、易于推广,但处理过程能耗相对较高,其燃烧的污染控制也存在一些问题。

1.3　生物能源与碳中和

2020 年第七十五届联合国大会上,世界各国纷纷提出了碳中和目标,实现碳中和,已成为人类发展的共识。碳中和指在一定时期内人为的温室气体排放与移出达到一种平衡状态，实现二氧化碳的"净零排放"[11]。在实现碳中和的路径中，最重要的是实现能源绿色低碳发展。太阳能、风能等可再生能源虽然在可再生能源供应方面有巨大贡献，但是依然有碳排放，且其对生态环境有潜在的不利影响。生物能源直接或间接地来源于绿色植物的光合作用，自然界的碳经过光合作用进入生物界，生物界的碳通过燃烧、降解和呼吸又回到自然界，从而构成碳元素循环链，因而生物能源是国际公认的零碳能源[1]。尤其生物能源可利用大量的生物质废弃物，对生态环境改善和碳减排有着巨大作用。

从全生命周期分析，在生物能源作为零碳能源的利用过程中，如果增加碳的捕集和封存，能够创造碳负排放。碳负排放被广泛认为是达到碳中和的重要技术手段。碳捕集与封存(carbon capture and storage, CCS)技术从化石燃料发电厂或者工业过程等来源的混合气体中捕集二氧化碳并将其储存，从而与大气隔离。CCUS 是在 CCS 的基础上增加了"利用"(utilization)，是在中美两国的大力倡导下形成的，已得到国际上的普遍认可。生物质能-碳捕集与封存(bioenergy with carbon capture and storage, BECCS)技术是一项结合生物质能和 CCS 技术以实现二氧化碳负排放的技术[12]。BECCS 是指将生物质燃烧或转化过程中产生的二氧化碳进行捕集、封存或利用[13]。BECCS 技术利用植物的光合作用将大气中的二氧化碳转化为有机物，并以生物质的形式存储，可直接用于燃烧产生热量和能量，或者利用化学反应合成天然气或氢气等其他高价值清洁能源，燃烧过程产生的二氧化碳利用 CCS 技术捕集，经过进一步压缩和冷却处理，用船舶或管道输送，最后被注入合适的地质构造中永久封存[14]。在该技术中，光合作用捕获的二氧化碳不会重新释放到大气中，而是通过 CCS 技术永久封存在地层中，从而实现负排放[15]。生态环境部环境规划院发布的《中国二氧化碳捕集利用与封存(CCUS)年度报告(2021)——中国 CCUS 路径研究》对 BECCS 碳减排贡献需求进行了预测，预计到 2050 年达到 3.5 亿 t，2060 年达到 4.5 亿 t。

BECCS 技术的应用受多种因素影响，生物质资源量是影响其应用潜力的关键制约因素。BECCS 技术的成本既要考虑生物质能成本又要考虑 CCS 成本，且不同 CCS 应用成本差异较大。BECCS 技术的应用、推广与 CCS、CCUS 各环节的成熟度具有密切关系。我国目前已在 CCUS 技术方面积累了一定的经验，示范项目 40 个左右，遍布全国 19 个省份，捕集能力 300 万 t/a，捕集碳的行业和封存类型呈现多样化，生物利用主要集中在微藻固定和气肥利用两方面[16]。截至 2019 年底，国际上只有 5 个 BECCS 项目处于运营状态，捕集 CO_2 约 1.5t/a[12]，分布在美国、加拿大、荷兰，以玉米为主的农产品捕集 CO_2，然后将农作物发酵制乙醇[15]。

生物质能利用方式目前主要包括生物质发电、生物液体燃料、生物质清洁供热等，以供电、供热、供气等多种方式应用在生活的多个领域。我国生物质资源能源化利用量约 4.61 亿 t，实现碳减排量约为 2.18 亿 t[1]。根据统计预测，生物质发电、生物天然气、生物液体燃料和 BECCS 技术将在未来大幅提升减排潜力，预计到 2030 年，生物质能碳减排将超 9 亿 t，到 2060 年将超 20 亿 t，这将为我国实现"双碳"目标做出重要的贡献(图 1.1)[16]。

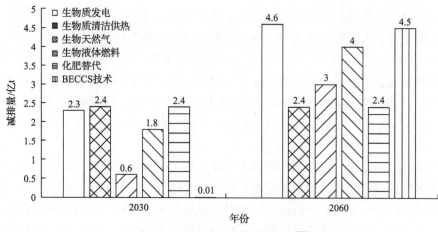

图 1.1 生物能源碳减排量预测[2]

1.4 生物能源的发展前景

生物质资源来源广泛，生物质能的形式多种多样，广泛应用于工业、农业、交通、生活等各领域，是其他可再生能源所不能替代的，尤其是在碳负排放领域，具有其他能源不可比拟的优势。生物能源产业的快速发展，可以为世界各国应对当前能源安全、全球变暖、能源需求不断增大等挑战发挥出重要作用。

基于生物能源的价值和发展意义，众多国家大力发展生物能源。美国在生物乙醇和生物燃油领域处于国际领先地位，2020 年美国能源部宣布未来 5 年提供 9700 万美元用于支持 33 个生物能源技术研发项目，包括生物燃料和生物基产品放大生产的工艺研究、生物质废弃物转化为能源、藻类生物基产品和空气 CO_2 直接捕集技术等 7 个技术领域。欧洲在生物天然气、生物柴油、生物质发电和生物质清洁供暖领域等都有高质量的发展。欧洲众多国家均颁布了一系列支持生物质能发展的法案，就目前而言，生物天然气在欧洲的发展如火如荼，欧洲沼气协会（EBA）表示，欧盟将投入 830 亿欧元用于扩大生物天然气生产。巴西是世界上采用乙醇作为汽车燃料最成功的国家。印度尼西亚则大力推动棕榈油制备生物柴油替代化石燃油。目前生物能源约占世界能源消费的 10%[17]，生物能源产业成为各国的重大科技需求和战略性新兴产业。随着各国对生物能源的重视和加码，未来生物能源在世界能源消费中的比例还将继续扩大。

生物能源产业作为我国七大战略性新兴产业之一，是中央和地方政府大力支持的重点领域。我国出台了一系列政策推动生物质能的利用，国家制定了企业税收减免和生物质发电的标杆电价补贴等多种激励措施。2005 年全国人民代表大会颁布了《可再生能源法》，鼓励开发、生产、利用生物燃料和发展能源作物。2016 年国家能源局颁布了《生物质能发展"十三五"规划》，指出将生物质能作为促进能源结构调整和可持续发展的重要途径、发展低碳经济和循环经济的重要环节、发展农村经济的重要措施、培育和发展战略性新兴产业的重要内容。2022 年 6 月 1 日，我国发布了《"十四五"可再生能源发展规划》，要求稳步推进生物能源产业发展，促进生物能源在清洁能源替代、农村生物质废弃物治理、农业循环发展、实现"双碳"目标等领域发挥重要作用。目前，我国生物能源产业正逐渐拉近与欧美发达国家的差距，相关技术和支持政策正不断完善，生物能源产业不断壮大，展现了广阔的市场发展前景。

参 考 文 献

[1] 中国产业发展促进会生物质能产业分会，德国国际合作机构（GIZ），生态环境部环境工程评估中心，北京松杉低碳技术研究院. 3060 零碳生物质能发展潜力蓝皮书[R/OL]. 北京，2021.

[2] Field C B, Campbell J E, Lobell D B. Biomass energy: The scale of the potential resource[J]. Trends in Ecology & Evolution, 2008, 23(2): 65-72.

[3] Zhuang D, Jiang D, Liu L, et al. Assessment of bioenergy potential on marginal land in China[J]. Renewable and Sustainable Energy Reviews, 2011, 15(2): 1050-1056.

[4] Qin X, Feng F, Li Y, et al. Maize yield improvements in China: Past trends and future directions[J]. Plant Breeding, 2016, 135(2): 166-176.

[5] Wijffels R H, Barbosa M J. An outlook on microalgal biofuels[J]. Science, 2010, 329(5993): 796-799.

[6] Behzadi S, Farid M M. Review: Examining the use of different feedstock for the production of biodiesel[J]. Asia-Pacific Journal of Chemical Engineering, 2007, 2: 480-486.

[7] Slade R, Bauen A. Micro-algae cultivation for biofuels: Cost, energy balance, environmental impacts and future prospects[J]. Biomass and Bioenergy, 2013, 53: 29-38.

[8] Sun A, Davis R, Starbuck M, et al. Comparative cost analysis of algal oil production for biofuels[J]. Energy, 2011, 36(8): 5169-5179.

[9] Stephanopoulos G. Challenges in engineering microbes for biofuels production[J]. Science, 2007, 315(5813): 801-804.

[10] Ladygina N, Dedyukhina E G, Vainshtein M B. A review on microbial synthesis of hydrocarbons[J]. Process Biochemistry, 2006, 41(5): 1001-1014.

[11] 潘家华. 碳中和：需要颠覆性技术创新和发展范式转型[J]. 三峡大学学报（人文社会科学版），2022, 44(1): 5-11.

[12] 樊静丽，李佳，晏水平，等. 我国生物质能-碳捕集与封存技术应用潜力分析[J]. 热力发电，2021, 50(1): 7-17.

[13] Consoli C. Bioenergy and Carbon Capture and Storage[M]. Melbourne: Global CCS Institute, 2019.

[14] Daggash H A, Heuberger C F, Mac Dowell N. The role and value of negative emissions technologies in decarbonising the UK energy system[J]. International Journal of Greenhouse Gas Control, 2019, 81: 181-198.

[15] 陈创，贾贺，李英楠. 生物质能-碳捕集与封存技术：实现绿色负排放[C]. 杭州：第十届全国能源与热工学术年会，2019.

[16] 生态环境部. 中国二氧化碳捕集利用与封存（CCUS）年度报告（2021）——中国 CCUS 路径研究[A]. 2021.

[17] 付鹏，徐国平，李兴华，等. 我国生物质发电行业发展现状与趋势及碳减排潜力分析[J]. 工业安全与环保，2021, 47(S1): 48-52.

第2章

生物能源与微生物

2.1 能源微生物概论

2.1.1 能源微生物简介

细菌、真菌、古菌、病毒等需要显微镜放大才能看到的生物属于微生物。微生物不但在大小形状上各不相同，而且在结构、栖息地、新陈代谢和许多其他特征上也各不相同。虽然人们普遍认为微生物会伤害植物和动物，包括人类，但微生物能够以多种方式为我们服务，如在制造各种食物、药品，污水处理，可再生能源制造等领域。

微生物几乎存在于地球上的每个角落，广泛存在于地球上的陆地、森林、沙漠、间歇泉、岩石和深海等不同环境中，甚至可以存在于热间歇泉、通风口等极端环境中，以及人体内部。它们具有广泛的代谢能力，可以在各种环境中生长，使用不同的营养组合。有些细菌是光能自养型，其可以利用阳光来固定二氧化碳，并产生糖类物质，如蓝细菌，还有一些细菌是化能自养型，它们从环境中的有机或无机化合物中获取能量。但绝大多数的细菌都需要糖作为能量和碳源进行代谢。

微生物需要氮源和碳源作为能量供给来维持生长，其可以从碳水化合物、有机酸、醇和氨基酸等物质中获得能量。大多数微生物能够代谢单糖，如葡萄糖。其中某些微生物能够代谢更复杂的碳水化合物，如淀粉、纤维素或动物肌肉中的糖原等，还有些微生物可以利用脂肪作为能量来源。氨基酸同样是微生物氮和能量的来源，被大多数微生物所利用。也有部分微生物能够代谢更复杂的寡肽或蛋白质。当然，氮的其他来源包括尿素、氨、肌酐和甲胺等。只有提供适当的营养物质，微生物才会正常生长并代谢产生需要的产品。

随着人类社会的工业化程度提高和生活质量需要的增大，全球能源消耗不断增加。当前，化石燃料是我们的主要能源，但包括生物燃料在内的可再生能源越来越受到关注[1]。利用可再生的生物燃料替代部分化石燃料具有减少温室气体排放和改善环境质量的潜力[2, 3]。生物燃料主要包括生物乙醇、生物丁醇、生物柴油、生物天然气、生物氢气和生物质等。本章将以生物燃料的类别为主线，逐个阐述可以生产上述生物燃料的微生物。

事实上，所有生物燃料都是从太阳光的能量中获得的。换句话说，高等植物和微生物，如蓝细菌，利用光合作用捕获阳光中的能源，同时固定二氧化碳和水转化为生物质。

其中一些生物质可直接用作燃料。但在大多数情况下，生物质可以通过微生物转化[4]或化学改性转化，制备成生物燃料的粗成品。例如，通过光合作用产生的淀粉和纤维素等多糖大分子可以通过微生物酶解和代谢，转化为生物乙醇、生物丁醇和生物柴油。同样，光合作用产生的生物质和油脂可以化学转化为生物柴油和生物汽油等燃料。因此，利用光合作用和微生物生物质产生的生物燃料可以消除对耕地的燃料生产需求，从而减少生物燃料对粮食和饲料生产的潜在影响[5, 6]。

2.1.2　能源微生物与代谢工程

不论是通过光合作用生成的生物质进行微生物转化，还是直接利用光合自养微生物制备生物燃料，都可以采用相对应微生物的遗传操作手段和代谢途径改造的方式来提升微生物的生产强度。近几十年来，通过自然界筛选、随机诱变和胁迫进化等手段获得了很多工业化应用的微生物[7, 8]。然而，这些改造过程在很大程度上是缓慢和不可控的。例如，微生物在缺少相关的生物合成或代谢途径的前提下，无法通过诱变和筛选获得所需的表型[9]。因此，微生物的改造更加需要合理的遗传和代谢工程技术[10]。代谢工程可以为微生物提供更高的产率和产量；能够使用更广泛的碳源作为底物；能够更好地承受高滴度的产物抑制和不利的环境条件[11]。现阶段，研究者可以通过遗传操作特定酶的产生和表达水平，以及敲除可能适得其反的途径来增强目标产物的代谢通路，或者是从一种微生物中激活全新代谢途径，进而被工程改造为优越的宿主生物[12]。总体而言，代谢工程手段允许对微生物进行理性改造修饰，而不会导致不利突变的积累。

生物乙醇是最早被投入工业应用的生物燃料产品，但合成生物学领域开辟了许多新的可能性。异丙醇和 1-丁醇[13]是两种具有前景的生物燃料，因为它们与大多数现代发动机兼容。已知梭状芽孢杆菌属（*Clostridium*）的某些菌株可以通过发酵反应自然产生这些化合物，并且将这些途径引入大肠杆菌已经取得了一些成功。生产这些更大、更高还原性的醇则需要额外的乙酰辅酶 A 和烟酰胺腺嘌呤二核苷酸（NADH），因此敲除与这些底物竞争的酶可以提高微生物的生产效率[14]。此外，通过合成生物学的研究已经产生了许多有效的代谢新途径，在以大肠杆菌为主的宿主细胞上产生许多不同类型的醇类、异戊二烯、脂肪酸醇等。这些替代途径尚未应用于工业，但仍需更多的研究来优化它们并使它们成为可行的替代方案。

代谢工程和基因工程是增强生产微生物生物燃料的核心技术。合成生物学、基因工程和代谢工程等技术的持续发展可以将生物燃料的生物合成（或代谢）途径插入适合的微生物宿主[15]。在微生物中可以提高产物的多样性、浓度和产率，以提高生物燃料产量[16]。此外，还可以通过代谢工程简化某种生物燃料的下游回收。同时，改造微生物以使用更广泛和廉价的底物，可以降低燃料生产的成本[17]。本章将讨论一些用于生产主要类型生物燃料的代谢工程方法，包括生物乙醇、生物丁醇、其他醇、生物柴油和生物氢。讨论已经工程化的细菌、蓝细菌、古菌、微藻和酵母等宿主微生物生产燃料的进展，以及评估使用系统代谢工程产生优质生物燃料生产菌株的前景。

2.2 产生物燃料的能源微生物

2.2.1 产乙醇的微生物

生物乙醇是最常见的生物燃料，被用作汽油的添加剂。由于其清洁燃烧特性，燃料乙醇可以显著减少包括二氧化碳在内的温室气体排放。目前已发现的天然产乙醇微生物以酵母为主，如酿酒酵母(*Saccharomyces cerevisiae*)[18]；利用木糖发酵的酵母，如树干毕赤酵母 *Pichia stipites*[19]和 *Spathaspora passalidarum*[20]；耐热酵母，如 *Kluyveromyces marxianus*[21]；嗜盐酵母，如念珠菌属(*Candida* sp.)[22]；以及一些其他酵母，如 *Pachysolen tannophilus*[23]。天然产乙醇的细菌主要是运动发酵单胞菌(*Zymomonas mobilis*)[24]，而利用合成生物学人工构建的细菌有大肠杆菌(*Escherichia coli*)[25]、芽孢杆菌(*Bacillus subtilis*)[26]、蓝细菌[27]和嗜热梭菌[如嗜热纤维梭菌(*Clostridium thermocellum*)[28]]等。当然，梭状芽孢杆菌属可以通过丙酮-丁醇-乙醇(ABE)发酵生产乙醇，该部分将在 2.2.2 节中进行详细介绍。

2.2.1.1 产乙醇酵母

可以产生乙醇的天然酵母主要种类有酵母菌属(*Saccharomyces*)、裂殖酵母菌属(*Schizosaccharomyces*)、假丝酵母属(*Candida*)、球拟酵母属(*Torulopsis*)、酒香酵母属(*Brettanomyces*)、汉逊酵母属(*Hansenula*)、克鲁弗酵母属(*Kluveromyces*)、毕赤酵母属(*Pichia*)、隐球酵母属(*Cryptococcus*)、德巴利酵母属(*Debaryomyces*)、卵孢酵母属(*Oosporium*)、曲霉属(*Aspengillus*)等。

在产乙醇酵母中，酿酒酵母是最早使用糖生产生物乙醇的微生物[18]。与大肠杆菌等野生型细菌相比，酿酒酵母能更好地耐受相对较高浓度的乙醇。鉴于酿酒酵母在生产乙醇方面的能力，关于其生理生化、代谢途径、遗传操作的研究已经取得了极大进展，这些方面的进步已用于改进生产燃料乙醇的工业菌株。酿酒酵母当前已经接近理论极限 0.51g 乙醇/g 葡萄糖，高达 93%的葡萄糖可转化为乙醇，而其余大部分转化为细胞生物质[29]。野生型酿酒酵母可以有效地利用糖，但不能利用淀粉和纤维素等多糖大分子生产乙醇。因此，在酵母发酵前，多糖大分子的糖化水解是必要过程。然而，这种预处理手段增加了加工成本，而生物燃料如果要竞争过化石能源就必须更加便宜。目前通过在酿酒酵母中引入淀粉水解酶或者纤维素酶，使酿酒酵母具备直接水解多糖大分子的能力[30]。此外，引入木糖代谢途径，使酿酒酵母能够以接近 0.65g/(L·h)的乙醇产率共同发酵木糖和纤维二糖的混合物[31]。这种代谢工程改造思路不仅限于酿酒酵母，同样在其他微生物宿主中得到实施。

耐热酵母的使用在生物乙醇的生产中具有重要优势，并且这些酵母也可以通过代谢工程进一步增强[32]。耐热酵母 *Kluyveromyces marxianus* 将葡萄糖发酵成乙醇，可以在接近 50℃的温度下生长。此外，*K. marxianus* 可以利用多种底物，如纤维二糖、木糖、木糖醇、阿拉伯糖、甘油、乳糖和菊粉等。例如，在菊粉水解产物的乙醇生产中，*K. marxianus* 的乙醇产量显著高于天然酿酒酵母[21]。耐热毕赤酵母 *Pichia kudriavzevii* 在 40℃下将木薯淀粉水解物发酵成乙醇，在约 24h 内乙醇浓度达到 78.6g/L[33]。该工艺的乙醇生产率为 3.28g/(L·h)，理论产率为 85.4%。随着对其进行代谢工程改造，可以获得比现在更好的乙醇生产工艺。最近，某些海洋来源或咸水湖来源的多糖大分子含盐量高，需要能耐受盐的酵母进行发酵。海洋酵母(如念珠菌属)已被证明可以在约 10%的盐存在下将海藻水解物发酵成乙醇[22]。

2.2.1.2 产乙醇细菌

在厌氧细菌中，运动发酵单胞菌(*Zymomonas mobilis*)可以天然地将糖转化为生物乙醇[24]。与酵母相比，*Z. mobilis* 转化葡萄糖的效率更高，但其缺乏利用其他糖类的能力。*Z. mobilis* 和酿酒酵母的产乙醇代谢途径非常相似(图 2.1)。但它们在糖酵解过程不同，酿酒酵母使用的是 Embden-Meyerhof-Parnas(EMP)途径，而 *Z. mobilis* 使用的是 Entner-Doudoroff(ED)途径[34]。ED 途径比 EMP 途径效率高 50%，从而导致产乙醇过程中的腺苷三磷酸(ATP)消耗更少。此外，*Z. mobilis* 能够比酿酒酵母更快地消耗葡萄糖，这主要是因为细胞体积小，比表面积大。这些因素共同导致 *Z. mobilis* 的乙醇产率高于酿酒酵母[34]。乙醇生产主要由编码丙酮酸脱羧酶和乙醇脱氢酶的 PET 操纵子控制。在给定量的葡萄糖上，*Z. mobilis* 通常比酵母产生更少的生物量[24]，

这被认为是一个优势。除乙醇外，还可能产生其他副产品[35]。然而，*Z. mobilis* 无法将戊糖转化为乙醇是其主要缺点，因为木质纤维素来源的戊糖更加廉价。杜邦公司开发了具有多项改进特性的重组 *Z. mobilis* 菌株 TMY-HFPX，并显示在 295g/L 葡萄糖(理论产量的 90%)中进行发酵，无须外源氨基酸和维生素。改造增强的 *Z. mobilis* 菌株含有多个基因模块，包括利用木糖的 *xylA/xlyB/tktA/talB* 操纵子、合成赖氨酸和蛋氨酸的 *metB/yfdZ* 操纵子、增加乙醇耐受性的硫酯酶基因 *tesA*、耐受酸胁迫的质子缓冲肽操纵子，以及一个耐热胁迫的小热休克蛋白的操纵子[36]。

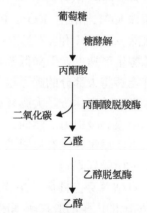

图 2.1 利用葡萄糖生产乙醇的过程

人工构建乙醇生产菌株中，大肠杆菌和枯草芽孢杆菌是两个重要代表。这是因为它们的分子生物学已阐明清楚，而且能够利用多种底物，可以通过合成生物学和代谢工程的手段来生产乙醇[26, 37]。大肠杆菌可能是第一个采用代谢工程手段成功改造用于乙醇生产的微生物。通过将外源基因引入大肠杆菌，破坏竞争产物的代谢途径，野生型的大肠杆菌 W 被转化为大肠杆菌 KO11，这是一种能够产生乙醇的新型菌株[38]。大肠杆菌 KO11 含有来自 *Z. mobilis* 的基因，用于编码丙酮酸脱羧酶和乙醇脱氢酶(PET 操纵子)。此外，产生富马酸还原酶的基因被敲除。大肠杆菌 KO11 成功地适应了在复杂培养基中以接近 95%的理论产量生产乙醇，并显示出相对于原始宿主更强的乙醇耐受性。然而，这种菌株无法在 3.5%乙醇浓度下生长，并且需要复杂的营养补充剂，这增加了乙醇生产的成本[38]。

在另一项研究中，菌株 KO11 通过适应进化和选择，长期暴露于高含量乙醇的培养基中，乙醇耐受性提高了 10%，得到了乙醇适应型菌株 LY01。然而，LY01 和它的母体 KO11 都需要复杂的营养补充剂，这增加了乙醇的生产成本。进一步进行代谢工程改造获得了 SZ110 菌株，使其能够在低营养要求的培养基[39]中生产乙醇。通过去除乳酸脱氢酶基因，插入 Z. mobilis 的丙酮酸甲酸裂解酶和 PET 操纵子[24]，构建菌株 SZ110。通过转座子介导的诱变和代谢进化进一步改造 SZ110，获得了菌株 LY168[39]。该过程是首先将含有无启动子 pdc、adhA 和 adhB 基因的转座子随机插入 SZ110 染色体中，随后在无抗生素的矿物盐培养基中连续传代培养。最终，基因工程和长期适应性进化相结合的结果是在简单的矿物盐培养基中，工程改造菌株在 48h 内产生 45g 乙醇/L。总的来说，菌株 LY168 成功地在只含有矿物盐、高浓度糖和渗透保护剂甜菜碱的培养基中生长并产生了乙醇。在含有甜菜碱[24]的最小培养基中，菌株 LY168 可以产生 0.5g 乙醇/g 木糖，或接近理论产量的最大值 0.51。

随后的研究，将大肠杆菌 KO11 中的糖酵解途径进行改造，通过敲除磷酸葡萄糖异构酶(pgi)来引导葡萄糖的碳通量，然后通过 ED 和戊糖-磷酸(PP-P)途径生成乳酸和乙酸盐[40]。然而，在含有 40g/L 葡萄糖的最小培养基中，工程菌株在不充气条件下生长非常缓慢。为了提高 KO11 pgi 的生长能力，重组菌株经过 60 天进化后改名为 KO11 E35。与亲本菌株 KO11 相比，KO11 E35 具有更高的葡萄糖-6-磷酸脱氢酶和 ED 酶活性。随后，通过敲除 pta、ack 和 ldh 基因，得到了 KO11 PPAL 菌株。这个菌株类似于 KO11 具有特定的乙醇生产速率，但降低葡萄糖流向生物质生产，使得乙醇产量更大。这主要是由于该菌株能够将大部分的碳通量从丙酮酸转移到乙醇中，同时增加了异源丙酮酸脱羧酶和乙醇脱氢酶的表达量。大肠杆菌的代谢途径很容易被敲除和导入，因此在燃料生产的代谢工程中很有吸引力。然而，从生物加工的角度来看，使用工程大肠杆菌生产乙醇与真核生物生产系统相比有局限性。大肠杆菌对噬菌体感染非常敏感，并且其消耗的生物量较高，因而受到限制。

针对枯草芽孢杆菌，主要是通过破坏天然乳酸脱氢酶(LDH)基因(ldh)，同时导入 Z. mobilis 的丙酮酸脱羧酶基因(pdc)和乙醇脱氢酶Ⅱ基因(adhB)构建了枯草芽孢杆菌菌株 BS35[26]。BS35 可以代谢产生乙醇和丁二醇，但与野生型相比，细胞生长率和葡萄糖消耗率降低了 65%~70%。通过消除丁二醇生产途径，进一步得到 BS36(BS35 alsS)，将乙醇产量提高到理论值的 89%，但细胞生长率和葡萄糖消耗率仍然很低。

嗜温细菌(如大肠杆菌和枯草芽孢杆菌)的一个重要瓶颈问题是它们降解多糖大分子的能力差、对极端环境的耐受性差以及无法耐受高盐浓度[4]。因此，基于这些微生物的发酵过程极容易被污染，不适合大规模生产操作。开发非粮的木质纤维素作为糖源来制造乙醇是新兴的研究热点。为了避免高昂的预处理及生物质糖化过程的成本，基因工程改造的嗜热细菌可能最有用。嗜热操作不仅可以提高生物质水解和糖发酵成乙醇的速率，还可以降低发酵过程被有害微生物污染的可能性。目前，基因工程嗜热细菌已被广泛研究用于生产乙醇。在 Clostridium thermocellum[28]和 T. saccharolyticum[41]等厌氧微生物中，通过代谢工程的改造都获得了乙醇生产菌株，但目前大多数研究只是达到实验室摇瓶的水平。

2.2.1.3　产乙醇蓝细菌

蓝细菌是可以进行光合作用的原核细菌,以前被称为蓝藻,但实际上根本不是藻类,因为微藻是进行光合作用的真核生物。蓝细菌和微藻都是利用阳光能量驱动的细胞工厂,它们将二氧化碳和水转化为糖,并最终转化为多种生化物质[42]。许多类型的燃料和燃料前体可以由通过光合作用生长的微生物生物质生产(图 2.2)。由于阳光、二氧化碳和水通常很容易获得,蓝细菌和微藻在生产燃料和其他产品方面引起了广泛关注。尽管在不断发展,但蓝细菌和微藻的燃料商业化仍存在许多障碍[43]。

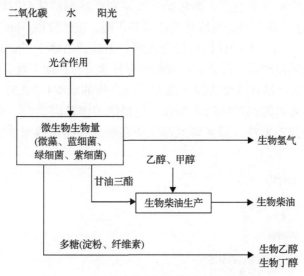

图 2.2　通过光合作用进行转化的生物燃料

与陆地植物相比,蓝细菌的光合效率可能更高[42]。此外,蓝细菌不会与陆地作物竞争土地。作为原核生物,蓝细菌在结构上比微藻更简单,可相对容易地进行基因工程改造。因此,蓝细菌作为代谢和基因工程的学科而受到关注[43]。已经对超过 126 个蓝藻基因组进行了测序[43],并且已经建立了蓝藻基因操作的必要平台,研究内容涉及乙醇代谢途径[27]。通过天然途径的改造或者非天然途径的组装,蓝细菌便能够将二氧化碳直接转化成能源或者其他产品,就像能够进行光合作用的大肠杆菌。

通过光合作用,蓝细菌能够直接将二氧化碳、光和水转化为糖类、脂类、萜类等产品,与高等植物相比,蓝细菌相对生长速率快、细胞结构简单、遗传改造容易,这使得蓝细菌在生物能源领域的研究中有着独特的优势,可以通过单一平台、单一过程同时实现固碳减排与生物合成。

2.2.2　产丁醇和其他高级醇的微生物

丁醇、丙醇和其他直链脂肪醇等高级伯醇的微生物生产已被广泛研究[44]。丁醇是一种四碳伯醇($C_4H_{10}O$),由于其较高的能量密度、较低的蒸气压、较低的吸湿性和腐蚀性,在生物燃料方面被认为优于乙醇[45]。此外,由于其性质与汽油相似,它与当前的汽油基础设施具有良好的兼容性。因此，丁醇等高级醇具有直接替代汽油的潜力。以纯丁醇为燃料的未改性汽油汽车发动机已成功运行很长时间[46]。传统上的生物丁醇是通过 ABE 发酵生产的，这是最早的大规模工业发酵工艺之一。作为丁醇的天然生产者，梭状芽孢杆菌属是最重要的成员[47]。然而，由于代谢调节系统复杂和遗传操作困难，梭菌菌株的代谢工程具有挑战性。除了梭菌菌株，大肠杆菌菌株作为基因工程产丁醇的宿主也越来越受到人们的关注[48]。

2.2.2.1 梭状芽孢杆菌

利用梭状芽孢杆菌发酵生产丁醇包括产酸期和产溶剂期两个阶段[49]。在产酸期阶段，细胞处于对数生长期并将底物转化为乙酸和丁酸，在此阶段，pH 降至 5 以下。在产溶剂期，有机酸以 3：6：1 的比例转化为丙酮、丁醇和乙醇[47, 48]。丙酮和乙醇是传统 ABE 发酵不可避免的副产品。已尝试对梭状芽孢杆菌进行代谢工程，重点是选择性过量生产丁醇，以提高其产量并降低去除不需要的副产物的成本(图 2.3)。这主要涉及使用整合质粒来灭活不需要的副产物的生物合成途径的关键基因[50, 51]。此外，由于正丁醇对宿主细胞具有极强的毒性，很多研究都集中在通过代谢工程或诱变方法开发更强大的菌株上[45]。

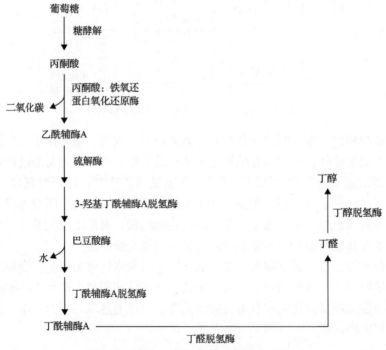

图 2.3　生物丁醇的发酵代谢途径示意图

丙酮丁醇梭菌 M5 是丙酮丁醇梭菌 ATCC 824 的衍生菌株，由于大质粒 pSOL1 的丢失，基本上不能产生丁醇[52]。这种细菌后来被改造以实现增强的丁醇生产[53]。例如，在 *ptb* 启动子控制下，过表达 *adhE1* 基因导致丁醇产量高达 0.84g 丁醇/g ABE。这远高于野生型梭菌产生的约 0.6g 丁醇/g ABE。

同样地，经过代谢工程改造的丙酮丁醇梭菌 PJC4BK 可以获得的丁醇浓度高达 16.7g/L，而野生型丙酮丁醇梭菌的丁醇浓度为 11.7g/L[54]。PJC4BK 是通过破坏编码丁酸激酶的 *buk* 基因制成的，该酶参与丁酸形成途径[55]。最终丁醇滴度也可以通过使用其他方法来提高，如通过构建突变体来增强微生物的产品耐受性[56]。例如，过表达分子伴侣 GroESL 来增强溶剂酶的活性，增加丁醇耐受性并最终提高丁醇滴度[57]。

2.2.2.2　大肠杆菌

产溶剂梭菌是严格的厌氧菌，与其他常见的需氧菌相比生长缓慢。这对通过常规 ABE 发酵生产丁醇的经济性产生不利影响。此外，梭菌属的基因操作相对困难，因此研究组开展了在大肠杆菌[58]等细菌中设计梭菌发酵途径以生产丁醇。通过引入来自丙酮丁醇梭菌的 *thl*、*hbd*、*crt*、*bcd*、*etfAB* 和 *adhE2* 基因[48]，使得在厌氧条件下可以达到 139mg/L 的丁醇滴度。在另一项研究中，含有丙酮丁醇梭菌的 *thiL*、*crt*、*bcd*、*etfAB*、*hbd* 和 *adhE2* 基因的代谢工程大肠杆菌从 40g/L 葡萄糖中产生 1.2g/L 的丁醇[58]。其他细菌包括谷氨酸棒状杆菌[59, 60]和 *Ralstonia eutropha*[61]也已被用于从氨基酸生物合成途径的代谢中间体 2-酮酸生产长链醇。

综上所述，尽管在代谢工程方面取得了很多成就，但进一步改进丁醇生产的一个主要瓶颈仍然是对如何在分子水平上调节从酸到溶剂生产的代谢转变缺乏足够的了解。相关的诱导信号、调节器及其相互作用以及调节网络之间的联系知之甚少[59]。

2.2.2.3　酿酒酵母

如前所述，与乙醇相比，丁醇等高级醇作为运输燃料更具吸引力。在酿酒酵母方面，经代谢工程改造，开发出可以利用半乳糖生产生物丁醇的酿酒酵母，其滴度达到 2.5mg/L[62]。针对酿酒酵母缬氨酸途径中的部分基因进行过表达，能够产生异丁醇[63]。随后研究将缬氨酸生物合成酶重新定位到细胞质中，进一步提高乙醇滴度到 0.63g/L[64]。在另一项研究中，通过基因工程手段增强了 Ehrlich 途径，从而改变了酿酒酵母中的碳通量，以实现高达 0.143g/L 的异丁醇滴度[65]。酵母线粒体中合成途径的区室化使异丁醇的滴度为 0.64g/L，异戊醇的滴度为 0.1g/L，2-甲基-1-丁醇的滴度为 0.12g/L[66]。所有这些研究进展都表明可以成功地改造酵母以生产某些高级醇。使用代谢工程酿酒酵母生产生物丁醇已经由美国的 Gevo 公司进行了产业化，其是使用淀粉或木质纤维素产生的酶解糖作为原料。

2.2.3　产氢气的微生物

氢气燃烧干净，只留下水，它被认为是一种有前途的未来燃料[67]。用于生产生物氢的微生物以及其相关的代谢工程研究受到了很多关注，但目前商业化生产似乎并不可行。在细菌中，氢可以通过光发酵和暗发酵产生。光异养制氢需要有机碳源和阳光，由无氧光合细菌(如紫色无硫细菌)进行[68]。固氮酶是该过程中涉及的关键酶，产氢需要厌氧条件。固氮酶的产氢活性往往较低，并且这些酶的表达受到铵离子的抑制[69]。此外，各种其他反应竞争性地从固氮酶中消耗电子供体，导致氢气产量和光化学效率降低[70]。

利用不同底物进行暗发酵，制备生物氢的细菌主要是兼性和专性厌氧菌[71]。相对于光发酵，暗发酵过程可以得到更高的氢气产率[72]。嗜温和嗜热细菌的暗发酵过程取决于所涉及的细菌种类。野生型和代谢工程细菌都被研究用于产氢[73]。嗜温细菌，如丁酸梭菌、产气肠杆菌和大肠杆菌引起了特别关注[74-76]。

产氢气的细菌的主种类有红螺菌属(Rhodospirillum)、红假单胞菌属(Rhodopseud-omonas)、红微菌属(Rhodomicrobium)、荚硫菌属(Thiocapsa)、硫螺菌属(Thiospirillum)、闪囊菌属(Lamprocystis)、网硫菌属(Thiodictyon)、板硫菌属(Thiopedia)、外硫红螺菌属(Ectothiorhodospira)、梭杆菌属(Fusobacterium)、埃希菌属(Escherichia)、蓝细菌类等。

基因工程改造的大肠杆菌可以通过暗发酵生产氢气[77]。该细菌是通过灭活甲酸氢裂合酶(FHL)阻遏物(hycA)和 FHL 的负调节来设计的。此外，通过过表达 FHL 及其激活基因(fhlA)。在以甲酸盐为底物的高细胞密度发酵(93g 生物质干重/L)中，获得了 300L $H_2/(L \cdot h)$ 的氢气产率。随后，通过破坏编码乳酸脱氢酶的 ldhA 和编码富马酸脱氢酶的 frdBC 基因，提高氢气产量[78]，1.08mol 葡萄糖可以产生高达 1.82mol 的氢气。

另外，通过实施 FHL 蛋白复合体和碳代谢相结合的基因工程改造，获得了更高的氢气产量[79]。破坏 hycA 基因使 FHL 活性提高 2 倍。随后删除两种摄取氢化酶(hya 和 hyb)将氢气产量从 1.2mol H_2/mol 葡萄糖提高到 1.48mol H_2/mol 葡萄糖，证实了摄取氢化酶对葡萄糖厌氧发酵的关键影响。多个基因(ldhA、frdAB、hycA、hya 和 hyb)的破坏进一步将葡萄糖的氢气产量提高到 1.8mol/mol，尽管培养系统中的氢气分压很高。在氢气分压较低的情况下，相同的多重突变菌株产生 2.11mol H_2/mol 葡萄糖[79]。这比甲酸依赖途径的大肠杆菌菌株可达到的理论最大产量略高。同样地，通过过表达 FHL 复合体以及失活摄取氢化酶的方法，大肠杆菌 BW25113 ΔhyaB ΔhybC ΔhycA ΔfdoG/pCA24 N-FhlA 中的氢气产量从 0.47mol H_2/mol 葡萄糖提高到 0.70mol H_2/mol 葡萄糖[80]。

此外，通过在摄取氢化酶(hya 和 hyb)、hycA 和碳代谢途径(ldhA 和 frdAB)中产生多个缺失突变，得到的重组大肠杆菌 SH5，氢气的产率达到了 2.4L $H_2/(L \cdot h)$[80]。利用碳源底物进行生物产氢的产率较低，因此提出联产乙醇和氢气获得更高的能量转化。基因工程改造的大肠杆菌菌株 SH*_ZG，是在前者 BW25113 菌株的基础上，过表达 zwf 和 gnd 基因，用于合成 "戊糖-磷酸" (PP) 途径中的关键酶[81]。该菌株可以产生乙醇(1.38mol/mol 葡萄糖)和氢气(1.32mol/mol 葡萄糖)，不产生乙酸盐，但副产物有丙酮酸(0.18mol/mol 葡萄糖)，因而显著降低了联产效率[81]。随后，通过消除丙酮酸积累和过度表达 zwf 和 gnd 基因提高菌株 SH*_ZG 的联产产率，新菌株命名为 SH9*_ZG，以 1.88mol/mol 葡萄糖和 1.40mol/mol 葡萄糖联产氢气和乙醇[82]。

针对嗜热细菌的代谢工程改造产氢引起了研究者的广泛兴趣。最常见的嗜热氢气产生者包括 Pyrococcus furiosus、Thermococcus kodakaraensis、梭菌属和 Thermoanaerobacterium 属、Thermotoga 和 Caldicellulosiruptor 等。例如，过表达 Clostridium paraputrificum M-21 菌中的[Fe]-氢化酶(HydA)可以将葡萄糖的产氢量从 1.4mol/mol 提高到 2.4mol/mol[83]。同样地，在 C. tyrobutyricum JM1 菌株中过表达 HydA 也可以将葡萄糖的产氢量从 1.2mol/mol

增加到 1.8mol/mol[83]。尽管取得了上述成就，但代谢工程的使用需要深入了解氢气生产中涉及的通常复杂的代谢途径和调节回路。

2.2.4　产生物柴油的微生物

2000 年以后，以藻类燃料为代表的生物柴油一度受到格外的关注，它也成为第三代生物能源的代表。生物柴油是以生物质资源为原料加工而成的有机燃料，主要成分是脂肪酸酯，一般由菜籽油、大豆油、回收烹饪油、动物油等可再生油脂与醇类经酯化反应制得。相比较而言，同样单位面积的油料作物，藻类的产油率远高于普通油料作物。利用光合作用，藻类将二氧化碳转化为自身的生物质从而固定碳元素，再通过一定的诱导反应使藻类自身的碳物质转化为油脂，人们只需将藻类细胞内的油脂运到细胞外进行提炼加工，就能制成生物柴油。藻类一度被认为是未来矿物燃料最完美的替代者之一。但是，目前藻类的筛选和培育，尤其是光合生化反应技术，并没有将藻类光合作用的转化效率提升至可进行产业化发展的水平。藻类燃料的商业化仍需要关键技术的突破。

微藻是能够产生淀粉、油和其他生物质的光合细胞工厂。与高等植物相比，微藻能够更好地利用阳光，生长速率更快。因此，微藻有可能提供大量的淀粉和油脂类，用于转化为各种类型的燃料。具有改良的酮酸途径的微藻也具有生产异丁醇的潜力[84, 85]。通过过量生产 2-酮酸(氨基酸生物合成的中间体)，可以在微藻中生产长链醇($C_5 \sim C_8$)[86]。随后，这些中间体可以通过 2-酮酸脱羧酶和醇脱氢酶的异源表达转化为丁醇衍生物[85]。

一般来说，微藻作为燃料油的研究受到了最多的关注。微藻的产油率远高于棕榈油，棕榈油是产量最高的商业油料作物之一[87]。此外，微藻可以在海水和微咸水的土地上生长。尽管它们具有众多优势，但藻类油脂生产的商业化面临着短期内不太可能克服的困难挑战[45]。生物质及其下游加工的生产成本很高[88]。因此，大规模生产基于微藻的生物燃料的经济可行性值得怀疑。代谢和基因工程对于藻类燃料的未来商业化非常重要。在这些领域正在进行大量的努力。

微藻通常会产生一些与油料作物如油菜和向日葵相同的甘油三酯油。藻油的甘油三酯组分可以容易地转化为生物柴油。如前所述，在合适的条件下，微藻的含油量可高达其干生物量的30%～70%，这一直是微藻衍生生物柴油的兴趣来源[89]。

大规模生产藻油的现有努力大部分集中在原生藻类上。尽管如此，人们正在尝试对藻类进行代谢工程改造以提高生产能力。绿藻莱茵衣藻(*Chlamydomonas reinhardtii*)一直是遗传和代谢工程工作的主要焦点，因为它的基因组是已知的，并且它作为模型藻类在研究中的使用历史悠久。与莱茵衣藻中甘油三酯油的生物合成和积累相关的基因已被表征[90, 91]。由于三酰基甘油(TAGs)是由二酰基甘油(DAG)通过从头途径(依赖酰基辅酶 A 的途径)或膜脂循环(不依赖酰基辅酶 A 的途径)产生的，大多数的代谢工程策略都集中在控制这两种途径的速率限制步骤，希望增加用于生产 TAG 的代谢通量。例如，通过腺苷二磷酸(ADP)-葡萄糖焦磷酸化酶的失活，*Chlamydomonas* 的无淀粉突变体中 TAG 的产生增加了 10 倍[90]。产生的突变株 BAFJ5 缺乏 ADP-葡萄糖焦磷酸化酶的低分子量的亚基，并积累了高达 32.5%(质量)的中性脂质和 46.5%(质量)的总脂质[92]。

许多参与微藻脂质合成的基因已经被敲除和过表达，以了解它们的作用并确定增加生物量脂质含量的最有效策略。据报道，乙酰辅酶 A 羧化酶(ACCase)和Ⅱ型脂肪酸合酶(FAS)是脂肪酸合成途径中的主要限速酶[88]。ACCase 参与从羧酸乙酰辅酶 A 形成丙二酰辅酶 A，FAS 参与延长脂肪酸链。因此，有可能通过基因工程增加这些酶的活性来提高脂质生产率[88]。在追求这种方法的过程中，已经构建了包含编码 ACCase 的基因的表达载体，并开发了一种转化方案，用于在 *Cyclotella cryptica* 和其他藻类物种中过表达ACCase[93]。然而，ACCase 过表达并没有增加脂质含量[94]。ACCase 活性可能是脂质生物合成的一个限制步骤，主要是在通常不储存大量脂质的细胞中。

为了在不影响生长的情况下增加脂质产量，海洋硅藻 *Thalassiosira pseudonana* 是通过敲除多功能脂肪酶/磷脂酶/酰基转移酶来设计的[95]。在指数生长期间，所得菌株的脂质含量比野生型高达 3 倍。代谢工程也已被用于改变海洋硅藻三角褐指藻中的脂质分布[96]。工程化硅藻产生的 TAG 具有更高水平的较短链长脂肪酸(月桂酸，C12:0[①]；肉豆蔻酸，C14:0)，这对于生物柴油生产来说是更理想的[95]。尽管有上述的基因工程和代谢工程的改进，微藻生物柴油的经济生产在短期内还是难以实现的。

2.3　能源微生物的未来展望

随着基因工程技术的发展，能源微生物也可能产生物柴油，微生物只是作为一种特殊的载体，具有以下特点：①体积小，面积大，因而微生物必然有巨大的营养物质吸收面积、代谢废物排除面积和环境信息素交换面积，适合作为酶生产者；②吸收多，转化快；③生长旺，繁殖快；④分布广，种类多，为选择高转化效率的微生物品种提供基础。微生物在能源生产上的优势在于相比于石油、天然气为代表的传统能源具有可再生性且生成周期短，但是微生物作为生物个体存在对生活环境的要求在一定程度限制了它的推广应用。但是随着对能源微生物的深入研究，未来微生物在能源生产中将发挥越来越重要的作用。

能源微生物生产能源需要物质基础，一般为植物，也就是说微生物也是利用光合作用的产物进行能源生产，将太阳能转化成我们需要的能源形式。植物、微藻、蓝细菌等生物通过天然光合作用对碳进行吸收，所以当微生物将之转化为生物燃料后，生物燃料燃烧时向大气会释放同等量的碳，最终表现出几乎等于零的碳排放，使生物燃料成为碳中性燃料。由此可见微生物在环境生态平衡上的重要作用。

限制微生物在能源领域发展的关键因素可归纳为成本和生产原料的获取。微生物进行能源生产需要特制的反应器、对反应条件的严格控制以及生产原料收集处理等都是导致成本较高的原因。第二代生物燃料在原料获取上相比于第一代在很大程度上解决了原材料获取问题，其中微藻本身作为第二代生物能源的原料更是极大地解决了原料获取问题，因而更具市场前景和优势。

微生物在能源领域虽然发展前景广阔、优势独特，已获国内外公认，但迄今为止世

---

① 冒号前后的数值分别代表脂肪酸链所含的碳数和双键数。

界各国在该领域的研发工作还停留在实验研究和中试论证的起步阶段，均遇到技术不成熟而导致成本高这一瓶颈。然而我们也看到中国在微生物开发生物质能源领域取得的实质性进步，相信在不久的将来，人类能源体系将会发生巨大改变。

生物能源的发展，不是成熟产业的技术革新与提升，而是需要推动形成一个新的产业，这个本质是不同的。如石油化工、煤化工，它们已经是非常成熟的产业。从基础原料到技术再到产品，任何产业的一环都不可能孤立而存在。因此，判断一个产业成熟的关键，是看其"是否打通了供应链上下游，是否形成了完整的产业链"。而在目前的生物能源供应链中，上端的原料资源的供应以及下端的产业需求都尚未成熟。

随着可持续发展观念的深入人心、"双碳"目标的制定与实施，加之近年动荡的资本市场，生物能源产业的未来不应该仅仅局限于生产能源产品上，其他的研究，如开发新的生物途径，能够提高生物质资源利用率，或者使得原本不能被利用的生物质资源能够被利用，其实都是生物能源的领域范畴。

参 考 文 献

[1] Montgomery H. Preventing the progression of climate change: One drug or polypill[J]. Biofuel Research Journal, 2017, 4(1): 536.

[2] Hajjari M, Tabatabaei M, Aghbashlo M, et al. A review on the prospects of sustainable biodiesel production: A global scenario with an emphasis on waste-oil biodiesel utilization[J]. Renewable and Sustainable Energy Reviews, 2017, 72: 445-464.

[3] Sarkar D, Shimizu K. An overview on biofuel and biochemical production by photosynthetic microorganisms with understanding of the metabolism and by metabolic engineering together with efficient cultivation and downstream processing[J]. Bioresources and Bioprocessing, 2015, 2(1): 1-19.

[4] Jin H, Chen L, Wang J, et al. Engineering biofuel tolerance in non-native producing microorganisms[J]. Biotechnology Advances, 2014, 32(2): 541-548.

[5] Chisti Y. Biodiesel from microalgae[J]. Biotechnology Advances, 2007, 25(3): 294-306.

[6] Talebi A F, Dastgheib S M M, Tirandaz H, et al. Enhanced algal-based treatment of petroleum produced water and biodiesel production[J]. RSC Advances, 2016, 6(52): 47001-47009.

[7] Derkx P M F, Janzen T, Sørensen K I, et al. The art of strain improvement of industrial lactic acid bacteria without the use of recombinant DNA technology[J]. Microbial Cell Factories, 2014, 13(1): 1-13.

[8] Lee J, Jang Y S, Choi S J, et al. Metabolic engineering of *Clostridium acetobutylicum* ATCC 824 for isopropanol-butanol-ethanol fermentation[J]. Applied and Environmental Microbiology, 2012, 78(5): 1416-1423.

[9] Park J H, Lee S Y. Towards systems metabolic engineering of microorganisms for amino acid production[J]. Current Opinion in Biotechnology, 2008, 19(5): 454-460.

[10] Liao J C, Mi L, Pontrelli S, et al. Fuelling the future: Microbial engineering for the production of sustainable biofuels[J]. Nature Reviews Microbiology, 2016, 14(5): 288-304.

[11] Zhang F, Rodriguez S, Keasling J D. Metabolic engineering of microbial pathways for advanced biofuels production[J]. Current Opinion in Biotechnology, 2011, 22(6): 775-783.

[12] Liu D, Evans T, Zhang F. Applications and advances of metabolite biosensors for metabolic engineering[J]. Metabolic Engineering, 2015, 31: 35-43.

[13] Liew F E, Nogle R, Abdalla T, et al. Carbon-negative production of acetone and isopropanol by gas fermentation at industrial pilot scale[J]. Nature Biotechnology, 2022, 40(3): 335-344.

[14] Clomburg J M, Gonzalez R. Biofuel production in *Escherichia coli*: The role of metabolic engineering and synthetic biology[J]. Applied Microbiology and Biotechnology, 2010, 86(2): 419-434.

[15] Martien J I, Amador-Noguez D. Recent applications of metabolomics to advance microbial biofuel production[J]. Current Opinion in Biotechnology, 2017, 43: 118-126.

[16] De Bhowmick G, Koduru L, Sen R. Metabolic pathway engineering towards enhancing microalgal lipid biosynthesis for biofuel application—A review[J]. Renewable and Sustainable Energy Reviews, 2015, 50: 1239-1253.

[17] Gustavsson M, Lee S Y. Prospects of microbial cell factories developed through systems metabolic engineering[J]. Microbial Biotechnology, 2016, 9(5): 610-617.

[18] Nevoigt E. Progress in metabolic engineering of *Saccharomyces cerevisiae*[J]. Microbiology and Molecular Biology Reviews, 2008, 72(3): 379-412.

[19] Agbogbo F K, Coward-Kelly G. Cellulosic ethanol production using the naturally occurring xylose-fermenting yeast, *Pichia stipitis*[J]. Biotechnology Letters, 2008, 30(9): 1515-1524.

[20] Long T M, Su Y K, Headman J, et al. Cofermentation of glucose, xylose, and cellobiose by the beetle-associated yeast *Spathaspora passalidarum*[J]. Applied and Environmental Microbiology, 2012, 78(16): 5492-5500.

[21] Hu N, Yuan B, Sun J, et al. Thermotolerant *Kluyveromyces marxianus* and *Saccharomyces cerevisiae* strains representing potentials for bioethanol production from Jerusalem artichoke by consolidated bioprocessing[J]. Applied Microbiology and Biotechnology, 2012, 95(5): 1359-1368.

[22] Khambhaty Y, Upadhyay D, Kriplani Y, et al. Bioethanol from macroalgal biomass: Utilization of marine yeast for production of the same[J]. BioEnergy Research, 2013, 6(1): 188-195.

[23] Liu X, Jensen P R, Workman M. Bioconversion of crude glycerol feedstocks into ethanol by *Pachysolen tannophilus*[J]. Bioresource Technology, 2012, 104: 579-586.

[24] Ajit A, Sulaiman A Z, Chisti Y. Production of bioethanol by *Zymomonas mobilis* in high-gravity extractive fermentations[J]. Food and Bioproducts Processing, 2017, 102: 123-135.

[25] Zhou S, Yomano L P, Shanmugam K T, et al. Fermentation of 10%(w/v) sugar to D (−)-lactate by engineered *Escherichia coli* B[J]. Biotechnology Letters, 2005, 27(23): 1891-1896.

[26] Romero S, Merino E, Bolívar F, et al. Metabolic engineering of *Bacillus subtilis* for ethanol production: Lactate dehydrogenase plays a key role in fermentative metabolism[J]. Applied and Environmental Microbiology, 2007, 73(16): 5190-5198.

[27] Dexter J, Fu P. Metabolic engineering of cyanobacteria for ethanol production[J]. Energy & Environmental Science, 2009, 2(8): 857-864.

[28] Tripathi S A, Olson D G, Argyros D A, et al. Development of pyrF-based genetic system for targeted gene deletion in *Clostridium thermocellum* and creation of a pta mutant[J]. Applied and Environmental Microbiology, 2010, 76(19): 6591-6599.

[29] Kurylenko O, Semkiv M, Ruchala J, et al. New approaches for improving the production of the 1st and 2nd generation ethanol by yeast[J]. Acta Biochimica Polonica, 2016, 63(1): 31-38.

[30] Young E, Lee S M, Alper H. Optimizing pentose utilization in yeast: The need for novel tools and approaches[J]. Biotechnology for Biofuels, 2010, 3(1): 1-12.

[31] Ha S J, Galazka J M, Rin Kim S, et al. Engineered *Saccharomyces cerevisiae* capable of simultaneous cellobiose and xylose fermentation[J]. Proceedings of the National Academy of Sciences of the United States of America, 2011, 108(2): 504-509.

[32] Caspeta L, Nielsen J. Thermotolerant yeast strains adapted by laboratory evolution show trade-off at ancestral temperatures and preadaptation to other stresses[J]. MBio, 2015, 6(4): e00431-15.

[33] Yuangsaard N, Yongmanitchai W, Yamada M, et al. Selection and characterization of a newly isolated thermotolerant *Pichia kudriavzevii* strain for ethanol production at high temperature from cassava starch hydrolysate[J]. Antonie Van Leeuwenhoek, 2013, 103(3): 577-588.

[34] Akponah E, Akpomie O O, Ubogu M. Bio-ethanol production from cassava effluent using *Zymomonas mobilis* and *Saccharomyces cerevisiae* isolated from rafia palm (*Elaesis guineesi*) SAP[J]. European Journal of Experimental Biology, 2013, 3: 247-253.

[35] Yang S, Fei Q, Zhang Y, et al. *Zymomonas mobilis* as a model system for production of biofuels and biochemicals[J]. Microbial Biotechnology, 2016, 9(6): 699-717.

[36] Wang H, Cao S, Wang W T, et al. Very high gravity ethanol and fatty acid production of *Zymomonas mobilis* without amino acid and vitamin[J]. Journal of Industrial Microbiology and Biotechnology, 2016, 43(6): 861-871.

[37] Koppolu V, Vasigala V K R. Role of *Escherichia coli* in biofuel production[J]. Microbiology Insights, 2016, 9: MBI. S10878.

[38] Ohta K, Beall D S, Mejia J P, et al. Genetic improvement of *Escherichia coli* for ethanol production: Chromosomal integration of *Zymomonas mobilis* genes encoding pyruvate decarboxylase and alcohol dehydrogenase II [J]. Applied and Environmental Microbiology, 1991, 57(4): 893-900.

[39] Kim J R, Jung S H, Regan J M, et al. Electricity generation and microbial community analysis of alcohol powered microbial fuel cells[J]. Bioresource Technology, 2007, 98(13): 2568-2577.

[40] Huerta-Beristain G, Cabrera-Ruiz R, Hernandez-Chavez G, et al. Metabolic engineering and adaptive evolution of *Escherichia coli* KO11 for ethanol production through the Entner-Doudoroff and the pentose phosphate pathways[J]. Journal of Chemical Technology & Biotechnology, 2017, 92(5): 990-996.

[41] Shaw A J, Podkaminer K K, Desai S G, et al. Metabolic engineering of a thermophilic bacterium to produce ethanol at high yield[J]. Proceedings of the National Academy of Sciences of the United States of America, 2008, 105(37): 13769-13774.

[42] Oliver N J, Rabinovitch-Deere C A, Carroll A L, et al. Cyanobacterial metabolic engineering for biofuel and chemical production[J]. Current Opinion in Chemical Biology, 2016, 35: 43-50.

[43] Chisti Y. Constraints to commercialization of algal fuels[J]. Journal of Biotechnology, 2013, 167(3): 201-214.

[44] Cheon S, Kim H M, Gustavsson M, et al. Recent trends in metabolic engineering of microorganisms for the production of advanced biofuels[J]. Current Opinion in Chemical Biology, 2016, 35: 10-21.

[45] Xue C, Zhao J, Chen L, et al. Recent advances and state-of-the-art strategies in strain and process engineering for biobutanol production by *Clostridium acetobutylicum*[J]. Biotechnology Advances, 2017, 35(2): 310-322.

[46] Kótai L, Szépvölgyi J, Szilágyi M, et al. Biobutanol from Renewable Agricultural and Lignocellulose Resources and Its Perspectives as Alternative of Liquid Fuels[M]//Fang Z. Liquid, Gaseous and Solid Biofuels-Conversion Techniques. London: InTechOpen Publishing, 2013: 199-262.

[47] Huang H, Liu H, Gan Y R. Genetic modification of critical enzymes and involved genes in butanol biosynthesis from biomass[J]. Biotechnology Advances, 2010, 28(5): 651-657.

[48] Atsumi S, Cann A F, Connor M R, et al. Metabolic engineering of *Escherichia coli* for 1-butanol production[J]. Metabolic Engineering, 2008, 10(6): 305-311.

[49] Kolek J, Patáková P, Melzoch K, et al. Changes in membrane plasmalogens of *Clostridium pasteurianum* during butanol fermentation as determined by lipidomic analysis[J]. PLoS One, 2015, 10(3): e0122058.

[50] Jiang Y, Xu C, Dong F, et al. Disruption of the acetoacetate decarboxylase gene in solvent-producing *Clostridium acetobutylicum* increases the butanol ratio[J]. Metabolic Engineering, 2009, 11(4-5): 284-291.

[51] Lee J Y, Jang Y S, Lee J, et al. Metabolic engineering of *Clostridium acetobutylicum* M5 for highly selective butanol production[J]. Biotechnology Journal: Healthcare Nutrition Technology, 2009, 4(10): 1432-1440.

[52] Liao C, Seo S O, Celik V, et al. Integrated, systems metabolic picture of acetone-butanol-ethanol fermentation by *Clostridium acetobutylicum*[J]. Proceedings of the National Academy of Sciences of the United States of America, 2015, 112(27): 8505-8510.

[53] Sillers R, Chow A, Tracy B, et al. Metabolic engineering of the non-sporulating, non-solventogenic *Clostridium acetobutylicum* strain M5 to produce butanol without acetone demonstrate the robustness of the acid-formation pathways and the importance of the electron balance[J]. Metabolic Engineering, 2008, 10(6): 321-332.

[54] Harris L M, Desai R P, Welker N E, et al. Characterization of recombinant strains of the *Clostridium acetobutylicum* butyrate kinase inactivation mutant: Need for new phenomenological models for solventogenesis and butanol inhibition[J]. Biotechnology and Bioengineering, 2000, 67(1): 1-11.

[55] Willson B J, Kovács K, Wilding-Steele T, et al. Production of a functional cell wall-anchored minicellulosome by recombinant *Clostridium acetobutylicum* ATCC 824[J]. Biotechnology for Biofuels, 2016, 9(1): 1-22.

[56] Heap J T, Kuehne S A, Ehsaan M, et al. The ClosTron: Mutagenesis in *Clostridium* refined and streamlined[J]. Journal of Microbiological Methods, 2010, 80(1): 49-55.

[57] Tomas C A, Welker N E, Papoutsakis E T. Overexpression of groESL in *Clostridium acetobutylicum* results in increased solvent production and tolerance, prolonged metabolism, and changes in the cell's transcriptional program[J]. Applied and Environmental Microbiology, 2003, 69(8): 4951-4965.

[58] Baez A, Cho K M, Liao J C. High-flux isobutanol production using engineered *Escherichia coli*: A bioreactor study with *in situ* product removal[J]. Applied Microbiology and Biotechnology, 2011, 90(5): 1681-1690.

[59] Lütke-Eversloh T, Bahl H. Metabolic engineering of *Clostridium acetobutylicum*: Recent advances to improve butanol production[J]. Current Opinion in Biotechnology, 2011, 22(5): 634-647.

[60] Blombach B, Riester T, Wieschalka S, et al. *Corynebacterium glutamicum* tailored for efficient isobutanol production[J]. Applied and Environmental Microbiology, 2011, 77(10): 3300-3310.

[61] Smith K M, Cho K M, Liao J C. Engineering *Corynebacterium glutamicum* for isobutanol production[J]. Applied Microbiology and Biotechnology, 2010, 87(3): 1045-1055.

[62] Liu A, Tan X, Yao L, et al. Fatty alcohol production in engineered *E. coli* expressing *Marinobacter* fatty acyl-CoA reductases[J]. Applied Microbiology and Biotechnology, 2013, 97(15): 7061-7071.

[63] Chen X, Nielsen K F, Borodina I, et al. Increased isobutanol production in *Saccharomyces cerevisiae* by overexpression of genes in valine metabolism[J]. Biotechnology for Biofuels, 2011, 4(1): 1-12.

[64] Brat D, Weber C, Lorenzen W, et al. Cytosolic re-localization and optimization of valine synthesis and catabolism enables increased isobutanol production with the yeast *Saccharomyces cerevisiae*[J]. Biotechnology for Biofuels, 2012, 5(1): 1-16.

[65] Kondo T, Tezuka H, Ishii J, et al. Genetic engineering to enhance the Ehrlich pathway and alter carbon flux for increased isobutanol production from glucose by Saccharomyces cerevisiae[J]. Journal of Biotechnology, 2012, 159(1-2): 32-37.

[66] Avalos J L, Fink G R, Stephanopoulos G. Compartmentalization of metabolic pathways in yeast mitochondria improves the production of branched-chain alcohols[J]. Nature Biotechnology, 2013, 31(4): 335-341.

[67] Hosseinpour S, Aghbashlo M, Tabatabaei M, et al. Multi-objective exergy-based optimization of a continuous photobioreactor applied to produce hydrogen using a novel combination of soft computing techniques[J]. International Journal of Hydrogen Energy, 2017, 42(12): 8518-8529.

[68] Oh Y K, Raj S M, Jung G Y, et al. Current status of the metabolic engineering of microorganisms for biohydrogen production[J]. Bioresource Technology, 2011, 102(18): 8357-8367.

[69] Pattanamanee W, Chisti Y, Choorit W. Photofermentive hydrogen production by *Rhodobacter sphaeroides* S10 using mixed organic carbon: Effects of the mixture composition[J]. Applied Energy, 2015, 157: 245-254.

[70] Hosseini S E, Wahid M A. Hydrogen production from renewable and sustainable energy resources: Promising green energy carrier for clean development[J]. Renewable and Sustainable Energy Reviews, 2016, 57: 850-866.

[71] Hallenbeck P C, Ghosh D. Advances in fermentative biohydrogen production: The way forward[J]. Trends in Biotechnology, 2009, 27(5): 287-297.

[72] Chen W M, Tseng Z J, Lee K S, et al. Fermentative hydrogen production with *Clostridium butyricum* CGS5 isolated from anaerobic sewage sludge[J]. International Journal of Hydrogen Energy, 2005, 30(10): 1063-1070.

[73] Pattanamanee W, Choorit W, Deesan C, et al. Photofermentive production of biohydrogen from oil palm waste hydrolysate[J]. International Journal of Hydrogen Energy, 2012, 37(5): 4077-4087.

[74] Chittibabu G, Nath K, Das D. Feasibility studies on the fermentative hydrogen production by recombinant *Escherichia coli* BL-21[J]. Process Biochemistry, 2006, 41(3): 682-688.

[75] Khanna N, Kotay S M, Gilbert J J, et al. Improvement of biohydrogen production by *Enterobacter cloacae* IIT-BT 08 under regulated pH[J]. Journal of Biotechnology, 2011, 152(1-2): 9-15.

[76] Yoshida A, Nishimura T, Kawaguchi H, et al. Enhanced hydrogen production from formic acid by formate hydrogen lyase-overexpressing *Escherichia coli* strains[J]. Applied and Environmental Microbiology, 2005, 71(11): 6762-6768.

[77] Yoshida A, Nishimura T, Kawaguchi H, et al. Enhanced hydrogen production from glucose using ldh- and frd-inactivated *Escherichia coli* strains[J]. Applied Microbiology and Biotechnology, 2006, 73(1): 67-72.

[78] Kim S, Seol E, Oh Y K, et al. Hydrogen production and metabolic flux analysis of metabolically engineered *Escherichia coli* strains[J]. International Journal of Hydrogen Energy, 2009, 34(17): 7417-7427.

[79] Maeda T, Sanchez-Torres V, Wood T K. Metabolic engineering to enhance bacterial hydrogen production[J]. Microbial Biotechnology, 2008, 1(1): 30-39.

[80] Seol E, Manimaran A, Jang Y, et al. Sustained hydrogen production from formate using immobilized recombinant *Escherichia coli* SH5[J]. International Journal of Hydrogen Energy, 2011, 36(14): 8681-8686.

[81] Seol E, Sekar B S, Raj S M, et al. Co-production of hydrogen and ethanol from glucose by modification of glycolytic pathways in *Escherichia coli*-from Embden-Meyerhof-Parnas pathway to pentose phosphate pathway[J]. Biotechnology Journal, 2016, 11(2): 249-256.

[82] Sundara Sekar B, Seol E, Mohan Raj S, et al. Co-production of hydrogen and ethanol by pfkA-deficient *Escherichia coli* with activated pentose-phosphate pathway: Reduction of pyruvate accumulation[J]. Biotechnology for Biofuels, 2016, 9(1): 1-11.

[83] Jo J H, Jeon C O, Lee S Y, et al. Molecular characterization and homologous overexpression of [FeFe]-hydrogenase in *Clostridium tyrobutyricum* JM1[J]. International Journal of Hydrogen Energy, 2010, 35(3): 1065-1073.

[84] Subramanian V, Dubini A, Seibert M. Metabolic Pathways in Green Algae with Potential Value for Biofuel Production[M]//The Science of Algal Fuels. Dordrecht: Springer, 2012: 399-422.

[85] Radakovits R, Jinkerson R E, Darzins A, et al. Genetic engineering of algae for enhanced biofuel production[J]. Eukaryotic Cell, 2010, 9(4): 486-501.

[86] Lamsen E N, Atsumi S. Recent progress in synthetic biology for microbial production of C3–C10 alcohols[J]. Frontiers in Microbiology, 2012, 3: 196.

[87] Tabatabaei M, Tohidfar M, Jouzani G S, et al. Biodiesel production from genetically engineered microalgae: Future of bioenergy in Iran[J]. Renewable and Sustainable Energy Reviews, 2011, 15(4): 1918-1927.

[88] Banerjee C, Dubey K K, Shukla P. Metabolic engineering of microalgal based biofuel production: Prospects and challenges[J]. Frontiers in Microbiology, 2016, 7: 432.

[89] Sahay S, Braganza V J. Microalgae based biodiesel production-current and future scenario[J]. Journal of Experimental Sciences, 2016, 7: 31-35.

[90] Miller R, Wu G, Deshpande R R, et al. Changes in transcript abundance in *Chlamydomonas reinhardtii* following nitrogen deprivation predict diversion of metabolism[J]. Plant Physiology, 2010, 154(4): 1737-1752.

[91] Msanne J, Xu D, Konda A R, et al. Metabolic and gene expression changes triggered by nitrogen deprivation in the photoautotrophically grown microalgae *Chlamydomonas reinhardtii* and *Coccomyxa* sp. C-169[J]. Phytochemistry, 2012, 75: 50-59.

[92] Li Y, Han D, Hu G, et al. Chlamydomonas starchless mutant defective in ADP-glucose pyrophosphorylase hyper-accumulates triacylglycerol[J]. Metabolic Engineering, 2010, 12(4): 387-391.

[93] El-Sheekh M M. Genetic engineering of eukaryotic algae with special reference to chlamydomonas[J]. Turkish Journal of Biology, 2005, 29(2): 65-82.

[94] Dunahay T G, Jarvis E E, Roessler P G. Genetic transformation of the diatoms *Cyclotella cryptica* and *Navicula saprophila*[J]. Journal of Phycology, 1995, 31(6): 1004-1012.

[95] Trentacoste E M, Shrestha R P, Smith S R, et al. Metabolic engineering of lipid catabolism increases microalgal lipid accumulation without compromising growth[J]. Proceedings of the National Academy of Sciences of the United States of America, 2013, 110(49): 19748-19753.

[96] Radakovits R, Eduafo P M, Posewitz M C. Genetic engineering of fatty acid chain length in *Phaeodactylum tricornutum*[J]. Metabolic Engineering, 2011, 13(1): 89-95.

第 3 章

能 源 植 物

3.1 能源植物概述

随着人类社会和工业进程的飞速发展，非再生的化石能源(煤、石油和天然气等)被不断地超负荷开采和利用，能源与环境危机已经成为人类面临的巨大挑战。能源转型成为全球各个国家和地区亟待解决的重点课题。植物是地球上生物量占比最大的生物分类群，约占全球生物量总和的 80%，其中以陆地植物(胚胎植物)为主[1]。然而，植物生物质高度木质化导致其在代谢利用方面相对受限，其作为能源资源进行开发和利用具有巨大的挖掘和研究空间。本节主要针对能源植物的概念和分类做系统的概述。

3.1.1 能源植物概念

能源植物是指能够直接或间接用于提供能源资源的植物。广义上讲，能源植物是指能够利用光合作用将太阳能固定成生物质能源的一切生物，包括所有的陆地植物和海洋植物。从狭义上讲，能源植物特指能量富集型植物，具体包括具有合成较高还原烃能力的、可产生接近石油成分或可替代石油产品的植物，以及富含糖类、油脂、淀粉和纤维素的植物。狭义概念的能源植物更加强调生物质的高产能力、高含能量以及边际土地适应性的特点。植物通过光合作用将太阳能转化为碳水化合物后，除了维持植物生长和生理生化反应所需的能量之外，大多数能量以生物大分子形式固定在植物体内。这些大分子主要包括四大类：糖类、脂质、蛋白质和核酸，其中糖类和脂质是植物体中重要的储能物质形式，在能源植物资源的开发和利用中具有重要的地位。

能源植物作为新型能源资源之一，其最大特点是"不与人争粮、不与粮争地"，能够最大限度地综合利用太阳能和土地的潜力。除此之外，它还具有以下三大主要优点：首先，环保性能好，生物质能源的生产是最接近二氧化碳净零排放的能源产业模式；其次，相比于传统能源资源，能源植物可再生性能强、生长迅速、生物量巨大，能够实现反复、规模化种植；最后，能源植物的安全性能好，原材料的生产、运输、储存过程简单，便于操作，持续稳定性强，不易发生安全事故。

能源植物的种植利用是生物质能源发展的基础，它不仅能够推动能源产业结构的转型，促进经济社会效益的变革式发展，还能够对二氧化碳减排贡献力量，对全球碳达峰碳中和目标的实现具有重要意义。

3.1.2 能源植物分类

能源植物广泛分布于全球，地跨温带、亚热带和热带地区。目前能源植物的分类有多种方式，分类依据包括植物系统分类、光合途径、形态、生长环境、功能及利用方式等[2]。整体来说，能源植物覆盖了植物界的各个层级，包括低等植物中一些大型的特殊藻类和维管植物的大戟科、蝶形花科、桃金娘科、樟科、夹竹桃科、大风子科、漆树科、萝藦科、菊科、棕榈科、禾本科等植物。而依据植物的光合类型来分，大多数为 C_3 和 C_4 的光合类型，目前尚未见有景天酸代谢(CAM)的能源植物的报道。通常情况下，C_4 植物相比 C_3 植物具有光补偿点低、光饱和点高的特点，因此认为 C_4 植物具有更好的太阳能转化和固定能力，能合成更多的生物质能源资源，是更好的能源植物潜在开发对象。但在特殊情况下，如高纬度、低温、低光照条件下，C_3 植物的光合碳同化能力更加优越。从形态和生长环境来看，无论是系统分类还是光合途径，能源植物大致可以分为木本、草本和水生植物三种类型。能源植物按照功能及利用形式主要可以分为三种类型：富糖类能源植物、木质纤维素类能源植物和富油类能源植物。本节对能源植物自身的生理特点不做重点分析，将着重以功能及利用形式对能源植物进行分类概述。

富糖类能源植物主要是指那些以蔗糖和淀粉为主要能量储存形式的植物，用于生产液体燃料生物乙醇。这类植物包括以可溶性蔗糖为主的甘蔗、甜高粱和甜菜等以及以淀粉为主的大麦、小麦、玉米、籽粒高粱、浮萍、木薯和甘薯等。由于蔗糖和淀粉也是人类能量摄取的主要形式，富糖类能源植物只在生物质能源开发利用的发展进程中扮演了"先锋"角色。在全球可耕地面积逐渐减少、粮食危机仍未解除的情况下，这类植物退出了未来能源植物资源开发利用的范围，植物糖的利用需要寻找新的替代资源。

木质纤维素类能源植物是在上述富糖类能源植物受到发展限制的情况下，提出的以植物细胞壁多糖(纤维素和半纤维素等)为主要碳水化合物储存形式的新一代能源植物。这类植物大多属多年生，具有生物量大、环境适应性广的特点，大多适宜在边际土地种植，主要包括以部分速生硬木为主的短期轮伐木本(杨树、桉树和蒿柳等)和多年生禾本科草本(芒草、柳枝稷、芦苇和皇竹草等)。因此，木质纤维素类能源植物也被看作是生产生物乙醇的第二代能源植物。

富油类能源植物是指那些以油脂为主要能量储存形式的植物，植物油脂提取后通过皂化或甲酯化反应后形成脂肪酸甲酯类物质，也即液体燃料生物柴油。大多数油料作物都可以发展成为能源植物，如大豆、花生、油菜、蓖麻和向日葵等。同样，主粮油料作物是人类植物性脂肪酸摄取的主要来源，在基础研究和工艺开发阶段能够成为模式物种，但在未来发展中仍然需要挖掘第二代富油类能源植物。目前，富含油脂的植物被不断发现和研究，如麻疯树、黄连木、乌桕、文冠果、绿玉树、光皮梾木、油桐和油棕榈等木本植物均有潜力成为生产生物柴油的第二代能源植物。

3.2　能源植物资源与应用

在传统化石能源过度开采的情况下，全球能源产业发展和气候与环境之间的平衡面临严重挑战。生物质清洁能源的开发利用在能源结构转型与发展的机遇中具有巨大的潜力，同时也面临着诸多挑战。因此，能源植物资源的调查、选择、开发与应用成为生物质能源产业发展至关重要的环节。本节重点阐述能源植物资源的分布概况、应用现状以及未来的发展趋势。

3.2.1　富糖类能源植物

糖类物质是植物通过光合作用将二氧化碳转化为碳水化合物后形成的一类最直接、最主要的储能物质。植物中糖类物质存储的主要类型有蔗糖和淀粉。而以蔗糖和淀粉为主要能量存储形式的能源植物包括禾本科的甘蔗、高粱、玉米以及藜科的甜菜等。

甘蔗（*Saccharum officinarum* L.）是禾本科甘蔗属 C_4 高大实心草本植物，适合种植于土壤、温度和光照条件均比较适宜的温带和热带地区，栽种区域主要分布于我国南方地区。一直以来，甘蔗茎秆都是生物燃料乙醇生产的优势原料，其生物产量可高达 $180\sim220t$ 鲜重/hm^2，发酵糖产量为 $45\sim55t/hm^2$。巴西是世界产蔗产糖大国，也是最早使用甘蔗直接生产乙醇并投入汽车动力燃料应用的国家，早在 20 世纪 70 年代就已经实施了以能源甘蔗为核心的"生物能源计划"。随后，南非、巴拿马、美国、古巴等国家也相继制定了能源甘蔗研发计划和相应的政策保障[3]。我国能源甘蔗研究虽然起步较晚，但发展迅速。经过近二十年的努力，我国已经拥有了一批自主培育的能源甘蔗新品种，为我国蔗汁发酵生产乙醇提供了关键技术支持[4]。

玉米（*Zea mays*）是禾本科玉蜀黍属一年生草本植物，也是全球总产量最高的农作物，生态位广，栽培技术成熟。美国是全球最大的生物燃料乙醇生产国，主要原料就是玉米。截至目前，玉米是生产生物燃料乙醇工艺最成熟的能源植物，但由于玉米是主要的粮食作物，作为生物乙醇原料会引起粮食安全的争议，逐渐在生物能源原料名目中摘除。我国在 1998 年推广乙醇汽油，但随着陈化粮的消耗和粮食价格上涨，玉米也从能源植物原料的舞台上谢幕[5]。

甜菜（*Beta vulgaris*）是藜科甜菜属二年生草本植物，以块根作为主要糖料储存部位，广泛种植于全球各地。20 世纪 90 年代，日本、法国、英国等少数发达国家已经开始尝试能源甜菜的选育工作。与甘蔗和玉米相比，甜菜并非主粮作物，对气候、土壤条件的要求相对较低，耐寒、耐旱、耐盐碱，适应性广，适宜在边际土地推广种植，这些特征也使得甜菜在富糖类能源植物的研发中拥有了广阔的前景[6]。

除此之外，对木薯、甘薯等富糖类能源植物也都有着不同程度的研究，在未来的能源结构转型中，富糖类能源植物将会成为重要的候补力量。

3.2.2 富油类能源植物

油脂是植物主要的初生代谢物质之一。植物在细胞的质体中以乙酰辅酶 A 为底物合成游离脂肪酸后，运输到质体外经修饰并加工形成三酰基甘油(即油脂)的形式储藏起来。植物油脂经皂化或甲酯化反应之后，才可用于生物燃油。植物油脂主要储存于植物种子中。以油脂作为主要能量存储形式的能源植物多为木本，主要有大戟科的麻疯树、乌桕，漆树科的黄连木等。

麻疯树(*Jatropha curcas* L.)是大戟科麻疯树属小乔木或大灌木，主要分布于热带、亚热带地区，在我国广东、广西、四川、贵州、云南、台湾等地均有分布，对湿度和土壤肥力要求较低，且能耐高温。麻疯树的种仁含油量很高，占 40%～60%。麻疯树油脂中富含油酸、亚油酸和棕榈酸，分别占比 40%、30%和 20%左右。据统计，种植一年的麻疯树种仁产量可高达 4.5t/hm^2。近十年来，中国科学院华南植物园、中国科学院西双版纳热带植物园、贵州大学等科研机构相继开展了以麻疯树为富油类能源植物的大量研究，麻疯树富油产油和环境耐逆性的机理也得到了系统解析，为麻疯树品种的选育和推广奠定了坚实的基础[7]。

乌桕(*Sapium sebiferum* L.)是大戟科乌桕属落叶乔木，喜温，主要分布于我国安徽、福建、江西、四川等华东、华南、西南各省份。种子含油量高，可榨取桕脂和梓油，含油量可达到 40%～53%，产油量约 2t/hm^2。乌桕油脂各项指标均可以达到生物柴油理化特性标准。不同种源的乌桕种子油脂品质存在一定差异，因此需要筛选和利用优质乌桕品系[8]。

黄连木(*Pistacia chinensis* L.)是漆树科黄连木属大乔木。喜光、喜温，耐干旱贫瘠，原产地中海地区、北美和亚洲，主要分布于我国黄河流域至华南、西南各地区，可作为庭院绿化树种。种子富含油脂，含油量可达 40%以上，果实含油量也可达到 35%～42%，产油量可达到 3t/hm^2[9]。

除此之外，富油类的能源植物还包括大戟科的绿玉树、油桐，豆科的香胶树、油楠，苏木科的香脂苏木，山茱萸科的光皮梾木，无患子科的文冠果，棕榈科的油棕等，这些能源植物都取得了阶段性的研究进展[2]。但由于受到市场驱动力的影响，富油类能源植物的产业化研究一直未能得到充分重视。

3.2.3 木质纤维素类能源植物

为寻求可替代主粮作物开发生物能源的新一代植物资源，植物细胞壁多糖引起了人们的重视。植物细胞壁是地球上丰富的碳水化合物储存库，主要由纤维素、半纤维素和木质素等成分组成。其中，纤维素和半纤维素都属于多糖类物质，具有极高的能源价值。但由于细胞壁中木质素的存在，严重阻碍了多糖的利用效率，木质纤维素类能源植物的开发和利用是当前能源植物研究的焦点。富含细胞壁多糖的能源植物通过生物或化学方法处理后，可以得到生物乙醇和沼气等具有高燃值的能源产品。目前已经被重点关注的木质纤维素类能源植物多为高大草本植物，包括芒草、柳枝稷等。木质纤维素类能源植物具有生物产量大、环境适应强的基本特点，可以做到"不与人争粮、不与粮争地"，因此它们的能源产品也被称为"第二代生物燃料"。

芒草(*Miscanthus*)是禾本科芒属植物的统称，含有 15～20 个物种，广泛分布于热带、亚热带和温带地区。部分高大的芒草，如中国芒(*M. sinensis*)和巨芒(*M. giganteus*)，被认为是极具前景的木质纤维素类能源植物。由于其具有 C_4 植物的光合固碳效率高，生长迅速、环境适应性强，病害虫害抗性强等特点，芒草的干物质产量最高可达 75t/hm^2。早在 20 世纪 80 年代，芒草已经开始被一些欧美国家用于研究生物乙醇的生产。近二十年来，我国中国科学院华南植物园、青岛生物能源与过程研究所和湖南农业大学等研究机构也开始了芒属植物的资源收集、选育工作，同时也开展了盐碱地的规模化推广种植，并取得了可观的成绩[10]。

柳枝稷(*Panicum virgatum*)是禾本科黍属草本植物，起源于北美，植株高大，生物产量可高达 20t/hm^2。柳枝稷根系发达、水分利用率高、环境适应性强，可在干旱、贫瘠和盐碱土地上生长。另外，柳枝稷栽培管理模式简单易行，便于规模化推广应用。20 世纪 90 年代，美国能源部已经将柳枝稷列入专用能源植物。而早在 20 世纪 80 年代，柳枝稷就被引种到我国黄土高原地区，并表现出良好的生态适应性。美国能源部、中国科学院青岛生物能源与过程研究所等科研机构也针对柳枝稷的良种创制和选育工作做了大量研究工作[11, 12]。

木质纤维素类能源植物已渐渐成为新一代能源植物开发和利用的主要目标。我国幅员辽阔、物种丰富，仍然有很多的植物资源有待挖掘。随着现代生物技术的不断进步，能源植物的应用拥有着广阔的前景。

3.3 能源植物育种

能源植物自身具有"不与人争粮、不与粮争地"的特点。因此能源植物的育种与栽培的推广区域更加倾向于边际土地。我国边际土地总面积约 11.7 亿亩(1 亩=1/15hm^2)，其中包括内陆和滨海盐碱地、山地丘陵红壤、西北黄绵土等[13]。由于土壤障碍限制、水热资源束缚、地形条件局限等因素的制约，边际土地生态脆弱，不适宜植物的正常生长。培育适宜边际土地栽培种植的能源植物品种，不仅可以实现边际土地的改良，提高土地和植物的双重生态效益；同时能够提升能源植物产业结构转移转型，推动偏远地区社会经济发展。

能源植物的育种与其他植物的育种一样，主要包括传统育种和分子育种。传统育种主要是利用植物杂种优势，包括杂交育种、单/多倍体育种、诱变(紫外线、化学试剂、重离子等)育种等技术，将利于提高植物优异性状的优良基因聚合到某个指定品种中，获得具有目标性状的新品种。然而在育种过程中，传统育种技术面临着育种周期长、目标性状的转移容易受到种间隔离的影响、不能精准针对某个基因或某个品种进行操作和选择、容易受到不良基因连锁的影响等问题的制约，一直未能在能源植物中广泛应用。随着现代生物技术的飞速发展，能源植物的育种工作也由传统育种向分子育种过渡。本节重点围绕能源植物的生物量、品质和抗逆性，介绍能源植物分子育种的目标与现状。

3.3.1 能源植物生物量

生物量是植物地上部茎叶经光合作用固定的有机组分和地下部根系吸收土壤中无机组分的综合结果。能源植物生物量是其品种选育和推广的首要因素之一，主要育种方向在于植物特异组织器官的精准选择性增产。增加富糖类能源植物的糖料储存器官/组织是提高其生物量的有效途径。以玉米为例，玉米籽粒中的淀粉是其作为生物能源原料的主要器官，提高玉米籽粒的数量和质量是玉米育种的重要方向之一。种子中储藏淀粉的合成是经由光合细胞的碳同化形成蔗糖，进一步转运到细胞质中进行催化修饰，转化成淀粉合成的直接底物 ADP-葡萄糖，最后通过一系列淀粉合成酶和分支酶的作用合成储藏淀粉。研究表明，储藏淀粉合成途径中的 *AGPLSU*、*AGPSSU*、*GBSSI*、*SBEIIb* 和 *ISA* 等酶基因可以直接通过影响淀粉合成，进而影响玉米籽粒内含物的品质[14]。除此之外，一系列的基因表达调控因子，如 *DWARF11*、*GRAS11*、*ABI9* 等均有报道与玉米籽粒大小相关，影响着玉米籽粒的品质[15-17]。增加果实和种子大小是提高富油类能源木本植物生物量的主要途径，果实和种子的生长发育与激素调控、蛋白质修饰等诸多因素相关。研究表明，花药开裂缺陷基因（*DAD1*）和 *GA2ox6* 被证明是控制麻疯树果实大小的关键因子，抑制这两个基因的表达，能够使麻疯树的果实尺寸显著减小[18, 19]。提高地上部茎叶的生物量是木质纤维素类草本能源植物增产的目标，其改良方向包括分蘖数目、植物高度、茎秆粗细、叶片宽窄和开花时间等多个因素。例如，通过分子改造植物 microRNA156，能够增加能源草柳枝稷分蘖数目，延迟开花时间，达到地上部生物量增加的目的[20]。外源导入双子叶植物叶片侧向生长的关键因子 STENOFOLIA，能够使能源草柳枝稷的茎秆增粗、叶片变宽[21]。精准调控赤霉素合成关键酶 GA20 氧化酶 *GA20ox*，可以实现柳枝稷植株增高的效果[22]。

3.3.2 能源植物品质

能源植物的品质是限制下游产品加工、节约成本、提高效率的关键因素。能源植物在能源产品制造业中能否实现跨越式的进步取决于原材料的品质。糖含量、油脂组分和细胞壁酶解效率是决定富糖类能源植物、富油类能源植物和木质纤维素类能源植物品质的核心指标。

首先对能源植物油脂组分的改良进行介绍。油脂组分是决定油产品是否满足作为燃料油的重要指标，包括十六烷值、低温流动性、浊点、动力黏度和氧化安全性等，因此富油类能源植物的品质改良需要深刻认识植物油脂合成及其调控的机理，而目前关于能源植物油脂合成调控的研究还相对较少。以麻疯树为例，含油量和油脂组分是其育种的重要指标。中国科学院华南植物园和西双版纳热带植物园长期从事麻疯树油脂改良的研究工作，系统解析了麻疯树油脂合成过程中关键酶的功能。首先，脂肪酸合成起始的关键酶乙酰辅酶 A 合成酶（异质型）的四个亚基：生物素合成酶（BC）、生物素羧基载体蛋白

(BCCP1 和其同源蛋白 BCCP2)和两个羧基转移酶(α-CT 和 β-CT),研究表明,过量表达 *BC*、*BCCP2*、*α-CT* 和 *β-CT* 基因,均能够增加种子中 C_{16} 脂肪酸含量,提高 C_{16}/C_{18} 比例,种子含油量也大多增加[23]。其次,二酰基甘油酰基转移酶(DGAT)是合成三酰基甘油的直接催化酶,过量表达 *DGAT* 基因能够显著提高麻疯树种子含油量[24]。再次,脂肪酸碳链延伸关键酶 KASI、KASII 和 KASIII 的遗传改造,能够显著改变油脂组分[23]。最后,油脂饱和度相关的酰基-ACP 硫酯酶基因 *JcFATA1*、*JcFATB1* 在种子中特异高表达能够提高种子中饱和脂肪酸含量,C16:0 和 C18:0 含量均显著增加,表明它们在控制油脂饱和度和碳链延伸方面发挥重要作用。*ω*-6 脂肪酸脱氢酶基因 *JcFAD2* 和 *ω*-3 脂肪酸脱氢酶基因 *JcFAD3* 均能够明显提高种油中脂肪酸的不饱和度,过量表达这两个基因能够分别显著提升 C18:2 和 C18:3 的含量[7]。

关于木质纤维素类能源植物细胞壁酶解效率的改良,主要聚焦在细胞壁组分(纤维素、半纤维素和木质素)含量和组成的研究。纤维素是植物光合作用碳同化的重要产物,是植物细胞壁的主要成分。纤维素合成酶(CESA)是纤维素合成步骤中的关键酶,直接改造 *CESA4* 和 *CESA6* 能够显著影响柳枝稷细胞壁中纤维素的含量和结构,而通过转录因子调控 *CESA* 基因的表达,同样也可以实现纤维素的改造[25]。细胞壁中的木质素是多糖利用的限制因子,由于木质素的存在,大大阻碍了细胞壁酶解糖化的效率。木质素是一类具有苯丙环结构的高分子聚合物,在细胞壁中与多糖类物质交联形成复杂的网状结构。木质素是由植物苯丙氨酸从头合成,经过约十步的催化转化形成三种单体:香豆醇、松柏醇和芥子醇,三种单体进一步在细胞质外聚合形成木质素并在细胞壁中沉积。木质素的总量、单体组分以及其与细胞壁多糖的交联均显著影响多糖的酶解效率。研究表明,香豆酰辅酶 A 连接酶(4CL)、阿魏酸-5-羟化酶(F5H)、咖啡酸-3-*O*-甲基转移酶(COMT)、肉桂醇脱氢酶(CAD)等木质素单体合成酶基因的改造均能够显著影响玉米或柳枝稷的细胞壁糖化效率,提升细胞壁品质[26-28]。同时,中国科学院青岛生物能源与过程研究所经过数十年的研究发现,植物一碳代谢途径的关键酶,如胱硫醚-*γ*-合成酶(CGS)、腺苷高半胱氨酸水解酶(SAHH)和亚甲基四氢叶酸还原酶(MTHFR)的改造,可以主要通过影响木质素单体的组分,提高细胞壁糖化效率,进一步提升能源草的秸秆利用率[29, 30]。另外,大量研究显示,调控植物细胞壁合成的转录因子(如 MYB 等)也被应用于木质素纤维素类能源植物的品质改良[31]。

3.3.3 能源植物抗逆性

随着全球工业化进程的快速发展和人口数量的激增,可耕地面积持续减少,边际土地逐渐成为战略后备土地资源。因此,能源植物的抗逆性在其选育的研究和推广过程中愈显重要。边际土地的形成受到多种因素的主导,这也使植物的抗逆性研究面临越来越多的挑战。干旱、盐碱、营养贫瘠等因素逐渐成为能源植物育种的瓶颈和研究热点,逆境因子严重影响了能源植物的产量和品质。育种栽培学家通过种植管理技术的优化,一定程度上可以解决能源植物在边际土地上的栽培种植问题,但是管理成本过高又带来了能源植物经济性差的困境。从能源植物种质创制的角度思考其逆境适应性的问题成为未来能源植物育种的突破口。

盐渍化土地是目前最主要的边际土地类型之一，具有极大的开发利用价值。能源植物的耐盐碱研究也一直是这一领域的重点。考虑到能源产业链条的成熟度和经济性，对具有产业化基础的能源植物进行抗逆性育种成为当前的重点工作，也是目前科学家研究的主要方向。盐碱胁迫能够导致植物多个生理生化反应的变化，包括植物种子萌发和生长发育、光合作用、离子平衡等多个方面。植物对盐碱胁迫也会做出响应，如离子区室化、清除活性氧、增加保护酶活性等。大量的基因参与植物对盐碱胁迫的响应，而这些基因在植物的耐盐响应中往往呈现出层级调控，包括激酶、小 RNA、转录因子和功能蛋白等。研究表明，玉米中蛋白激酶 CIPK42 参与植株耐盐性的调控[32]。microRNA319 被报道可以通过调节乙烯合成进而提高柳枝稷对盐胁迫的耐受性[33]。转录因子 NAC1 则在盐离子聚集和活性氧清除方面提高柳枝稷的耐盐性[34]。柳枝稷 ADP-核糖基化因子 Arf 也可以通过调节脯氨酸的合成，改良柳枝稷盐胁迫条件下的细胞渗透性[35]。离子通道蛋白 NHX1 可以通过改变叶绿素含量、电解质渗漏和丙二醛含量等指标提高麻疯树的耐盐性能[36]。随着分子生物学技术的不断发展，越来越多的植物耐盐碱机制和基因被挖掘，这些功能位点都为能源植物抗逆性分子育种提供了资源。

水资源匮乏导致干旱/荒漠化土地日益扩大，能源植物抗旱机制也在不断地被揭示。干旱胁迫类似于盐碱胁迫，都属于渗透性的非生物胁迫类型，能够导致植物表型、生理、分子等各个水平的损伤。同样，植物也会从基因、蛋白质和组织器官等各个方面对干旱胁迫做出响应。有研究发现，柳枝稷能够对干旱胁迫进行记忆，通过记忆基因的快速响应维持柳枝稷的干旱适应性[37]。麻疯树在中度和重度干旱条件下也会做出相应的代谢变化以维持植株的正常生长，如在中度干旱时根中脱落酸合成代谢能力被强烈诱导，而遭遇重度干旱时叶片中叶绿素的代谢活性被激活[38]。干旱响应的基因也都能在这一生理过程中发挥功能。例如，水通道蛋白 PIPs 能够通过改变细胞的渗透势提高玉米对干旱胁迫的耐受性[39]。麻疯树转录因子 CBF2 能够促进多种植物激素含量的累积进而提高植物的耐旱性能[40]。芒草转录因子 NAC10 可以通过强烈诱导过氧化氢酶(CAT)、过氧化物酶(POD)和超氧化物歧化酶(SOD)提高植物对干旱和盐胁迫的耐受性[41]。

营养元素是植物生长发育所必需的物质基础，自然演替和人类活动的频繁干涉，导致部分土地出现营养元素缺乏或过量的现象，这样的土地也会对植物的生长造成极大的危害。植物主要通过根系吸收土壤中的营养元素，紧接着通过木质部导管或一些特殊的转运蛋白将无机盐离子运输或转运到植株各个组织器官的细胞中。截至目前，能源植物中关于营养胁迫的机制研究还相对较少。针对麻疯树开展了长期缺氮的植株响应研究，结果表明在长期氮饥饿条件下，氮素代谢调控，包括氨基酸代谢在内的合成转运与信号转导相关基因、泛素化介导的蛋白质降解相关基因以及激素合成与信号转导相关激素发生显著变化，植株体内的氮吸收、利用、分配和碳氮比平衡相关生理过程的基因也做出响应[42]。关于能源植物耐贫瘠的分子机制及其育种工作仍然有很大的挖掘空间。

经过全球科学家过去几十年的努力，已经获得了一大批可用于能源植物分子育种的关键靶标基因。随着分子设计育种概念的提出和基因组编辑技术的飞速发展，创制综合性状优良的能源植物已经成为当前能源植物研究和开发的重点方向。

3.4 能源植物前景展望

当前，气候问题已经成为全球亟待解决的重点问题，无论是国家、地区还是组织、个人，在应对全球气候变化的问题前，都有义不容辞的责任。2015 年，《巴黎协定》的签署也明确了全球应对气候变化的行动安排，提出了气温变化幅度的控制目标。我国也于 2020 年提出了"双碳"目标和时间表。绿色低碳的整体发展潮流是未来几十年乃至更长时间内全人类的共同行动准则。能源产业结构转型在这一准则要求下日益凸显出重要性和必要性，然而却面临着诸多挑战。

3.4.1 能源植物与能源产业

生物质能作为一种新型可再生能源，具有可观的发展空间和巨大的发展潜力。能源植物的开发在这一机遇和挑战面前有其独特的优势，扮演着重要的角色。考虑到在全球气候变化的环境危机和工业化进程伴随着的能源危机中扮演的双重角色，能源植物是最接近于实现负碳发展的新型能源资源。从 20 世纪 70 年代开始，能源植物的产业化就已经进入了探索发展的模式，从能源资源原料的选择到加工工艺的优化，都经历了能源革命的考验与冲击。经过二十余年的发展，以第一代主粮作物作为能源资源原料的尝试宣告搁浅，然而第二代以非粮植物为能源资源原料的发展模式尚未成熟。在这一背景下，能源植物的能源产业结构转型中的未来究竟会怎样，依然需要全人类的共同努力和论证。

传统化石燃料的不可再生性和环境破坏性成为限制其发展的阻力，寻求化石能源利用的新模式，达成能源供给侧和需求侧平衡，重新构建化石能源产业结构，面临着许多新的挑战，这就给其他新型能源的兴起和发展提供了机会。能源植物是液体生物燃料（生物柴油和生物乙醇）的物质来源。如何突破生物质能源产业的发展瓶颈，除了需要继续优化能源产品生产工艺之外，足量优质的原料供给更是保证产业链条优化研发和量产推广的重要前提。过去的半个多世纪，能源植物的产业前景已初具雏形，并且在现代交通、热电等领域显示出积极的效应。一方面，随着技术进步和产业格局的不断发展，除了开发作为生物燃料的能源产品之外，生物质资源还有极具开发潜力的附加值。生物农药、生物疫苗、生物基化学品等都会随着能源植物的深度挖掘而迎来新的发展机遇，能源植物在新型生物质能源产业和现代农业及制造业领域都有着巨大的应用前景。另一方面，能源植物开发利用伴随着社会结构转型和科技布局重构。能源植物资源的收集、评价、筛选、育种、栽培及其下游的产品加工、评估和推广等工作的开展均处于起步阶段。新兴产业的发展必将带来新的人财物配置变化，包括新职业、新岗位和新的就业机会等。在这一背景下，能源植物的开发利用面临许多新的机遇和挑战，同时也会对全球经济结构的重构产生深远的影响。

3.4.2 能源植物与碳中和

《巴黎协定》的缔结标志着全球气候改善已经达成了初步共识。在"双碳"目标的牵引下，绿色低碳发展潮流将成为未来几十年的主题，各行各业的发展都将以碳中和为中心，力争做到技术可行、成本可控，在政策的引导下实现多边共赢。然而，碳中和道阻且长的现实状况不是一朝一夕能够扭转的，能源供给端的探索和布局是当前的重要任务。除了传统能源形式需要寻求新的技术突破之外，新型能源的开发也陆续登上了舞台，太阳能、水能、风能、核能、生物质能等都将在未来的发展中迎来机会。

能源植物在这一历史背景下将扮演双重角色。首先，植物通过吸收二氧化碳并将其固定在植物体内或土壤中，可以降低大气中二氧化碳的浓度。过去的几十年里，我国一直致力于发展"退耕还林、退耕还草"，倡导山水林田湖草沙是一个生命共同体，生态保护工作已经取得了显著的成效。在这一基础之上，林草碳汇将成为我国实现碳中和目标的重要组成部分。另外，能源植物的高产能力、高含能量以及边际土地适应性为其在能源产业结构中的定位进行了重塑。碳中和的目标对于现阶段的中国来说，是一场速度与质量的博弈，能源结构转型并非易事。目前，我国工业化和城市化的进程正处于快速发展期，经济发展的需求与节能减排的目标成为当前的主要矛盾。能源植物适宜于边际土地种植的特点，使其能够在不增加"双碳"负担的同时，寻求自己独特的发展空间。然而，现实并不乐观，虽然能源植物所蕴藏的生物质能潜力巨大，但目前的经济性相对较差，这就要求能源植物的发展需要在政策目标的指引下，逐渐完善生物质能源产业结构，争取在新一轮能源革命和"双碳"的双重目标中占据一席之地。

参 考 文 献

[1] Bar-On Y M, Phillips R, Milo R. The biomass distribution on earth[J]. Proceedings of the National Academy of Sciences of the United States of America, 2018, 115(25): 6506-6511.

[2] 谢光辉. 能源植物分类及其转化利用[J]. 中国农业大学学报, 2011, 16(2): 1-7.

[3] 赵丽萍, 张跃彬, 吴彦兰. 生物能源甘蔗开发利用探讨[J]. 中国糖料, 2010, 4: 72-74.

[4] 范水生. 中国能源甘蔗——燃料乙醇的开发探析[J]. 世界农业, 2006, 12: 51-54.

[5] 郭玲霞, 黄朝禧, 彭开丽. 从中国玉米生物乙醇发展分析生物能源对粮食安全的影响[J]. 中国科技论坛, 2011, 9: 139-145.

[6] 史淑芝, 程大友, 马凤鸣, 等. 生物质能作物——能源甜菜的开发利用[J]. 中国农学通报, 2007, 23(11): 416-419.

[7] 吴平治. 麻疯树油脂合成关键基因克隆及功能分析[D]. 北京: 中国科学院研究生院, 2009.

[8] 吴文景, 王兆勇, 梅辉坚, 等. 不同种源乌桕种子的形态、质量及油脂特性[J]. 福建林业科技, 2018, 45(1): 12-14,34.

[9] 侯新村, 牟洪香, 菅永忠. 能源植物黄连木油脂及其脂肪酸含量的地理变化规律[J]. 生态环境学报, 2010, 19(12): 2773-2777.

[10] 于辉, 向佐湘, 杨知建. 草本能源植物资源的开发与利用[J]. 草业科学, 2008, 25(12): 46-49.

[11] 刘吉利, 朱万辉, 谢光辉, 等. 能源作物柳枝稷研究进展[J]. 草业学报, 2009, 18(3): 232-240.

[12] 章春彪, 陆国权. 柳枝稷研究进展[J]. 现代农业科技, 2013, 11: 175-176.

[13] 中国科学院农业领域战略研究组. 中国至2050年农业科技发展路线图[M]. 北京: 科学出版社, 2009.

[14] Yu J K, Moon Y S. Corn starch: Quality and quantity improvement for industrial uses[J]. Plants-Basel, 2022, 11(1): 92.

[15] Li Y, Ma S, Zhao Q Q, et al. *ZmGRAS11*, transactivated by opaque2, positively regulates kernel size in maize[J]. Journal of Integrative Plant Biology, 2021, 63(12): 2031-2037.

[16] Sun H, Xu H Y, Li B, et al. The brassinosteroid biosynthesis gene, *ZmD11*, increases seed size and quality in rice and maize[J]. Plant Physiology and Biochemistry, 2021, 160: 281-293.

[17] Yang T, Guo L X, Ji C, et al. The B3 domain-containing transcription factor *ZmABI19* coordinates expression of key factors required for maize seed development and grain filling[J]. Plant Cell, 2021, 33(1): 104-128.

[18] Hu Y X, Tao Y B, Xu Z F. Overexpression of Jatropha gibberellin 2-oxidase 6 (*JcGA2ox6*) induces dwarfism and smaller leaves, flowers and fruits in *Arabidopsis* and *Jatropha*[J]. Frontiers in Plant Science, 2017, 8: 2013.

[19] Xu C J, Zhao M L, Chen M S, et al. Silencing of the ortholog of *DEFECTIVE IN ANTHER DEHISCENCE 1* gene in the woody perennial *Jatropha curcas* alters flower and fruit development[J]. International Journal of Molecular Sciences, 2020, 21(23): 8923.

[20] Fu C X, Sunkar R, Zhou C E, et al. Overexpression of miR156 in switchgrass (*Panicum virgatum* L.) results in various morphological alterations and leads to improved biomass production[J]. Plant Biotechnology Journal, 2012, 10(4): 443-452.

[21] Wang H, Niu L F, Fu C X, et al. Overexpression of the WOX gene STENOFOLIA improves biomass yield and sugar release in transgenic grasses and display altered cytokinin homeostasis[J]. PLoS Genetics, 2017, 13(3): e1006649.

[22] Do P T, De Tar J R, Lee H, et al. Expression of *ZmGA20ox* cDNA alters plant morphology and increases biomass production of switchgrass (*Panicum virgatum* L.)[J]. Plant Biotechnology Journal, 2016, 14(7): 1532-1540.

[23] 魏倩. 麻疯树脂肪酸合成相关基因的克隆及功能分析[D]. 北京: 中国科学院研究生院, 2012.

[24] Zhang T T, He H Y, Xu C J, et al. Overexpression of type 1 and 2 diacylglycerol acyltransferase genes (*JcDGAT1* and *JcDGAT2*) enhances oil production in the woody perennial biofuel plant *Jatropha curcas*[J]. Plants-Basel, 2021, 10(4): 699.

[25] Mazarei M, Baxter H L, Li M, et al. Functional analysis of cellulose synthase CesA4 and CesA6 genes in switchgrass (*Panicum virgatum*) by overexpression and RNAi-mediated gene silencing[J]. Frontiers in Plant Science, 2018, 9: 1114.

[26] Wu Z Y, Wang N F, Hisano H, et al. Simultaneous regulation of F5H in COMT-RNAi transgenic switchgrass alters effects of COMT suppression on syringyl lignin biosynthesis[J]. Plant Biotechnology Journal, 2019, 17(4): 836-845.

[27] Xiong W D, Li Y, Wu Z Y, et al. Characterization of two new brown *midrib1* mutations from an EMS-mutagenic maize population for lignocellulosic biomass utilization[J]. Frontiers in Plant Science, 2020, 11: 594798.

[28] Xiong W D, Wu Z Y, Liu Y C, et al. Mutation of 4-coumarate: Coenzyme A ligase 1 gene affects lignin biosynthesis and increases the cell wall digestibility in maize brown *midrib5* mutants[J]. Biotechnology for Biofuels, 2019, 12: 82.

[29] Bai Z T, Qi T X, Liu Y C, et al. Alteration of *S*-adenosylhomocysteine levels affects lignin biosynthesis in switchgrass[J]. Plant Biotechnology Journal, 2018, 16(12): 2016-2026.

[30] Wu Z Y, Ren H, Xiong W D, et al. Methylenetetrahydrofolate reductase modulates methyl metabolism and lignin monomer methylation in maize[J]. Journal of Experimental Botany, 2018, 69(16): 3963-3973.

[31] Shen H, Poovaiah C R, Ziebell A, et al. Enhanced characteristics of genetically modified switchgrass (*Panicum virgatum* L.) for high biofuel production[J]. Biotechnology for Biofuels, 2013, 6(1): 71.

[32] Chen X J, Chen G, Li J P, et al. A maize calcineurin B-like interacting protein kinase *ZmCIPK42* confers salt stress tolerance[J]. Physiologia Plantarum, 2021, 171(1): 161-172.

[33] Liu Y R, Li D Y, Yan J P, et al. MiR319-mediated ethylene biosynthesis, signalling and salt stress response in switchgrass[J]. Plant Biotechnology Journal, 2019, 17(12): 2370-2383.

[34] Wang J F, Zhang L, Wang X Y, et al. PvNAC1 increases biomass and enhances salt tolerance by decreasing Na$^+$ accumulation and promoting ROS scavenging in switchgrass (*Panicum virgatum* L.)[J]. Plant Science, 2019, 280: 66-76.

[35] Guan C, Li X, Tian D Y, et al. ADP ribosylation factors improve biomass yield and salinity tolerance in transgenic switchgrass (*Panicum virgatum* L.)[J]. Plant Cell Reports, 2020, 39: 1623-1638.

[36] Jha B, Mishra A, Jha A, et al. Developing transgenic Jatropha using the SbNHX1 gene from an extreme halophyte for cultivation in saline wasteland[J]. PLoS One, 2013, 8(8): e71136.

[37] Zhang C, Peng X, Guo X, et al. Transcriptional and physiological data reveal the dehydration memory behavior in switchgrass (*Panicum virgatum* L.)[J]. Biotechnology for Biofuels, 2018, 11: 91.

[38] Sapeta H, Lourenco T, Lorenz S, et al. Transcriptomics and physiological analyses reveal co-ordinated alteration of metabolic pathways in *Jatropha curcas* drought tolerance[J]. Journal of Experimental Botany, 2016, 67(3): 845-860.

[39] Quiroga G, Erice G, Aroca R, et al. Enhanced drought stress tolerance by the arbuscular mycorrhizal symbiosis in a drought-sensitive maize cultivar is related to a broader and differential regulation of host plant aquaporins than in a drought-tolerant cultivar[J]. Frontiers in Plant Science, 2017, 8: 1056.

[40] Wang L H, Wu Y, Tian Y S, et al. Overexpressing *Jatropha curcas* CBF2 in *Nicotiana benthamiana* improved plant tolerance to drought stress[J]. Gene, 2020, 742: 144588.

[41] He K, Zhao X, Chi X Y, et al. A novel Miscanthus NAC transcription factor MlNAC10 enhances drought and salinity tolerance in transgenic *Arabidopsis*[J]. Journal of Plant Physiology, 2019, 233: 84-93.

[42] Kuang Q, Zhang S, Wu P Z, et al. Global gene expression analysis of the response of physic nut (*Jatropha curcas* L.) to medium- and long-term nitrogen deficiency[J]. PLoS One, 2017, 12(8): e0182700.

第 4 章

能 源 微 藻

4.1 能源微藻概述

21 世纪以来，全球煤炭、石油、天然气等化石燃料的消耗速度激增，化石能源的日渐枯竭已是一个不争的事实。而与化石能源使用相伴生的二氧化碳等温室气体的大量排放及其在大气层中的急剧累积导致了全球气候的异常变化。如何解决人类社会能源资源的可持续开发以及二氧化碳的减排，已成为全球共同面临的重大问题。近年来，作为液体燃料之一的生物柴油和航空生物燃料因其热值接近化石柴油、可直接利用现有发动机及加油站等设施，且对环境友好(N、S 含量低)以及碳中性的特点，发展迅猛，应用范围不断扩大，已成为国际上可再生能源的新生力量。微藻生物能源技术在"双碳"目标中具有重要发展前景。

4.1.1 微藻生物能源简介

第一代生物燃料主要是以油料作物、含油木本植物、含糖或淀粉作物等为原料。目前，全球 12%的玉米用于制造乙醇，20%的菜籽油与大豆油用于制造生物柴油。但是第一代生物能源的开发与利用存在"与人争粮，与粮争地，水资源短缺"的问题，因而难以持续。因此，许多国家又投入了大量经费开发第二代生物燃料，其主要以非粮的农林废弃物，即木质纤维素为原料生产燃料乙醇。同样，第二代生物能源研发也遇到了极大的挑战和限制，如纤维素降解效率低、降解成本高、污染环境等。同时，以农林废弃物为主体的木质纤维素原料来源分散、收集半径大、季节性强。要实现能源的可持续利用和二氧化碳减排任务，就必须寻找新的不依赖于耕地、不大量消耗水、产能大、效率高的非粮新型生物资源。微藻由于其种类繁多、分布广，可直接利用阳光、CO_2 及 N、P 等简单营养物质快速生长并在胞内合成大量油脂(主要是甘油三酯)，因此可为生物柴油生产提供新的油脂资源，是大规模生产生物液体燃料的理想资源[1,2]。

利用微藻进行液体生物燃料的生产具有诸多优势。藻类是一类光合自养的低等植物，最早起源于 34 亿～32 亿年前。微藻则一般指那些需借助显微镜才能观察到其形态结构的微观单细胞、群体或丝状藻类，它们在海洋、淡水湖泊等水域均有分布。自然界中存在的微藻估计有 20 万～80 万种，其中已描述的不足 5 万种[3]。微藻作为一类重要的单细胞光合微生物，其与陆生高等植物有着相同的光合作用机理，但由于它们具有更简单的细胞结构，通常能够更有效地利用太阳能合成生物质。

按照光合效率计算方法[4-7]，微藻通过光合作用固定 1mol CO_2 所储存的能量约为 477kJ。每摩尔可见光光子的能量约为 217kJ，微藻固定 1mol CO_2 需要 8mol 可见光光子。太阳到达地表的全部能量为 20～24MJ/$(m^2 \cdot d)$，微藻光合作用所能利用的可见光能量只占全部到达地表太阳能的 45%左右。因此，理论上微藻对全部太阳能(全光谱)的光合利用效率为

$$PE = \frac{477 \times 45\%}{8 \times 217} \approx 12.4\%$$

如果仅对可见光而言，则其光合效率为

$$PE_{可见光} = \frac{477}{8 \times 217} \approx 27.5\%$$

尽管微藻的细胞组成因藻种与培养方法不同而有很大区别，但其生物质的完全燃烧热值差别不大，范围为 20～23MJ/kg。据此，微藻 12.4% 的理论光合效率相当于生物质产率(理论值)为

$$P = \frac{\left\{20 \sim 24\left[MJ / (m^2 \cdot d)\right]\right\} \times 12.4\%}{20 \sim 23(MJ / kg)} \approx 0.12\left[kg / (m^2 \cdot d)\right] = 120\left[g / (m^2 \cdot d)\right]$$

考虑到季节、天气等因素，按一年培养 250 天计算，每亩每年微藻的生物质产量理论上可达 20t。可见，微藻的单位面积产量远高于陆生高等植物，而且许多微藻能够在细胞中积累大量的油脂，最高含量可达到细胞干重的 70%以上。因此，与高等陆生油料作物相比，含油微藻能够在单位面积内生产出 20 倍量的油脂，显示出比传统油料作物作为生物能源原料资源的更大优势(表 4.1)[8]。

表 4.1　各种含油生物柴油原料产率比较[8]

能源作物种类	柴油产率/(L/hm²)	土地占用面积/10⁶hm²	占中国 19 亿亩可耕地的百分数/%
玉米	172	928	736
大豆	446	358	284
油菜籽	1 190	134	106
麻疯果	1 892	84	67
可可豆	2 689	59	47
棕榈油	5 950	27	21
微藻[15g/$(m^2 \cdot d)$，含油 20%]	10 410	15	12
微藻[50g/$(m^2 \cdot d)$，含油 50%]	69 400	2.3	1.8

此外，微藻作为生物柴油原料还具有如下优势：①微藻培养的环境适应性强，可充分利用盐碱地、滩涂、沙漠、山地丘陵等进行大规模培养，也可利用海水、苦咸水、废水等非农用水进行培养。②固碳效率高：按每合成 1t 微藻生物质可以固定 1.83t CO_2 的理论计算，每亩每年微藻固定的 CO_2 达 36t，而且这些生物量大多数都是以糖类、脂肪

和蛋白质等高能量的形式储藏于细胞内。③环境修复与减排：微藻在培养过程中会充分吸收利用水体中的氮、磷及部分有机质，且可从水体中富集重金属，从而实现水体环境的修复。④除了油脂，微藻细胞内还积累了大量的蛋白质、不饱和脂肪酸、色素、多糖等。这些物质可广泛用于食品、饲料、保健医药、化妆品等领域，从而实现生物能源与高值产品的联产。

4.1.2 微藻生物能源发展历程

微藻作为生物柴油原料的研究始于 20 世纪 60 年代。70 年代中东战争等因素导致国际原油供应紧张，美国、日本、澳大利亚等西方国家为了减少对进口原油的依赖，大力资助微藻培养产油项目。其中，美国在 1978~1996 年由国家可再生能源实验室(National Renewable Energy Laboratory, NREL)牵头并联合多个单位开展了"水生物种计划——藻类生物柴油"(aquatic species program-biodiesel from algae, ASP)。项目设计目标是确定利用产油脂的微藻作为可再生替代液体生物燃料资源的可行性。项目从 1979 年开始启动，由美国和以色列的科学家共同承担，整个项目的研究包括含油微藻藻种的筛选、培养条件和油脂积累条件的优化、藻种改良、室外规模化培养、微藻油提炼与转化。经过十多年的努力，研究人员从美国西南部采集分离到了 3000 株微藻，对其中生长速率快、脂肪含量高的微藻进行了实践性的规模化培养，验证了微藻产油在技术上的可行性。但是，微藻生物柴油的生产成本远高于石化柴油价格，因此没有进行进一步商业化的推进。20 世纪 90 年代以来，随着世界经济的快速发展，对石油需求增加，不仅导致价格上涨，石油基能源产品的大量消耗还使温室气体排放增加，生态环境恶化，世界各国又开始大力发展环境友好的微藻生物柴油。2006~2008 年，石油价格的大幅上扬，进一步推进了微藻能源(主要是生物柴油)产业化技术的发展，美国等发达国家的政府和企业在该领域纷纷投入或计划投入大量资金进行微藻能源的产业化技术研发，在国际上掀起了一股势不可挡的微藻能源开发热潮。在这一热潮中，世界上 98%的微藻公司都从不同角度参与了这一技术的开发。美国于 2007 年开始推行"微型曼哈顿计划"，以期通过科技手段和工艺设计提高微藻生产生物柴油的能力。埃克森美孚公司于 2009 年 7 月宣布将启动一项规模达 6 亿美元的藻类生物燃料计划。全世界与微藻能源相关的公司有 180 多家，仅美国就先后成立了 50 多家能源微藻公司，有 20 多所大学进行能源微藻的研究开发工作。但迄今国内外尚无经济上可行的微藻能源生产系统。2007 年 6 月美国国防部就投资 670 万美元通过国防高级研究计划局(Defense Advanced Research Projects Agency, DARPA)与美国桑迪亚国家实验室(Sandia National Laboratories)、美国最大油脂公司 Honeywell、亚利桑那州立大学(Arizona State University)合作研究开发 JP-8 航空燃油。2009 年 1 月美国国防部又投资 3500 万美元通过国防高级研究计划局与美国通用原子能公司和科学应用国际公司合作开发利用微藻生产 JP-8 代用航空燃油，目标是将目前利用微藻生产微藻油的成本价格从 30 美元/加仑降到 1~2 美元/加仑。美国农业部和美国航空航天局同样也投入了大量的资金进行能源微藻的研究与开发。2009 年 11 月 23 日搭载约 40 名特殊乘客的客机从阿姆斯特丹起飞，这是欧洲第一架使用微藻生物燃料驱动升空的民航客机。2010 年 6 月 10 日报道，空中客车公司"新一代钻石 DA42"飞机，采用 100%微藻生物燃料驱动，在 6 月 8 日开幕的柏林国际航空航天展览会上完成首飞，首次证明了微藻生物燃料完全可以独立为飞机提供发动机燃料，并且使用微藻生物燃料后排放的尾气中，碳氢化合物、氮氧化合物和硫氧化合物分别是化石燃料的 1/8、3/5 和 1/60。同年，美国正式发布了《藻类生物燃料技术路线图》。除了美国对能源微藻的研究与开发产生极为浓厚的兴趣外，其他许多国家也积极投入到能源微藻研究与开发的行列中，如以色列、意大利、西班牙、德国、法国、英国、爱尔兰、葡萄牙、荷兰、芬兰、加拿大、澳大利亚、新西兰、南非、印度、印度尼西亚、马来西亚等国家都制定出相应的研究开发计划或正在进行相关的研究和开发工作。例如，英国于 2008 年成立了当时世界上最大的藻类生物燃料制备项目；荷兰瓦格宁根大学开发了规模化的管道式微藻光生物反应器和生物质多联产综合利用技术；挪威卑尔根大学在蒙斯塔德碳捕集技术中心建立了挪威国家微藻中试项目，用于培育富含 ω-3 的微藻，为三文鱼的养殖提供饲料。

我国虽然在将微藻应用于生物燃料的针对性研究中还处于起步阶段，但在微藻保健品开发(如螺旋藻、小球藻、雨生红球藻)和饵料藻(如微拟球藻)的生产方面已有几十年的积累。目前，在螺旋藻、小球藻、雨生红球藻等的大规模产业化培养方面，我国位居世界前列，其中，螺旋藻的产量占全世界总产量的 50% 以上。近年来，我国也加大了对微藻生物柴油的研发力度，政府、科研机构和企业对微藻生物柴油的开发给予了高度重视。例如，科技部于 2009 年开始启动微藻能源方面的 863 重点项目；"十二五"期间在973 计划及 863 计划中对微藻能源予以立项支持；一些科研院所和高等院校如清华大学、暨南大学、中国科学院青岛生物能源与过程研究所、中国科学院海洋研究所等也在积极进行微藻生物能源的研究与开发。中国石油化工股份有限公司(简称中国石化)、中国石油天然气股份有限公司(简称中国石油)以及中国海洋石油总公司(简称中国海油)等能源巨头均对微藻能源予以高度的重视；中国石化与中国科学院签订合作协议，由中国石化投资 1500 万元进行微藻生物质能的前期研究与开发工作；华东理工大学与上海泽元海洋生物技术有限公司联合在江苏泰兴对高产油脂的小球藻在户外敞开池中的光自养培养进行小规模中试研究；江西新大泽实业集团有限公司的海南微藻养殖基地进行大规模培养试验，同时以培养出的大量能源微藻为原料进行生物柴油的规模化制备研究；新奥科技发展有限公司利用管道式及平板式光生物反应器从事能源微藻的中试培养研究；中国科学院青岛生物能源与过程研究所发展了微藻贴壁培养技术，解决了微藻培养对大量水体的依赖，固碳和生长效率更高，节水 60% 以上，营养盐利用率更高，并成功研制了多套贴壁式微藻光生物反应器，单位占地面积上的微藻生物质产率达到目前国际最高水平$[40\sim60\mathrm{g}/(\mathrm{m}^2\cdot\mathrm{d})]^{[9]}$。目前，我国已在能源微藻藻种筛选、光反应器研制、规模工艺开发以及生物燃油转化方面取得了长足的进展，已基本处于与国外齐头并进的水平，特别是在个别领域，如高效低成本的光生物反应器的开发方面，已达到国际领先水平。

4.1.3 微藻生物能源生产工艺流程

微藻生物能源生产是一个从藻种、培养、采收、提油、炼制的全链条过程(图 4.1)。自 1978 年美国"水生物种计划"开始，微藻能源技术已经历了四十多年的开发，在一些关键技术上取得了很多进展和突破，全链条流程早已打通，相继建立了一些中试和工程示范。

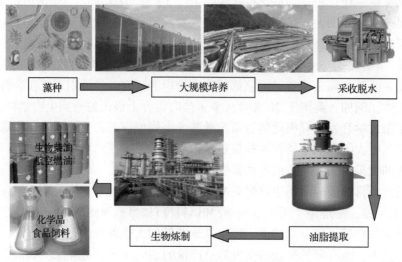

图 4.1　微藻生物能源生产工艺流程

4.2　能源微藻藻种及其合成生物学

4.2.1　能源微藻藻种

全球微藻种类预计超过 50000 种，但目前已经鉴定的微藻只有 30000 种。在过去的几十年中，随着全球微藻能源技术研究的热潮，世界各地逐步建立了相应的藻类保藏中心。美国得克萨斯大学奥斯汀分校藻种库(UTEX)收藏了 3000 余种微藻品种，其中有 300 余株基础产油达细胞干重 30%的微藻具有作为能源藻种的潜力。葡萄牙科英布拉大学的淡水微藻保藏中心保存了来自全球 4000 多株的淡水微藻；德国哥廷根大学保存的藻类中 77%为绿藻，8%为蓝藻；日本国立环境研究所(NIES)拥有超过 2150 株约 700 种藻类；英国 CCAP 藻种库也有相当数量的微藻品种；我国的藻种资源普查和藻种库建设也取得相当成果。中国科学院水生生物研究所的藻种库以淡水藻种为主，中国海洋大学、中国科学院海洋研究所、厦门大学等则建立了相当规模的海水藻种库，获得了数百株基础含油量在 30%以上的优质藻种；中国科学院青岛生物能源与过程研究所通过多年的微藻选育工作建立了富有特色的丝状微藻藻种库，其中数十种丝状微藻的油脂含量达到细胞干重的 45%以上。随着近些年我国微藻能源技术的发展，还在不断获得一些新的产能藻种。

作为产油微藻，生长快、含油量高是其基本条件。同时，细胞尺寸大(以便于收集)、耐高浓度氧和二氧化碳、耐污染等工业性状更是评价藻株是否满足工业化大规模生产需要的重要指标(图 4.2)。

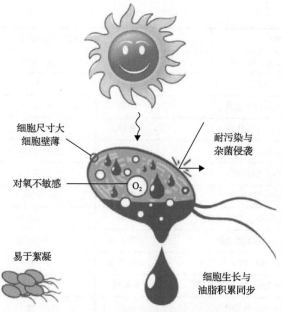

细胞尺寸大
细胞壁薄

对氧不敏感

O₂

易于絮凝

耐污染与
杂菌侵袭

细胞生长与
油脂积累同步

图 4.2　理想的能源微藻藻株性状[2]

目前，研究较多、具有作为能源微藻藻种潜力的微藻且应用较多的主要有小球藻（*Chlorella*）、金藻（*Isochrysis*）、微球藻（*Nannochloris*）、微拟球藻（*Nannochloropsis*）、新绿藻（*Neochloris*）等。一些主要的产油微藻藻种及其含油量如表 4.2 所示。

表 4.2　常见的产油微藻藻种及其含油量[10]

藻种	分类	油脂含量(干重)/%	油脂产率/[mg/(L·d)]
Arthrospira maxima 极大节旋藻	蓝绿藻	20.34	—
Ankistrodesmus sp. 纤维藻	绿藻	24～31	—
Botryococcus braunii 葡萄藻	绿藻	25～75	—
Chaetoceros muelleri 牟氏角毛藻	硅藻	33.6	21.8
Chaetoceros calcutrans 钙质角毛藻	硅藻	14.6～16.4, 39.8	17.6
Chlorella emersonii 浮水小球藻	绿藻	25～63	0.3～50
Chlorella minutissima 极微小球藻	绿藻	57	—
Chlorella protothecoides 原始小球藻	绿藻	14.6～57.8	12～14
Chlorella sorokiniana 耐热性小球藻	绿藻	19～22	44.7
Chlorella vulgaris 小球藻，CCAP211/11b	绿藻	19.2	170
Chlorella vulgaris 小球藻	绿藻	5～58	11.2～40.0
Chlorella sp. 小球藻	绿藻	10～48	42.1
Chlorella pyrenoidosa 蛋白核小球藻	绿藻	11～26	—
Chlorella sp. 小球藻	绿藻	18～57	18.7
Chlorococcum sp. 土生绿球藻，UMACC112	绿藻	19.3	53.7

续表

藻种	分类	油脂含量(干重)/%	油脂产率/[mg/(L·d)]
Cylindrotheca sp. 筒柱藻	硅藻	16～37	—
Crypthecodinium cohnii 寇氏隐甲藻	红藻	20～51.1	—
Dunaliella salina 杜氏盐藻	绿藻	16～44	46
Dunaliella primolecta 杜氏盐藻	绿藻	23	—
Dunaliella tertiolecta 杜氏盐藻	绿藻	16.7～71.0	—
Ellipsoidion sp. 椭球藻	黄绿藻	27.4	47.3
Euglena gracilis 眼虫藻	绿藻	14～20	—
Haematococcus pluvialis 雨生红球藻	绿藻	15.61～32.99	—
Isochrysis galbana 球等鞭金藻	定鞭金藻	7～40	—
Isochrysis sp. 等鞭金藻	定鞭金藻	7.1～33	37.8
Monodus subterraneus 蒜头藻，UTEX151	黄绿藻	16.1	30.4
Monallanthus salina 单肠藻	绿藻	20～22	—
Nannochloris sp. 微拟球藻	绿藻	20～56	60.9～76.5
Nannochloropsis oculata 微拟球藻，NCTU-3	绿藻	30.8～50.4	142
Nannochloropsis oculata 微拟球藻	绿藻	22.7～29.7	84～142
Nannochloropsis sp. 微拟球藻	黄绿藻	12.0～68.0	37.6～90.0
Neochloris oleoabundans 富油新绿藻	绿藻	29～65	90～134
Nitzschia sp. 菱形藻	硅藻	16～47	—
Pavlova salina 巴夫藻	黄绿藻	30.9	49.4
Pavlova lutheri 路氏巴夫藻	黄绿藻	35.5	40.2
Phaeodactylum tricornutum 三角褐指藻	硅藻	18～57	44.8
Porphyridium cruentum 紫球藻	红藻	9.0～18.8, 60.7	34.8
Scenedesmus dimorphus 二形栅藻	绿藻	6～7, 16～40	—
Scenedesmus obliquus 斜生栅藻	绿藻	11～22, 35～55	—
Scenedesmus quadricauda 四尾栅藻	绿藻	1.9～18.4	35.1
Schizochytrium sp. 裂殖弧藻	黄绿藻	50～57	—
Scenedesmus sp. DM 栅藻	绿藻	19.6～21.1	40.8～53.9
Skeletonema sp. 骨条藻	硅藻	13.3～31.8	27.3
Skeletonema costatum 中肋骨条藻	硅藻	13.5～51.3	17.4
Thalassiosira pseudonana 假微型海链藻	硅藻	20.6	17.4
Tetraselmis suecica 四肩突四鞭藻	绿藻	8.5～23.0	27.0～36.4
Tetraselmis sp. 四列藻	绿藻	12.6～14.7	43.4

目前绝大多数产油微藻都是单细胞的微藻，其尺寸介于 1～30μm。当这些微藻用于

规模化的培养时，原生动物的吞食常常引起微藻生物量的急剧降低，微藻细胞大量死亡，从而导致培养失败[11]。微藻作为水生环境中的初级生产力，是水生动物的天然饵料。对于数百微米的原生动物如轮虫等，富含蛋白质、油脂等营养成分的单细胞微藻具有非常良好的适口性。相反，螺旋藻和某些丝状藻却较少受到轮虫等原生动物的侵害。Wang等[12]通过筛选获得了 6 株丝状微藻黄丝藻(*Tribonema*)，并对其进行了生长和产油能力评价(图 4.3)，研究发现这 6 株黄丝藻在培养 14 天后，生物量浓度可达到 4～5g/L，总脂含量可以达到 38%～62%，与传统的能源微藻如小球藻、栅藻、微拟球藻等基本相当。比较有意思的是这些丝状微藻的总脂中，适于转化为生物柴油的甘油三酯(TAG)含量可占总脂的 66%～82%，而且脂肪酸组成主要集中在 C16 和 C18(表 4.3)。这一特点极有利于用微藻油脂转化生产生物柴油或航空燃料。另外，这些产油黄丝藻还具有非常重要的形态结构特点：其生物体呈丝状体。这一特性使其藻体尺寸较大，易于通过过滤、沉降或无絮凝剂的气浮采收，并且对轮虫等原生动物具有很好的抗性。由此可见，相比于传统的单细胞微藻，丝状产油微藻具有更佳的工业应用性状。丝状产油微藻将是能源微藻最具潜力的工业藻种选育方向。

除了以油脂含量和抗污染能力作为能源微藻藻种的筛选指标外，微藻对培养环境和培养要素的耐受性也是评价其作为能源微藻的重要考查内容。例如，在 CO_2 耐受和高效固碳方面，尽管产油微藻种类较多，但真正能利用高浓度 CO_2(5%以上)并进行快速生长的种类却较少。这是因为微藻对培养环境中的 pH 有一定的耐受范围(淡水真核藻 5～8，原核蓝藻 7～9)，大量 CO_2 溶解导致的 pH 下降是高浓度 CO_2 抑制微藻生长的主要原因[13]。此外，在以工业 CO_2 尾气为碳源进行能源微藻的培养时，工业尾气中含有的 SO_x、NO_x、重金属、有机化合物等也会进一步缩小藻种的选择范围。

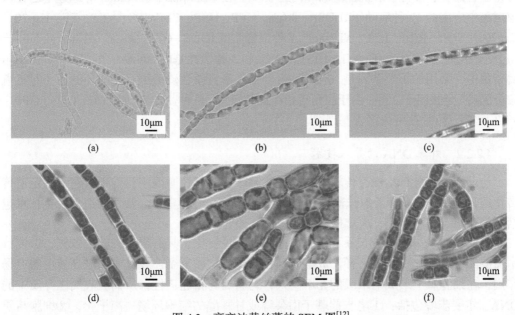

图 4.3　高产油黄丝藻的 SEM 图[12]

(a)普通黄丝藻 24.94；(b)同形黄丝藻 200.80；(c)同形黄丝藻 800-1；(d)拟丝黄丝藻 21.94；

(e)囊状黄丝藻 22.94；(f)小型黄丝藻 880-3

表 4.3 6 株产油黄丝藻培养 14 天后油脂含量与组成[12]

藻种	总脂含量/%	甾醇酯含量/%	甘油三酯含量/%	甘油二酯含量/%	极性脂含量/%
T. vulgare	56.20±1.07	1.68	66.21	17.08	15.02
T. aequale-1	55.82±0.13	1.6	78.92	2.92	15.65
T. aequale-2	38.87±2.14	2.93	71.02	3.87	22.19
T. ulotrichoides	46.83±0.22	3.88	75.11	2.65	18.36
T. ultriculosum	52.85±1.09	1.28	81.25	2.11	15.36
T. minus	61.79±2.14	2.7	81.42	3.38	12.49

4.2.2 真核能源微藻合成生物学

除了对大量野生藻株进行评价、筛选和驯化育种外，近年来，随着分子育种技术的飞速发展，利用合成生物学手段对即有藻株进行遗传改造已成为获得具有优良工业应用性状藻株的重要途径。本节将对合成生物学相关技术在能源微藻藻种改良和藻种创制方面的研究进展进行系统介绍。

4.2.2.1 重要元件的标准化

作为光合自养型细胞工厂，微藻比异养宿主如大肠杆菌和酵母具有更强的持续生产潜力。然而，要实现微藻在合成生物学中的潜力，需要使微藻更易于工程改造，关键是使用标准化的合成生物学元件。在莱茵衣藻中，Crozet 等按照标准的元件制式，克隆了119 个已公开序列的元件，这些元件包括启动子、非编码区(untranslated regions, UTR)、终止子、标签、报告子、抗性基因和内含子[14]。在微拟球藻中，Poliner 等综述了已在微拟球藻中应用的 13 种启动子(LDSP、β-tub、UEP、HSP、CMV35S、VCP、EF、Hsp20、Hsp70A、SQD、RiBi、TCT、ATPase)、7 种报告系统(GUS、GFP、shCP、sfCherry、YFP、CFP、LUC)、3 种标签(FLAG、HIS、MYC)和 2 种抗性基因(*sh-ble*、*hygR*)[15]。在三角褐指藻中，常用的抗性基因是 *sh-ble*，启动子常来自碱性磷酸酶、硝酸还原酶、谷氨酰胺合成酶、延长因子-2 等。由于三角褐指藻细胞较大，各种荧光素(如 LUC、GUS、GFP、YFP、CFP 等)常被用作报告基因[16]。

4.2.2.2 外源 DNA 的导入技术

与已经可以进行常规遗传转化的模式物种不同，真核微藻中目前可以进行稳定遗传转化的只有莱茵衣藻、微拟球藻和 2~3 种模式硅藻。在微藻中，常用的遗传转化技术包括电穿孔法、基因枪法、玻璃珠转化法、农杆菌转化法等。

电穿孔法常用于莱茵衣藻和微拟球藻的细胞核转化，具有很高的转化效率，但该技术需要配备电转化仪和电击杯，成本较高，操作也比较复杂。该技术通过高强度的电场作用，在细胞膜上形成纳米级的充水空穴，瞬时提高膜通透性，从而吸收周围介质中的DNA。主要步骤包括：①电击前基于山梨醇或甘露醇的细胞环境去离子化；②细胞与质粒的有效混合与低温(4~10℃)孵育；③高场强下的电击导入，关键参数是场强、电阻和电容，取决于胞壁结构，为了实现有效电穿孔，该场强应可造成 50% 左右的细胞死亡(即不可逆电穿孔）；④电击后的营养补给与低光复苏；⑤筛选压力下的阳性转化子遴选，常用琼脂平板筛选。

基因枪技术，又称生物弹道技术或微粒轰击技术，是用高压氦气或氮气加速将包裹了 DNA 的球状金粉或者钨粉颗粒直接送入完整细胞中的一种技术。基因枪法几乎可用于所有微藻，既可进行细胞核转化也可进行细胞器转化，是最为通用的转化方法，但该技术需要配备高压轰击枪和微粒，成本较高，操作也比较复杂。基因枪法的主要步骤包括：①子弹制备，常用的子弹是包裹着 DNA 的金粉或钨粉，粒径视细胞大小而定；②藻泥制备，基因枪法常需要大量的微藻细胞堆积而成的藻泥，黏稠度以恰好能流动为宜；③基因枪轰击，关键参数是轰击压力和轰击距离，取决于胞壁结构；④轰击后的营养补给与低光复苏；⑤筛选压力下的阳性转化子遴选，常用液体法结合琼脂平板筛选。

玻璃珠转化法操作简单，成本低，然而目前仅可用于莱茵衣藻的细胞核转化，而且需要先去除细胞壁以提高转化效率。大致步骤如下：取 3mL 培养至对数中期的莱茵衣藻，12 000r/min 离心 2min，弃上清，用 300μL TAP (tris-acetate-phosphate) 培养基重悬衣藻细胞，加入 3μg 线性质粒以及 300mg 灭菌烘干的玻璃珠，将充分振荡 30s 后的衣藻转入 20mL 新鲜的 TAP 培养基中，20℃黑暗复苏过夜。复苏后衣藻离心浓缩至 150μL，均匀涂布于含 15μg/mL 博来霉素的 TAP 平板上，于光照培养箱中培养，温度 20℃，光照 16h，黑暗 8h，单藻落 2～4 周后出现。

农杆菌转化法常使用根癌农杆菌（*Agrobacterium tumefaciens*），其 Ti 质粒上有一段转移 (T-DNA)，在侵染细胞时，根癌农杆菌可将该 T-DNA 插入微藻基因组中。由于插入位点是随机的，这种方法也可以用来构建随机突变体库，以鉴定未知基因的功能。目前，莱茵衣藻和微拟球藻都已实现了农杆菌转化。其主要步骤：①准备菌株，将携带载体的根癌农杆菌涂在 20mg/L 利福平和 50mg/L 卡那霉素的 LB 平板上，28℃培养 48h 后，将单克隆挑入含有上述抗生素的 LB 液体培养基中，于 28℃下以 220r/min 孵育过夜；②配制诱导培养基，在培养基中加入 100μmol/L 乙酰紫杉醇和 1mmol/L 甘氨酸甜菜碱，调节 pH 至 5.2；③*vir* 基因诱导，根癌农杆菌以 4000r/min 离心 5min，重悬于诱导培养基中，于 25℃下以 100r/min 孵育 4h；④准备藻株，将微藻单克隆接种到培养基中，光照培养直到细胞密度为 (1～3)×10⁶cells/mL 时，以 5000r/min 离心 5min 以收获藻体；⑤侵染与筛选，在含有农杆菌培养物的培养基中重悬，25℃孵育 30min，轻轻搅拌以侵染微藻细胞，随后以 5000r/min 离心 5min，重悬于 1mL 液体培养基中，并涂于含有筛选压力的琼脂平板上直至克隆长出。由于农杆菌需要与微藻在淡水中共培养，该方法目前主要应用于淡水微藻，如果用于海水藻的遗传转化，则需要先摸索微藻与农杆菌的共培养方法。

4.2.2.3 基因编辑和基因表达调控技术

遗传操作技术是合成生物学的核心技术之一，涉及的具体技术包括蛋白过表达、基因敲除、基因敲低、基因编辑等。需要注意的是，进行真核微藻的遗传操作时，最好能在具备完善的组学信息、代谢通路、标准化元件和遗传转化技术的基础上开展。

蛋白过表达技术是利用高效转录的启动子及终止子元件，实现蛋白编码基因的大量表达，该技术在表达异源蛋白时优势明显，是将其他物种的优秀性状引入微藻的利器，目前已在真核能源微藻中大量使用。由于微藻可以通过随机整合的方式，将外源 DNA 片段整合到基因组中，因此只要设计一段含有筛选标记的 DNA 序列，将其导入微藻细胞，即可通过筛选压力，得到稳定整合外源序列的藻株。随机整合技术常用的表达结构是"启动子 1-蛋白编码基因-终止子 1-启动子 2-筛选标记-终止子 2"，或者"启动子-蛋白编码基因-筛选标记-终止子"。然而，随机整合会带来内源基因沉默的风险，而且载体的表达效率也由于整合位点的不同而可能产生波动；瞬时表达虽然可避免随机整合的风险，但由于无法长期稳定表达，因而不利于表达产物的持续、大量积累。

针对上述瓶颈，业界又开发了基因敲入(knock in)技术。基因敲入是根据同源重组的原理，利用微藻基因组中的同源序列，用外源过表达序列替换原有序列，从而实现定点整合的技术，现已在莱茵衣藻、微拟球藻和细小裸藻(*Euglena gracilis*)中得到应用。基因敲入常选取基因组中易于表达的非编码区域，这样既可进行蛋白编码基因的高效表达，而且不会对内源基因表达造成影响。值得一提的是，同源重组除了用于实现基因敲入之外，也是基因敲除的利器。然而，由于大多数真核微藻是通过随机方式来整合外源序列，因此核基因组天然同源重组的效率极低($<1\%$)，需要通过抑制随机整合的内源酶类、过表达同源重组酶类(如 Rad 系列和 Rec 系列)以及借助定点切割工具如规律成簇的间隔短回文重复序列(clustered regularly interspaced short palindromic repeats, CRISPR)等，来提高微藻同源重组的效率。

在进行真核微藻遗传操作时，过表达技术常用来增强基因的转录或表达，而当需要抑制基因表达时，常用的方法是基因敲除(knock out)和基因敲低(knock down)。基因敲除在此特指定点敲除，是针对序列已知的基因，通过将该基因进行移码突变或片段删除，达到抑制表达的目的。真核微藻的基因敲除可通过多种方法实现，如同源重组、锌指核酸酶(ZFNs)、转录激活因子样效应物核酸酶(transcription activator-like effector nucleases, TALENs)和 CRISPR-Cas9。其中，CRISPR-Cas9 是当下最为流行的一种基因敲除及基因编辑技术，该技术中的 Cas9 蛋白在一段 RNA 指导下，能够定向寻找目标 DNA 序列，然后对该序列进行特定 DNA 修饰，具有非常精准、廉价、易于使用且功能强大的特点。CRISPR-Cas9 可以造成基因的移码突变，从而实现基因敲除。当前，基因敲除技术已在多种真核微藻中应用，包括莱茵衣藻[17]、三角褐指藻[18]、微拟球藻[19]、金牛微球藻(*Ostreococcus tauri*)[20]和扁藻(*Tetraselmis sp.*)[21]。然而，由于完全抹除了基因功能，基因敲除技术在进行致死基因的遗传操作及功能鉴定时，常需要提供特殊的培养条件，从而增加了研究成本。

基因敲低技术是通过抑制微藻内源蛋白编码基因的转录水平，实现该蛋白质的表达抑制。该技术主要用于抑制内源基因，与基因敲除相比，由于该技术不会造成转录的完全缺失，因而可用于致死基因的遗传操作。在微藻中，基因敲低主要是借助 RNA 干扰(RNA interference, RNAi)技术，该技术已在多种微藻中得以成功应用。从原理上看，RNAi 是由双链 RNA(double-stranded RNA，dsRNA)介导的同源 RNA 降解过程。外源导入的双链 RNA(dsRNA)会被微藻内的核酸内切酶(Dicer)切割成小干扰 RNA(small interfering RNA, siRNA)，siRNA 不仅能引导 RNA 诱导的沉默复合物(RNA-induced silencing complex, RISC)切割同源单链信使 RNA(mRNA)，而且可作为引物与靶 RNA 结合并在 RNA 聚合酶作用下合成更多新的 dsRNA，从而使 RNAi 的作用进一步放大。在实际操作中，需要制备总长 200～250bp 的目标基因同源序列的发夹结构，通过"启动子 1-发夹结构-终止子 1-启动子 2-筛选标记-终止子 2"的顺序构建载体，通过遗传转化实现基因敲低。目前，莱茵衣藻、微拟球藻和杜氏盐藻（*Dunaliella salina*）中都已成功应用了基于 RNAi 的基因敲低技术[22-26]。然而，虽然 RNAi 具有强大的基因敲低功能，但在微藻中应用时，其波动的敲低效率，以及基于脱靶效应的干扰回复，都使该方法的稳定性和效率受到一定的影响。

基因编辑（gene editing），又称基因组编辑（genome editing）或基因组工程（genome engineering），是一种新兴的比较精确的能对生物体基因组特定目标基因进行修饰的基因工程技术。该技术利用基因工程改造的核酸酶（或称"分子剪刀"），在基因组中特定位置产生位点特异性双链断裂，诱导生物体通过非同源末端连接或同源重组来修复，这种易错修复常导致靶向突变，从而实现基因编辑。与前述过表达、基因敲除及基因敲低等面向整个基因的技术不同，基因编辑的对象是几十个、几个甚至单个碱基。该技术常用的工具包括同源重组和核酸酶，而核酸酶中的 ZFNs、TALENs 和 CRISPR-Cas9 由于具有位点精确、操作简单、效率较高等特征，被并称为基因编辑的"三大利器"。其中，ZFNs 是一类人工合成的限制性内切酶，由锌指 DNA 结合域与限制性内切酶的 DNA 切割域融合而成，每个锌指 DNA 结合域可以识别 9bp 长度的特异性序列，可通过模块化组合单个锌指，来获得特异性识别足够长的 DNA 序列的锌指 DNA 结合域。由于 DNA 结合元件的相互影响，ZFNs 的精确度常常不可预测。与 ZFNs 相比，TALENs 是更精确、高效和特异的核酸酶，由一个包含核定位信号（nuclear localization signal, NLS）的 N 端结构域、一个包含可识别特定 DNA 序列的典型串联 TALE 重复序列的中央结构域，以及一个具有 FokI 核酸内切酶功能的 C 端结构域组成，人工 TALENs 元件识别的特异性 DNA 序列长度一般为 14～20bp。然而，TALENs 的制备成本比较昂贵，无法大规模应用。与 TALENs 相比，CRISPR-Cas9 的精确度略低，却是最快捷、最便宜的方法。此外，CRISPR-Cas9 可以使用其约 80nt CRISPR 小向导 RNA（sgRNA）直接定位不同的 DNA 序列，而 ZFNs 和 TALENs 方法都需要对定位到每个 DNA 序列的蛋白质进行构建。

4.2.2.4　表型检测技术

随着工程藻株的生产通量越来越高，传统的表型鉴定技术已经无法满足能源微藻合成生物学的需求。此外，能源微藻中生物质积累、光合速率等也是重要的评估参数，因此高通量、高灵敏度、多表型并行检测的新技术成为当前的发展重点。比较常用的方法包括荧光激活细胞分选（fluorescence activates cell sorting, FACS）、傅里叶变换红外光谱法（Fourier transform infrared spectroscopy, FTIR）、拉曼光谱法（Raman spectrometry）等。其中，荧光激活细胞分选是基于前述的传统荧光法，Silva 等利用尼罗红-FACS，监测了小球藻内部脂质沿细胞周期的积累情况[27]，Pereira 等应用 BODIPY-FACS 从环境样品中分离富脂微藻，所用时间比传统筛选方法缩短了近 3 周[28]。FTIR 自 2002 年开始应用于微藻细胞大分子的检测，常用来研究营养物质与细胞碳分配之间的关系，而且可以对微藻样品中的脂质进行绝对定量。需要注意的是，FTIR 定量时，需要首先建立微藻内部大分子信息的模型，而且大多数 FTIR 检测需要先对样品进行脱水处理。

拉曼光谱是一种散射光谱，在近红外到近紫外区域的入射激光可以激发分子到其虚能态。当分子弛豫时，它会发出与入射激光不同波长的光子。入射光子和发射光子之间波长的差异(位移)称为"拉曼位移"，通常用波数表示，波数是波长的倒数。拉曼光谱检测光激发分子发出的光，每个波数移位代表一个特定分子结构的不同振动模式，因此几乎每种分子都会产生独特的拉曼效应和拉曼位移(即"拉曼谱")。在生物学研究中，由于拉曼光谱是活细胞中各种分子的自发光谱，因而可以快速、无创、活体检测细胞内容物，而且无须对细胞做脱水前处理，具有巨大的原位检测优势。鉴于此，拉曼光谱在近年来受到了广泛关注。在真核微藻中，拉曼光谱早期常用来研究光合色素，于2010年首次应用于脂质检测，Samek等利用单细胞激光俘获拉曼光谱对几种微藻在缺氮条件下的拉曼光谱进行了研究，成功地定量了微藻细胞脂质的不饱和度和转变温度等一些对生物柴油品质鉴定相当重要的参数[29]。至今，拉曼光谱已在多种能源微藻中建立了相对成熟的油脂检测方法[30]，而且诞生了利用拉曼光谱对细胞中包括多糖、油脂、蛋白质等多种成分并行检测的"表型组"方法学[31,32]。虽然拉曼光谱在微藻表型检测中具有显著优势，但该方法仍有很大的改进空间，如微藻自发荧光的去除、拉曼信号的增强等。

4.3　能源微藻培养技术

4.3.1　培养模式

绝大多数微藻都是光合生物，通过光合作用固定二氧化碳合成生物质，这一营养方式称为光自养。光自养培养是微藻最主要的培养模式。该模式利用藻类进行光合作用的能力，直接利用太阳光、水和CO_2合成油脂，培养过程中只需要添加各种无机的营养盐以维持细胞生长的需要。一般地，产油微藻的培养过程分为两个阶段，第一个阶段是在营养丰富的条件下藻细胞增殖和膨大，积累大量的生物量，其突出特征是细胞生长速率快，但细胞内积累很少的油脂，而主要是蛋白质和碳水化合物等。只有当这些细胞转入营养缺乏的环境(尤其是氮的缺乏)，才能诱导细胞积累油脂，这一阶段称为油脂诱导阶段。但在这一阶段，由于营养的缺乏，细胞的生长速率明显降低。微藻光自养的能量来自太阳光。培养水体对光的反射、折射以及藻细胞的吸收与遮光作用等使光照强度在水体中沿入射光方向迅速呈指数性衰减，只有极薄的表层水体有较为充足的光照强度，微藻光合作用也主要发生在这一薄层区域，而在中下层水体中由于光照缺乏而很少或不发生光合作用，因此在目前的开放式跑道池或各类光生物反应器中进行的微藻培养，其细胞密度一般不超过10g/L，面积效率一般只有5～30g/($m^2 \cdot$d)，含油量在25%～35%。大规模的开放池培养中这些生产指标则更低，一般只有0.7～1g/L的细胞浓度、10g/($m^2 \cdot$d)的面积效率和30%左右的含油量。

除了光自养，还有部分微藻同时可利用有机碳源如葡萄糖等通过发酵合成生物质，这一营养方式称为异养。这些能够利用有机碳源的微藻在光照和有机碳源的存在下同时进行光自养和异养称为混养。这种混养也可先用有机碳源进行异养再转入光自养，或先光自养再转入有机碳源培养基中进行异养。目前，能够利用有机碳源的微藻种类不多，主要包括小球藻(*Chlorella vulgaris*)、钝顶螺旋藻(*Spirulina platensis*)、羊角月牙藻(*Selenastrum capricornutum*)和尖头栅藻(*Scenedesmus acutus*)等。微藻无论是采用异养还是混养模式，由于采用有机碳为能源来源，微藻的生长速率和培养密度明显高于微藻的光自养。Azma 等发现，四肩突四鞭藻(*Tetraselmis suecica*)在完全黑暗的异养条件下获得了比正常自养条件高 2～3 倍的生物量产率[33]。Xu 等发现一种异养小球藻原始小球藻(*Chlorella protothecoides*)在异养下的油脂含量比光自养高 40%[34]。微藻可以利用许多种类的碳源，如葡萄糖、甘油、半乳糖、蔗糖、甘露糖、乳糖等。将玉米粉的水解液用于微藻培养，获得了 2g/(L·d) 的生物量产率和 932mg/(L·d) 的油脂产率。Xiong 等在 5L 的发酵罐中采用葡萄糖的批次流加策略，小球藻细胞密度达到了 100g/L 以上，细胞油脂产率达到了 3700mg/(L·d)[35]。李兴武等研究了普通小球藻异养-光自养串联培养工艺，48h 培养结束时细胞浓度达到了 13.17g/L[36]。Zhang 等研究了葡萄藻的混养，结果表明葡萄藻经过 19 天混养，细胞密度和烃含量分别达到了 4.55g/L 和 29.7%，培养效率高于传统的纯光自养[37]。中国科学院青岛生物能源与过程研究所的研究人员发现，高产油脂的丝状微藻黄丝藻也可以利用有机碳源进行快速的异养生长，并对异养发酵条件和油脂诱导策略进行了深入研究，结果表明，通过分批补加有机碳源，异养培养 3 天后黄丝藻的生物量可以达到 42.2g/L，进一步通过第二阶段的油脂积累诱导后其油脂含量可以达到 50%左右，与其在光自养培养时的水平相当[38,39]。

微藻培养模式的比较如图 4.4 所示。

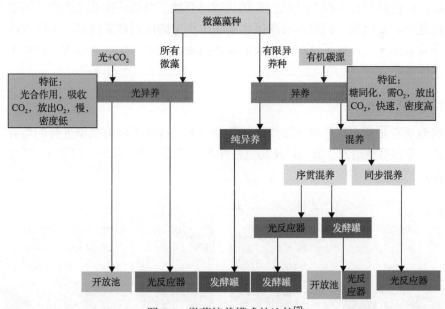

图 4.4　微藻培养模式的比较[7]

需要指出的是，微藻的异养或混养生长速率和细胞浓度比光自养有很大的提高，且异养不依赖于自然光照与温度条件，从而在大规模生产下对土地面积的需求大为降低，短期内有可能实现大规模工厂化生产。但是，微藻作为能源生物资源，其最重要的优势在于通过微藻实现光能→生物质能的转换以及CO_2的固定。微藻的异养过程只利用了微藻作为微生物的"发酵"特性，而未利用其"光合固碳"特性。虽然已有研究分析了小球藻在光自养-异养培养过程中对CO_2的释放及吸收特点，发现在有异养参与的混养过程中CO_2的释放量较单纯的异养培养降低了63%，即部分发酵产生的CO_2被异养微藻所固定，从而实现了光自养-异养串联过程CO_2的双重固定(double fixation)[40]。但总体而言，不论是异养还是混养，都是一个需要释放CO_2的过程。以葡萄糖等有机碳源进行的异养培养在短时间内能够实现高密度、高生物量和高油脂的积累，是将太阳能固定过程(较慢的过程)转嫁给其他产糖(或其他碳水化合物)植物的结果。况且陆生植物的光合效率与生长速率要比微藻光自养还要低很多。此外，葡萄糖及其衍生物(如各种淀粉原料、糖质原料)资源既是工业生物技术产业的"粮食"，也是最主要的食品、饲料资源。如何解决非竞争性"糖"源问题，是影响微藻异养培养大规模生产生物柴油的经济性和可持续性的关键。

4.3.2　培养装备

藻类的规模培养既是微藻产油过程的第一步，也是其最关键的一步，其中培养装备技术是重中之重。低成本、易放大及可操作的规模培养装备，是实现高效大规模培养并为下游加工过程提供足够原料支持的基础。

人类很早就有培养微藻进行生产的历史，在非洲很早就开始在天然的湖泊中养殖螺旋藻作为食物的来源，在第二次世界大战期间欧洲也曾大规模养殖微藻以解决粮食的短缺，东欧、以色列和日本在19世纪70年代就已开始了微藻的商业化生产。随着微藻在食品、保健品、蛋白质、饲料以及高值化学品生产中的应用越来越多，大规模的工厂化养殖逐步发展起来，形成了目前以开放池和各类密闭式光生物反应器为主的两大类微藻培养技术体系。

4.3.2.1　开放池

开放池培养是指在与环境直接接触的各类池塘结构体系中对微藻进行的培养。培养池的结构主要包括跑道池、圆池以及其他各种非密闭式的培养系统，如图4.5所示。其中跑道池是目前应用最多的结构。

图4.5　圆形开放池(左)和跑道池(右)

开放式的跑道池是一种形状类似于跑道的长方形水池,长宽比一般为 10~15,池中间沿长度方向设有长度为池子总长 90%以上的分隔体将池子分为对称两半,池两端一般为半圆形。在池子的一端或两端处安装有踏板式搅拌桨,旋转的搅拌桨推动水体流动、循环与气液交换。运行水深一般维持在 15~20cm,也有的采用 40~70cm 的深层。搅拌速度一般维持在所产生的水流速度为 10~20cm/s。单个开放池的大小因地而异,目前螺旋藻等的大规模培养主要采用开放式跑道池,其长度一般为 100m,宽为 10m,搅拌机功率为 1W/m^2。

一方面,由于开放池的水体深度较浅,如果通入含 CO_2 的气体进行培养基补碳,则气泡在水体中的停留时间短,气液传质效果差,CO_2 的吸收利用率很低。因此,目前开放池培养很少靠通入含 CO_2 的气体来补碳,而多靠大气中的 CO_2 在培养液表面的自然扩散传质或采用碳酸氢钠作为碳源。另一方面,由于光在水体中的迅速衰减,而开放池的搅拌方式又很难实现水体沿光程方向的混合,开放池培养中藻细胞的光合作用主要发生在表层极薄水体中,水体空间利用率低。碳不足和光能利用率低可能是开放池的培养效率低[一般 5~25g/(m^2·d)]和培养密度低(小于 1g/L)的重要原因。

为解决开放池气相补碳的困难,丛威等[41]对开放池结构进行了改变,在开放池的一端设置一个小的深阱,在深阱底部安装气体分布器。通过这个设计,通入的气体与培养基液体的接触时间延长,同时通过碳酸钠-碳酸氢钠缓冲培养基的设计,较有效地提高了 CO_2 的利用率,可实现开放池的气相补碳。在此基础上提出了开放池的浅池(5cm)操作,结果证明其培养效率和培养密度较传统开放池深池有明显提高,同时降低了培养水耗。此外,为改善开放池的液体混合状态,特别是强化培养基中藻细胞在光程方向的明暗穿梭,从而提高藻细胞的受光概率,诸发超等[42]对开放池底部加装了楔形挡块,研究表明这种楔形挡块可使开放池底产生湍流流动,从而强化了混合传质和明暗交换。美国的 Algenol 公司提出并采用了一种密封式培养池进行产乙醇基因工程蓝藻的培养(图 4.6)。培养池为 1.5m 宽、15m 长的沟槽,铺上塑料薄膜来替代传统跑道池的水泥结构,池上面覆盖透明膜。每个培养池单体大约能培养 4m^3 的藻液。培养过程中通入含 CO_2 的气体,这些气体一方面可用于培养过程的补碳,另一方面气体从培养液表面逸出时对乙

(a)

(b)

图 4.6 用于产乙醇基因工程蓝藻的培养与乙醇连续收集的封闭式跑道池
(a)产乙醇基因工程蓝藻的密封式跑道池培养(实验室装置);(b)产乙醇基因工程蓝藻的密封式跑道池培养(示范装置)

醇有气提作用而使部分乙醇进入水饱和的逸出气体中，乙醇与水蒸气在密封膜顶因冷凝作用而产生的含醇冷凝液沿膜表面流入收集器中。通过这个过程实现了蓝藻的连续培养与乙醇的连续分离。这一系统实际上可看作是一种封闭的跑道池。

总体而言，开放式培养池具有结构简单、建造费用与运行成本低的特点。但缺点也非常明显：①由于开放池与周边环境完全开放，外界其他的物种对培养体系的侵染较为严重。因此适合开放养殖的微藻品种必须具有较高的竞争性优势，即高生长速率、高敌害防御性、高溶解氧耐受性等，才能够使其在开放池系统中始终占据主体地位，不被其他外源物种所取代。然而，美国能源部花费 20 年时间，对 3000 余种微藻品种进行分类筛选，未能发现一种微藻品种能够既适合开放式培养，又能够保持高的油脂含量[43]。②开放池培养系统直接暴露在空气中，水分蒸发较快，培养水耗很高。③环境条件(如光照、温度、湿度等)的波动直接影响开放池系统的培养条件，不能实现工业化过程与条件的控制，因而难以获得高的培养效率和培养密度。这些问题正是制约开放池系统在能源微藻大规模培养中应用的关键。

4.3.2.2 密闭式光生物反应器

密闭式的光生物反应器是针对开放式跑道池产率低、易污染和难控制等问题开发出的反应器结构。自 20 世纪 90 年代以来，涌现了大量密闭式光生物反应器结构，如图 4.7 所示。这些结构设计的核心目标在于如何提高光能利用率。所采取的手段主要是缩短光程(如薄腔室、细管)以及强化明暗交替。目前研究最多和应用规模较大的光生物反应器主要有平板式、管道式、气泡柱式等。平板式光生物反应器最早是由 Miller 于 1953 年首先提出用于微藻的培养，Ortega 和 Roux 于 1986 年利用可透光的聚氯乙烯(PVC)材料首次开发了用于室外培养的平板式光生物反应器。在此后的 20 年间，许多研究者设计了多种不同形式的平板式光生物反应器以用于各种不同微藻品种的培养。平板式光生物反应器单位面积光照通量高、光路短的设计使其具有较高的光能利用率，而且相对于管道式光生物反应器，培养液内的溶解氧也可以得到较好的释放，因此可以获得高的细胞培养密度以及光合作用效率。管道式是目前光生物反应器中最适合室外培养的一种，一般采用透明的直径较小的硬质塑料、玻璃或有机玻璃管，弯曲成不同形状构件而成，利用空气泵或气升系统实现培养物在管道内的循环。在诸多的密闭式光生物反应器中，管道式光生物反应器发展最快，目前主要有水平管式、螺旋盘绕管式、环形管式等几种形式。管道式光生物反应器本身的特点使其具有大的光照表面积，但是这种设计会对规模化放大造成困难。在管道式光生物反应器放大过程中，如果不改变管路的长度和占地面积，势必要增加管道的直径，而管道直径的增加又会导致管中心光照强度不足。另外，管道内温度的控制也是一个难题。

无论采用何种形式的密闭式光生物反应器，反应器单体体积都比开放式跑道池小得多，但大规模应用势必需要大量的反应器，大大提高了系统投入。为降低成本，用塑料膜来代替玻璃和有机玻璃制造光生物反应器是一个合理的选择。然而塑料膜的承压强度低，这类塑料膜光生物反应器也难以放大。美国 Solix 公司开发了一种水浮薄膜吊袋式微藻培养系统[图 4.7(i)]。将数百米长的吊袋悬浮于水池中，一方面借助水的浮力来减轻塑料膜的承压，另一方面也可利用水池中的水来实现吊袋培养系统的温度缓冲。该系统经过 1 年左右的运行，结果表明，两株微拟球藻 [*Nannochloropsis oculata*（CCMP 525）和 *Nannochloropsis salina*（CCMP 1776）] 平均生长速率分别为 0.16g/（L·d）[峰值 0.37g/（L·d）] 和 0.15g/（L·d）[峰值 0.37g/（L·d）]，具有较好的培养效果[44]。

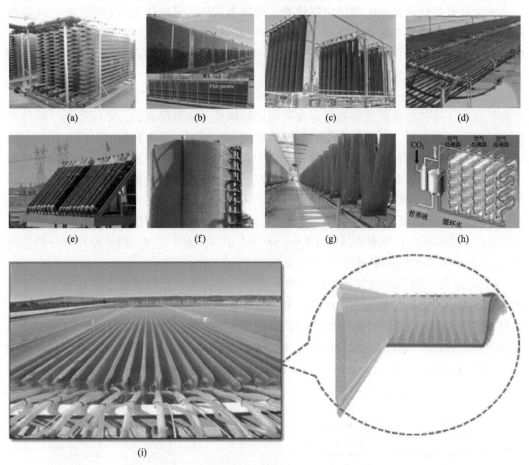

图 4.7　各类密闭式微藻培养光生物反应器[7]
(a)栅栏式；(b)平板式；(c)气泡柱式；(d)水平管道式；(e)倾斜柱式；(f)螺旋管式；(g)吊袋式；
(h)盒式；(i)水浮薄膜吊袋式

此外，还有结合开放池与密闭式光生物反应器各自的特点而发展起来的耦合反应器系统，如先开放池培养再转入光生物反应器培养，或先光生物反应器培养，再转入开放池培养的串联耦合系统等。中国科学院青岛生物能源与过程研究所开发了一种开放池与平板式光生物反应器通过水泵连接实现培养液周期性在开放池和平板式光生物反应器内循环的培养装备，建立了 20 个单体为 24m²、容积为 3m³ 的中试系统。结果表明该系统中微藻的生长速率可达到 17～20g/（m²·d），较单纯的开放池培养提高了 1 倍。

总体而言，开放池和密闭式光生物反应器各自优点明显，但缺点也明显。如何选择，不仅是一个培养的问题，还要结合目标产品、藻种特性、地域环境等综合考虑。Jorquera 等[45]对开放池和光生物反应器用于微藻能源的生产进行了全生命周期分析，结果发现，培养效率、物能消耗、装备投资是影响微藻能源经济性的最主要因素。利用现有的开放池和光生物反应器培养技术来生产微藻能源，成本上难有竞争力。

4.3.2.3 微藻的生物膜贴壁培养技术

无论是开放池还是光生物反应器培养，微藻都是在大量水体中的悬浮生长。大量水体的存在是导致微藻培养效率较低（光在水体中的衰减）、能耗高（搅拌、通气、采收）、水耗大（培养密度低）和放大困难（透明材质不耐水体压力）的重要原因。因此，近些年来人们开始关注微藻的生物膜培养方法。

Shi 等[46]提出了一种三明治结构的材料将藻细胞固定化形成生物膜并通过培养来处理含氮污水。这一方法是将微藻固定在三明治结构的两侧外层表面，中间层为一种持水量大的多孔纤维材料，而外层则是孔度较致密的亲水材料。培养操作时，将含氮污水通过泵输送到三明治材料的中间层上方，水沿中间层向下流动使中间层保持大量含水，流下的水进入收集池重新循环。夹层外侧材料则通过毛细孔浸润给藻膜提供水（培养基）。这样在光照条件下藻膜将污水中的氮进行固定利用。利用小球藻和栅藻进行 9 天循环培养实验，污水中的氮可去掉 90%。Boelee 等[47]以类似的结构建立了废水处理的中试系统，结果表明，藻膜的生长速率可达到 2.7～4.5g/(m²·d)，废水中的氮、磷去除速率分别达到 0.13g/(m²·d)和 0.023g/(m²·d)。

Johnson 等[48]将小球藻接种在泡沫塑料表面，并将泡沫塑料块置于装有少量培养基的玻璃水槽中，周期性往复摇动水槽，藻细胞生物膜将被周期性地暴露于空气中，并在光照条件下实现了微藻的贴壁培养（图 4.8）。结果表明，在培养 6 天、10 天和 15 天后，小球藻生物膜的密度可分别达到 20g/m²、30g/m²、35g/m²，生长速率分别为 3.5g/(m²·d)、2.5g/(m²·d)、1.5g/(m²·d)。

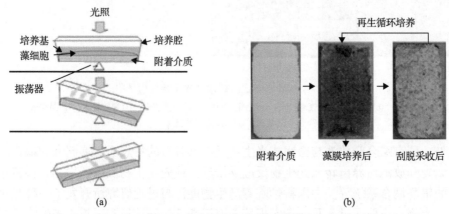

图 4.8 小球藻的贴壁培养[48]
(a)反应器结构；(b)塑料泡沫接种前、生物膜刮取采收和采收后的形态

上述研究主要是针对废水中氮、磷的处理，微藻的生长速率比较低，甚至比开放池还低，并没有解决高效培养与光能高效利用问题。

Liu 等[9]提出了另外一种微藻贴壁培养技术。首先他们将藻细胞直接接种于滤膜（纸）

材料上而形成生物膜,然后通过被培养基浸湿的滤膜为藻细胞提供营养盐和水分,同时,系统中通入含 1% CO_2 的空气提供碳源。研究发现,栅藻、葡萄藻、微拟球藻、筒柱藻(硅藻)、螺旋藻、黄丝藻等均可实现良好的贴壁生长,生长速率与藻种关系不大,但与光照强度、培养基组成有关,一般在 4～10g/$(m^2 \cdot d)$。其中,栅藻缺氮诱导后含油量可达 50%左右。研究还发现,在这种贴壁培养方式上,其光饱和点为 100～150μmol/$(m^2 \cdot s)$。考虑到室外培养时光照强度一般可达 400～2000μmol/$(m^2 \cdot s)$,远高于上述光饱和点,如果直接将微藻细胞生物膜置于强光下,既会对藻细胞产生光抑制,又不能充分利用太阳光。因此,他们提出了一种光稀释的微藻贴壁培养反应器设计新原理(图 4.9),即通过扩大单位入射光照面积上的培养面积(静态稀释),或通过周期性明-暗循环的方式来扩大培养面积(动态稀释),从而实现光入射面上的光稀释。

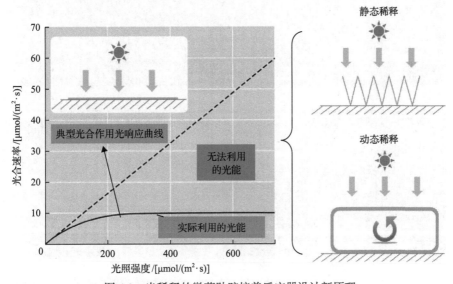

图 4.9　光稀释的微藻贴壁培养反应器设计新原理

依据此原理,他们提出了多种贴壁培养反应器结构。例如,设计的一种插板或挂帘阵列式反应器,在室内培养时平均微藻密度可达 200～300g/m^2,面积产率可达 60～90g/$(m^2 \cdot d)$,室外也可达到 40～60g/$(m^2 \cdot d)$,远高于开放池和光生物反应器的液体培养。为解决培养基在贴壁培养介质上的均匀分布,设计了一种可以往复运动布水的贴壁培养装置,同时将 CO_2 以一定流量通入培养基储液池中,利用 pH 反馈控制技术控制 CO_2 气体的通断,从而控制培养液 pH 稳定和高效补碳,建立了 200m^2 的微藻贴壁培养中试系统(图 4.10)。在鄂尔多斯对螺旋藻进行了户外持续 45 天的中试培养,螺旋藻的平均面积产率达到 40g/$(m^2 \cdot d)$左右,CO_2 利用率达到 75%左右(图 4.11)[49]。这种将贴壁培养方法与光稀释反应器设计原理相结合发展起来的方法,为微藻培养效率的大幅度提高提供了潜力巨大的途径。

微藻生物膜的贴壁培养技术尚处于初期研发阶段,还有许多基础科学问题、工艺与过程控制、装备设计与放大等关键问题需要解决。这些问题包括:藻种与介质之间的黏附作用、贴壁介质的选择、培养基分布装置、温度控制、补碳技术、如何自动化接种与藻细胞采收，以及反应器结构设计与放大等。但总体来说，微藻的贴壁培养是对微藻传统液体悬浮培养模式的重要突破，其在培养效率、节约水耗和采收能耗方面具有明显优势，值得从原理、机理、工艺、控制、反应器设计及过程放大等方面进行更加深入系统的研究。

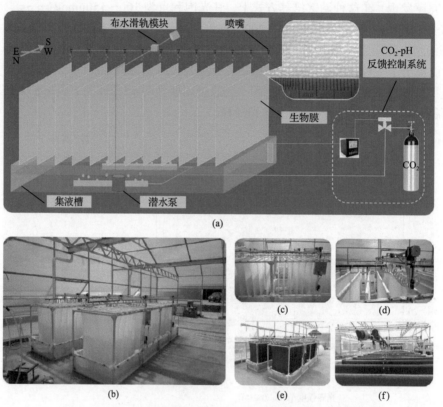

图 4.10　CO_2-pH 反馈控制的螺旋藻贴壁培养固碳中试系统[49]

(a)贴壁培养系统的设计原理图；(b)～(f)实际培养系统的概图和细节图

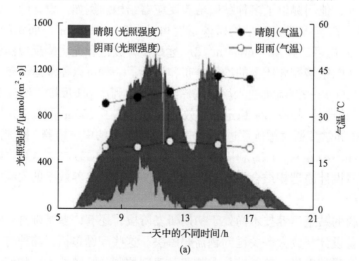

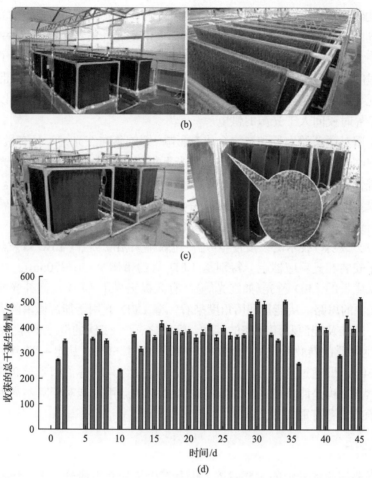

图 4.11　鄂尔多斯煤化工烟气 CO_2 的螺旋藻微藻的贴壁培养固碳中试效果[49]
(a)实验期间晴朗和阴雨的典型光照强度和气温；(b)贴壁培养第一天出现的生物膜；
(c)贴壁培养第 45 天出现的生物膜；(d)不同天数下收获的总干基生物量

4.3.3　培养要素相关技术

微藻光合生长的核心需求是光、水和 CO_2。因此，要实现微藻的大规模、高效、低成本培养，除了培养方式本身，解决光、水、CO_2 的来源和高效利用也是研究的重点。此外，微藻培养中的敌害污染问题及其防治也是实现微藻规模化培养的关键。

4.3.3.1　光源

光是藻类培养的能量来源，但太阳光的能源密度很低，其特点：①随时间、季节周期性变化，正午时光照强度高达 $1500 \sim 3000 \mu mol/(m^2 \cdot s)$，因远高于微藻光合作用需要的光照强度而产生光抑制，而在早晚只有 $0 \sim 500 \mu mol/(m^2 \cdot s)$。太阳光照强度的周期性变化，必然导致培养效率的降低。有证据表明，夜晚的无光是导致藻类室外培养下产量低的主要原因。②光谱范围大，藻类利用太阳光只是其可见光的一部分，主要在 $500 \sim 700nm$

光谱范围。因此，以太阳光用于微藻光合自养，技术研究最核心和最根本的问题就是如何充分利用太阳光，大幅度提升光能利用率，从而大幅度提升培养产率，减少占地。

为了解决太阳光周期性以及季节性变化的问题，有人在光反应器安装了一个可以在线监测光照强度的装置，当天气或者黑夜造成光照不足时，自动启动人工光源进行照光。为了解决电耗导致的人工光源能耗高的问题，也有人提出将太阳能采光板以及风力发电应用于微藻培养时夜间人工光源的供电。

光源的光谱对微藻的生长和产物合成有影响。螺旋藻在红光谱下具有最高的生长率；雨生红球藻在红色光下生长更快，而在蓝色光下可积累更多的虾青素；闪光同样对微藻的生长有促进作用。因此，转光光纤被认为是一种有前途的光能利用方式。通过自动跟踪集光装置收集太阳光，再通过转光光纤将非微藻所用的那部分太阳光谱转换成藻类可用光谱，并通过光纤传输到培养系统，实现合理光分布和高效光利用。

LED（发光二极管）技术的发展使电-光转化效率大幅度提升。LED灯发热量小，光源体积小，易于安装在光反应器上。特别是LED灯的带谱窄（20～30nm），可以很方便地选择适合微藻生长的LED色光（如红光等）。有人提出采用LED夜间补光或在培养系统内部加装电光源的思路。从能量利用角度来看，将LED光用于能源微藻的大规模生产可能不太合理，这涉及能源利用效率的问题。简言之，设LED的电-光转化效率为90%～95%，而光-生物质的转化效率（光合效率）一般不超过30%，从电→光→生物的总转化效率不超过30%，即通过这种方法，消耗1kW·h电最终只获得了相当于0.3kW·h电的生物质能，显然该过程是能量负产出。但是，LED灯的运用可能对于某些高附加值微藻或能源微藻种子的培育有重要意义。

4.3.3.2 水源

水既是微藻细胞培养中的主要载体，也是其生长的必需成分。微藻培养液中细胞干物质不到1%，其余都是水。以目前的微藻开放池培养技术计算，每生产1t微藻干物质，其水消耗高达2000～3000t，即使考虑水的循环利用，其吨藻水耗也高达500～1000t。因此，发展微藻生物能源技术，廉价水资源是实现工业化生产必须解决的问题。

海水是最丰富的水资源，也有很多海洋性的藻类品种可以用于藻类油脂的生产，如微拟球藻、硅藻等。虽然海水取之不尽，但是海洋周边可利用的区域往往有限，远距离的海水运输也是难以解决的问题。要实现海上养藻，需要大力解决设备的防腐蚀、抗风浪、物料运输等问题。

随着城镇化的快速发展，城镇生活废水、畜牧养殖废水增加迅速，工业和生活废水已成为影响我国水环境的重要原因。传统废水处理中微生物对氮磷吸收较差，而微藻却可以高效快速地吸收利用水体中的氮磷用于自身生长。此外，将微藻培养与煤化工过程相结合，利用煤化工废水和废气为微藻提供水源和二氧化碳，既有利于解决微藻培养成本问题，又有利于环境减排，一举多得。这一方向需要解决的核心问题是抗污染能力强的藻株的选育、工业化大规模培养工艺与装备。

4.3.3.3　CO_2 源

按照微藻的一般元素组成计算，每合成 1t 微藻干物质需要固定 1.83t CO_2。要实现微藻的快速生长，需要通入富 CO_2 气体。由于 CO_2 是难溶气体，加大通气量或提高通气中的 CO_2 浓度均会大大降低 CO_2 的利用率，导致培养成本和能耗增加。因此，大规模微藻能源生产必须解决低廉的 CO_2 资源和高效 CO_2 利用。

煤电厂、煤化工等企业产生大量的含 CO_2 废气，如何减少和固定这些废气中的 CO_2 是影响企业可持续发展的重要因素。而对于需要大量 CO_2 作为碳源的微藻养殖，烟道气中的 CO_2 是免费资源。因此，利用以烟道气为代表的工业废气进行微藻养殖既是微藻能源工业唯一可行的碳源解决方案，也是固碳减排的重要途径。一般工业烟道气的组成为 10%～20% CO_2、5%～10% O_2、100～400ppm SO_x 和 NO_x（1ppm=10^{-6}）、50mg/m^3 烟尘等。烟道气中高温和高浓度 CO_2、毒性气体 SO_x 和 NO_x 的存在可能对微藻的生长产生影响。有关能够耐高 CO_2 的微藻研究已有很多，如小球藻、绿球藻、栅藻等可以耐受 10%～20% 的 CO_2 浓度。硫氧化物（SO_x），主要是 SO_2，对微藻的生长有显著的影响，这主要是因为 SO_2 易溶解到水体中形成酸性（pH ≤ 4）的亚硫酸，且具氧化漂白作用。氮氧化物（NO_x）的影响程度则要小得多。烟尘中的重金属对微藻也有一定的影响。此外，烟道气的温度也是一个需要考虑的问题。

实现烟道气培养微藻，最大的问题是解决 SO_x 的毒害。Jiang 等[50]提出了在培养基中直接添加少量 $CaCO_3$ 来中和高酸性的方法。结果证明，加入极少量的 $CaCO_3$ 可克服 SO_x、NO_x 对微藻的毒性。他们提出的另一途径是通过 pH 反馈控制来控制烟道气的间歇性通入，该途径可以解除 SO_x、NO_x 的抑制作用，CO_2 利用率也可提高到 70%～90%。

4.3.3.4　微藻培养的污染及其控制

微藻是水生物体系的初级生产者，处于食物链的最底层，水体环境的所有动物，甚至部分微生物，均直接或间接依赖微藻生存。因此在微藻培养体系中，特别是开放体系中，敌害污染必然存在。以获得微藻生物质为目标的人工大规模培养过程，在某种程度上而言就是一个与敌害生物斗争的过程。如何防止和控制敌害生物污染，是决定微藻大规模产业化培养成败的关键。

微藻培养过程中的敌害污染主要有原生动物、细菌、杂藻和病毒。原生动物的污染主要通过原生动物对藻细胞的吞噬，细菌污染主要通过细胞分泌物抑制和分解藻细胞，而杂藻和病毒侵染机制较为复杂，主要包括营养竞争、化感作用、分泌物抑制以及病毒致死等。针对这些污染途径及其机制，Wang 等[11]进行了较为详细的综述。随着培养规模的扩大，特别是在产业化生产过程中，轮虫、纤毛虫、细菌等是微藻规模培养中常见的污染生物。在这些原生动物中，轮虫对微藻有强大的摄食能力，生产中曾观察到由于污染褶皱臂尾轮虫，微拟球藻细胞密度在一天内减少一半以上。轮虫兼具孤雌生殖和有性生殖两种生殖方式，种群爆发期其密度在一天内可增长 1～2 倍，繁殖能力极强，危害性较大。这些污染源种类和种群数量并不是一成不变的，藻种、培养环境甚至培养时期的不同，污染源种类和种群数量均会发生变化。同时，用于能源生产的微藻培养，其规模远远大于传统微生物发酵，这就限制了微藻培养不可能采用与传统微生物发酵一样的严格无菌体系，实现微藻培养的无菌化和严格的污染控制非常困难。

目前对微藻规模培养的污染控制，除了操作流程上的控制外，更多是在发生污染后视污染危害程度采取一些控制和补救措施。这些措施包括：①过滤，主要用于去除那些尺寸远大于微藻细胞的原生动物。但这种方式只对成虫有效，对于虫卵或发育期的幼虫则很难去除。②化学杀灭，主要的化学试剂有两类：一类是传统的蛋白质类螯合剂，如甲醛、氨类、双氧水和次氯化物等；另一类是植物性抑制剂，如喹啉等。但这些化学试剂对不同的藻类，以及在不同的培养阶段，其效果差别很大，且由于水体量很大，要产生有效的杀灭效果，试剂的添加量很大，这些化学试剂在水体中的残留也是一个需要特别注意的问题。③改变培养体系环境，光照强度、温度、盐度以及溶液 pH 等不但对微藻的生长有影响，对敌害生物也有影响。通过优化营造藻细胞生长的最佳条件，使其在与杂藻、杂菌与原生动物的竞争中处于优势地位，可较有效地防止或避免因敌害污染导致的培养体系崩溃。

4.3.4 规模化培养发展趋势

利用微藻生产生物能源具有巨大的潜力和生态环境效益，但离产业化还有很远的距离，其核心体现在效率和成本方面。以现有的培养技术，微藻的生产效率还相对较低，远未发挥出微藻的高产潜能，导致大规模培养时占地面积过大、投资成本高昂。同时，为维护这一培养系统所需要的人工和物能消耗也严重损害了微藻能源生产的经济性。

微藻规模化培养技术的发展趋势：①创新培养技术，需要从培养装备的结构、光分布、混合与传质等入手，结合微藻的生长特性，建立新型高效的微藻培养方法和装备结构，充分发挥微藻的产能潜力；②微藻培养与 CO_2 减排和废水处理相耦联，研究不同二氧化碳废气气源、废水源对微藻培养的影响，解决有害物对微藻的毒害问题和二氧化碳、氮磷的高效利用问题，降低培养成本；③微藻异养与光自养的结合，利用异养发酵快速解决藻细胞生物量的积累，再转入光自养系统，利用免费太阳光和二氧化碳实现藻细胞的油脂积累。需要解决异养微藻细胞转入光自养后的适应性(温度、光照强度、密度)以及残糖有机质导致的微生物污染问题。

4.4 能源微藻下游生产技术

4.4.1 能源微藻采收技术

微藻细胞的培养仅仅是微藻能源化过程的第一步，如何从大体积的培养液中收获固体培养物是提取油脂前必须解决的问题。无论是开放池还是光生物反应器，微藻培养液中细胞干重一般在 0.3~5.0g/L 之间，从如此稀的培养液中收集细胞生物量，采收成本将占整个微藻生物成本的 20%~30%[51]。因此，微藻采收技术是微藻生物能源技术的又一重要环节。

微藻的采收方式，除了要考虑培养方式（主要影响细胞浓度），还应参考细胞的形态和尺寸大小。例如，大多数的单细胞产油微藻，细胞尺寸一般在 1～50μm 之间，离心、过滤、沉降等分离方式都非常困难。而丝状藻，如螺旋藻的螺旋形丝状体的长度可达 20～100mm，筛绢过滤即可实现良好的固液分离；产油的黄丝藻的丝状体长度可达 0.3～3mm，非常容易通过过滤、气浮或沉降等分离方式实现高效采收[52]。微藻采收一般包括粗分离和深度脱水两个步骤：①粗分离，从稀的微藻培养液中将藻细胞浓缩 100～800 倍获得浆状物，其固形物含量达到 2%～7%；②微藻浆状物的深度脱水，将浆状物进行深度脱水，获得含水 60%～80% 的藻泥。根据固液分离的方式，目前主要的采收方式包括絮凝沉降、离心、过滤、气浮等。

4.4.1.1　絮凝沉降

微藻细胞在系统扰动不大的情况下经常会发生自身沉降，但是自身沉降能力经常会因不同的品种以及培养的状态而存在差异。另外，这种过程往往较为缓慢，通常需要借助于絮凝的方式增加细胞间的聚集，以促进这个过程。

微藻细胞表面一般带有负电荷，阻止细胞聚集成为大的颗粒物。通过加入絮凝剂，如多价的阳离子或阳离子聚合物，中和细胞表面的负电荷，从而促进细胞间的聚集。目前主要包括无机絮凝剂和有机絮凝剂。

无机絮凝剂主要是多价的铝盐和铁盐等金属盐，常用有 $FeCl_3$、$Al_2(SO_4)_3$、$Fe_2(SO_4)_3$ 等。以此为基础发展出聚合硫酸铝、聚合硫酸铁等新型高分子絮凝剂，从而降低处理成本，提高功效。这类絮凝剂中存在多羟基络离子，以 OH^- 为架桥形成多核络离子，从而变成了巨大的无机高分子化合物。这种多价金属盐已经被有效地用于污水中微藻的回收处理，但金属离子残留对微藻的后续能源化加工和综合利用存在重要影响。有机絮凝剂，主要是有机聚合物如聚丙烯酰胺（PAM）和壳聚糖等，通过增大聚集颗粒大小从而促进絮凝过程。特定微生物的代谢产物分泌至胞外也可有效地起到微藻絮凝作用，是一类天然有机絮凝剂。目前通常是有机絮凝剂与无机絮凝剂配合使用，如通过阳离子聚合物和有机聚合物配合使用促进微藻絮凝采收的效果。

4.4.1.2　离心

离心是迄今最主要的微藻细胞采收方式。一般地，当离心力达到 13000g 时，微藻生物量可以得到 95% 以上的收获率，在 6000g 和 1300g 时分别降至 60% 和 40%[53]。工业上盐生杜氏藻的采收通常采用三足离心机、蝶式离心机，或者两者串联使用，获得 95% 以上的收获率[54]。利用离心采收微藻具有操作简单、无添加、应用范围广等优点，但是离心机能耗过高，在能源化利用时处理大体积培养液的成本占比过高，只能用于食品微藻或产高值产品微藻的采收。

4.4.1.3　过滤

过滤是微藻工业生产中常用的采收方式。根据过滤介质和截留尺寸的差异，过滤通常分为粗滤（>10μm）、微滤（0.1～10μm）和超滤（0.02～0.2μm）。过滤采收效率也受到微藻细胞尺寸和胞外分泌物的影响。具有较大体积的微藻，如螺旋藻(*Spirulina* sp.)、空星藻(*Coelastrum* sp.)、雨生红球藻(*Haematococcus pluvialis*)、长鼻空星藻(*Coelastrum proboscideum*)和钝顶螺旋藻(*Spirulina platensis*)等，由于细胞尺寸较大或形成多细胞藻丝体而具有较大的体积，因而易于通过过滤分离采收。而大部分产油微藻品种，如小球藻(*Chlorella* sp.)、微拟球藻(*Nannochloropsis* sp.)、三角褐指藻(*Phaeodactylum tricornutum*)、杜氏盐藻(*Dunaliella salina*)等，通常体积较小，且多以单细胞形式存在，因而难以获得有效的分离。通过添加介质可促进藻细胞的过滤效果，如杜氏盐藻过滤采收时添加硅藻土可以明显改善其滤效果，采收的细胞可直接用有机溶剂抽提胞内 β-胡萝卜素，但是介质问题制约了提取 β-胡萝卜素后藻残渣的综合利用。

中空纤维膜是目前在微藻过滤采收中使用较多的微滤或超滤介质，它的采收效率受到微藻胞外分泌物的影响。Rossignol 等[55]发现一种 40kDa 分子量截流的聚丙烯腈超滤膜适合于微藻细胞的分离，但是需要通过频繁清洗来更新滤膜才能保证高的收获效率，以避免大规模应用时容易发生膜的污染和堵塞；另外，滤膜的造价一般较高，也是其规模应用中需要考虑的问题。

4.4.1.4 气浮

气浮是利用微气泡附着在藻细胞表面带动细胞上浮到水面，从而在液体表面实现固液分离的采收方式。这一方式由于明显的操作便利性，而被认为能更有效地应用于微藻细胞采收。根据微气泡形成方式差异，气浮分为曝气气浮、溶气气浮和电解气浮三种形式。

曝气气浮法是通过设置在气浮池底部的微孔扩散板或扩散管，将压缩空气以微小气泡形式通入水中。这种气泡依赖于机械作用产生，大小一般在 $700\sim1500\mu m$，远远大于微藻细胞的大小(一般为几十微米)，因此很难通过这种方式形成可用的聚集物，必须通过添加大量絮凝剂来实现藻细胞的聚集。而絮凝剂不利于后续产品的提取与加工，应用于微藻采收过程会影响下游过程，因此这种方式通常被应用于易形成大颗粒聚集物的污水处理过程中。

溶气气浮法是通过真空或加压制成溶气水，进入培养液后即释放出微气泡。根据溶气压力条件的不同，产生微气泡的大小可以达到 $10\sim100\mu m$。目前通过加压溶气法产生微气泡应用最为广泛，研究也较为成熟，具有诸多优点，如产生气泡数量足、尺寸微细、粒度均匀、上浮稳定、效果显著、气浮层稳定等，因此特别适用于对疏松絮凝体、细小颗粒的分离；此外，加压溶气法工艺过程比较简单，设备造价较低，便于管理和维护，利于工业化放大生产和节约能耗。高莉丽等[56]利用溶气气浮法分别在紫球藻和小球藻的细胞采收中获得 90%以上的采收效率。

电解气浮也被用于微藻的采收。通过将正负相间的多组电极安插于待处理藻液中，在直流电作用下阳极(铝、铁等可溶电极)溶解，释放的金属阳离子与水中的羟基结合，形成吸附性能很强的铝、铁氢氧化物吸附并凝聚溶液中藻细胞从而形成絮粒，同时阴极产生的 H_2 微气泡附着在絮粒表面并带动絮粒上浮，从而实现固液分离[57]。周文俊等[58]采用石墨电极同时作为阴极和阳极，以电解产生的微气泡带动小球藻气浮，实现 90%的采收率。电解气浮产生的气泡直径较小(0.005~0.01mm)，但是较大的耗电量、金属阳极的残留、电极易钝化等缺点限制了该方法的大规模应用，只适合于小型设备。

4.4.1.5 各种采收技术在规模化应用中的对比分析

综合目前技术来看，絮凝沉降自然是能耗需求最低的方法，但是其问题在于沉降采收的效果往往依赖于絮凝颗粒的大小，而提高颗粒大小需要更多的絮凝剂用量。另外，沉降的速率与效率会随着水位的提高而降低，因此小规模水体放大到大规模后产生的液位差异对采收效果的影响极大，导致采收设备不能在纵向有效放大。

离心是工业上常用的固液分离方法，其离心效率取决于分离因数，它表示被分离物料在转鼓内所受的离心力与其重力的比值，分离因数越大，通常分离也越迅速，分离效果越好。离心力与停留时间是决定分离效果的主要影响因素。但是，高的离心效率也就意味着高能耗，一般离心后藻泥含水量可达 85%～88%，其单位处理能耗在 0.9～1kW·h/m³，为获得更低含水量的收获物必然需要更高的能耗。

过滤采收过程往往需要压力或真空的辅助。对于一些大型藻或丝状藻类，如 *Coelastrum proboscideum* 和 *Spirulina platensis*，一般可以起到较好的采收效果。然而，许多产油微藻(如 *Scenedesmus* sp.和 *Nannochloropsis* sp.等)的细胞大小一般仅为几十微米，同时与培养液的密度差较小，所以过滤介质的截留尺寸选择很重要，膜孔过大起不到过滤作用，过小则易被堵塞。此外，由于藻质较轻，容易飘起，滤饼较难形成，所需过滤压力也较大。过滤法采收微藻的研究重点在于增加藻细胞颗粒物体积，改善过滤层空隙度，提高藻液通过过滤层的速率与流量，降低过滤层的厚度，减少过滤阻力，使过滤介质微孔不发生堵塞。

相对于其他方法，气浮采收是一个低能耗、易放大的过程，可以实现在一定体系下连续地进料与出料。限制该过程效率的主要因素是絮凝的效果，过大的絮粒会导致细胞在气浮池内的沉降，过小则会导致滤出水的含藻量提高，因此如何在限制加药量的基础上，保持高采收效率是整个过程最关键的问题。另外，絮凝剂加入对于后期产品加工及应用的影响也必须予以考虑。

4.4.1.6 藻类采收技术的发展趋势

藻类的采收是一个大水体的脱水过程，单一地应用传统的离心方法必然带来高能耗；然而相对于气浮和过滤方法而言，离心收获物含水量更低，更适合于后续的深度脱水和油脂提取过程。如何发挥各种技术的优势，根据不同微藻的特性和后续应用目的选择单一或多方法联合应用于微藻能源化利用的各个过程中，才能在保持高效率采收的情况下降低整个过程的能耗，这是未来微藻采收技术发展需要深度思考的问题。

4.4.2 微藻油脂提取技术

从含油微藻中提取油脂的方法目前主要还是借鉴传统的植物油脂加工技术，采用溶剂萃取、机械压榨、超临界 CO_2 萃取和水法提油。

4.4.2.1　溶剂萃取

微藻油脂的溶剂萃取是基于油脂分子与萃取剂极性相似相溶的原理，溶剂分子进入微藻细胞内与油脂接触，油脂溶解进入溶剂中，从而实现细胞内油脂的提取。根据相似相溶的原理，一般采用的萃取剂为正己烷、乙醚、氯仿/甲醇，工业上使用6#溶剂油，是一种烃类混合物。溶剂萃取是目前微藻提油普遍采用的方法，按溶剂浸取时液固比为0.8～1，藻粉中含油占5%～30%估算，每生产1t藻油需要的浸出溶剂量为3～7t，其一般工艺流程如图4.12所示[59]。溶剂萃取要求采用干燥藻粉为原料，考虑到湿藻干燥能耗及大量有机溶剂的回收能耗，这一方法用于微藻生物能源的生产，在能耗与成本上存在很大问题。

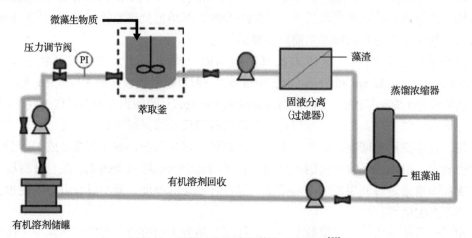

图 4.12　微藻油脂的溶剂萃取工艺流程[59]

4.4.2.2　压榨法

压榨法是传统油脂加工中比较成熟的方法，其过程不依赖于有机溶剂，将其应用于微藻油脂提取具有环境友好性。中国科学院青岛生物能源与过程研究所采用压榨法加工黄丝藻，获得70%的油脂得率[60]。与溶剂萃取法相比，压榨法的缺点是油脂提取率较低，饼粕中残油量高，从而影响后续蛋白质/多糖等物质的综合利用。因此，压榨法需要结合有机溶剂萃取来提高油脂提取率。另外，压榨法提油也需要干燥的藻粉。

4.4.2.3　超临界 CO_2 油脂萃取

超临界 CO_2 油脂萃取技术是油脂加工中的新兴技术，其原理是利用处于超临界的 CO_2 对油脂良好的溶解性，将油脂浸取出来，再借助 CO_2 的减压气化，实现油的分离。超临界萃取的过程与产品环境友好，提取率高，因此在微藻特殊油脂和高值产品提取方面的应用较多。近年来报道了从栅藻中提取亚麻酸[61]，从裂壶藻中提取 DHA（二十二碳六烯酸）[62]，从杜氏盐藻中提取 β-胡萝卜素[63]，以及从小球藻中选择性脱除叶绿素和脱镁叶原酸[64]。超临界萃取过程的局限性是用于 CO_2 的压缩-释放-压缩循环的能耗过高，同时需要高压设备，从而对材质、放大、设计、加工制造等方面的技术要求较高。目前应用中，超临界萃取的单体设备规模都不大。

4.4.2.4 湿藻提油

由于传统溶剂萃取、压榨、超临界萃取等需要干藻粉，而采收获得藻细胞的含水量高，干燥过程能耗大，因而能耗问题突出。发展用于免干燥高含水湿藻细胞的直接提油技术受到广泛重视，主要包括水剂法、醇提法、共溶剂法和离子液体法等。

水剂法是利用油料蛋白(以球蛋白为主)溶于稀碱水溶液或稀盐水溶液的特性，借助水的作用，实现油、蛋白质及碳水化合物的分步提取。Chen 等[65]通过表面活性剂强化水剂法对微拟绿球藻的提取，获得 88.3%的油脂得率，同时对蛋白质也有很高的提取率。与传统油脂提取方法相比，水剂法避免了使用有机溶剂，可最大限度地保留蛋白质/多糖等产品的活性，有利于实现包括油脂、蛋白质、色素、多糖等的多联产和清洁工艺；可直接使用湿藻泥，不需要高能耗的干燥环节，工序简单，成本低。水剂法的缺点是目前工艺尚不够成熟，特别是水剂法所得的胞浆油水相比很低，油水分离困难。

短链醇(如甲醇、乙醇等极性溶剂)比正己烷等非极性溶剂更易于破除水相，从湿藻中提取油脂；通过提高温度和压力等因素进入溶剂的亚临界状态，可有效提高对湿藻细胞的油脂提取率。Chaiklahan 等[66]以乙醇为溶剂用于 *Spirulina* 中油脂提取，30℃下七步萃取可获得 85%收率，60℃下三步连续萃取可以得到相同的收率。Chen 等[67]利用亚临界溶剂对湿藻泥直接进行油脂提取，将含水 60%的湿藻细胞在醇类-烷烃混合溶剂中 100℃、3MPa 条件下处理 30min，实现了 90%以上的油脂提取率，显示了简单、高效、低能耗的特点。

共溶剂法是利用极性和非极性溶剂的混合体系，通常可以获得更高的总脂收率，尤其是极性脂(包括磷脂、糖脂和游离脂肪酸)的收率更高。其原因可能为：①高极性溶剂有更强的能力破除细胞膜，有更强的穿透性；②弱极性溶剂能更好地匹配油脂极性，提高提取效率。Young 等[68]以 IL-PCM (polar covalent molecule)共溶剂体系用于含水量 70%的 *Chlorella* 总脂提取，回收率达到 75%，与传统方法用于干燥藻粉的提取效率相一致。Chen 等[69]利用共溶剂系统结合亚临界处理技术对栅藻湿藻泥进行处理，油脂回收率达88%，而且其中甘油三酯占毛油组成的 80%以上，对提取后细胞残渣的扫描电镜结果显示，极性溶剂促进藻细胞浸润，或者除去包裹脂质体表面的水分，提高了非极性溶剂的渗透能力；同时极性溶剂优先提取了极性脂成分，提高了藻细胞中性脂的纯度。

离子液体是一种新型的绿色溶剂，近年来也被用于藻油的提取。离子液体表现出强烈的自共轭特征，同时具有两亲性，可协助油脂分子转移至界面后自动分离，从而避免了溶解度的限制。Samori 等[70]使用极性可变的 DBU/乙醇离子液体从葡萄藻(*Botryococcus braunii*)中萃取碳氢化合物。通入 CO_2 后，DBU 极性变弱，用于从混合溶剂中回收碳氢化合物。测试 DBU/辛醇和 DBU/乙醇两种体系下对葡萄藻中碳氢化合物的提取效率。在最优条件下，DBU/辛醇从冻干藻粉和液体藻样品中的油脂得率分别为 16%和 8.2%，高于己烷的 7.8%和 5.6%。研究者通过测量活体杜氏盐藻在离子液体中的生存能力和活性测试，筛选可用于同时培养和分离脂肪酸和 β-胡萝卜素的新体系，发现离子液体可作为生物适应性溶剂用于微藻活体提取 TAG 和细胞膜键合的游离脂肪酸，而且不显著影响其后的细胞培养[71]。离子液体方法仅取得了一些小规模应用，尚未实现大规模应用。

4.4.2.5 藻类油脂提取技术的发展趋势

目前微藻油脂提取主要依赖于溶剂对细胞中油脂的萃取作用，因此选用的溶剂必须能够穿透包裹油脂的细胞基质，与油脂接触并充分溶解油脂。由于微藻高含水量的特点，什么样的溶剂体系可实现高含水量下的有效油脂提取，如何实现这一溶剂体系下的溶剂-油的分离和溶剂回收再利用，这两个关键问题需要深入思考。

除了依赖溶剂对微藻细胞的穿透作用外，高效破壁也对微藻油脂提取技术的发展具有重要作用。破壁预处理可以解除阻碍溶剂渗透的结构与组分，从而进一步提高提取效率和降低溶剂用量，甚至可能在充分破壁后直接实现油水分离。目前已知的有物理、化学和生物破壁方法。物理方法包括球磨、超声辅助、高压均质、汽爆、多次冻熔、高压脉冲电场破碎等；化学方法包括酸热、碱溶等；生物方法有酶解、抑制细胞壁合成和基因修饰等。从目前看，仍未有同时满足可大规模、低能耗、高效率等要求的微藻细胞破碎方法。

4.4.3 微藻生物柴油转化技术

4.4.3.1 微藻油脂的组成特点

微藻油脂提取物包含中性脂和极性脂成分，其中甘油三酯为生物柴油易利用的成分，糖脂和磷脂等极性脂类占比也较大，因藻种、培养条件和时间、加工方式的不同而不同。例如，产油栅藻在培养中期和末期的甘油三酯占比分别为 21.3% 和 61.6%，极性脂占比也从 46.5% 降低到 25.0%[72]。微藻油脂的另一个特点是游离脂肪酸含量较高，酸价一般为 34～167mg/g，同时有含量较高的色素、甾醇及其衍生物等，导致其黏度很高、流动性很差。因此，在确定微藻油脂的生物柴油转化工艺时，必须充分考虑其组成特点。

4.4.3.2 微藻生物柴油的制备方法

目前微藻油脂的生物柴油转化方法，主要是基于传统植物油脂的生物柴油转化方法进行的适当改进，包括酸催化法、碱催化法、酶催化法，以及近期发展的无催化剂的超临界和离子液体转化工艺。

1) 酸催化法

酸催化法使用的催化剂包括游离无机酸和固体酸催化剂。用浓硫酸作催化剂，对含 6%游离脂肪酸的地沟油的转酯化率高达 99%，但是总反应时间长达 4h。对高酸价油脂原料通常采用酸-碱两步催化转化法，用以平衡反应时间与产品得率。利用酸催化预酯化-碱催化转酯化的方法，成功地将栅藻、甲藻等的油脂转化为生物柴油，脂肪酸的总转化率高达 98%[72]。

该方法的不利之处是游离酸催化剂在生产中会造成生物柴油分离困难，并产生酸性废水，因此目前更倾向于采用固体酸催化剂。针对游离酸催化剂的缺点，研究者开发了一系列的固体酸催化剂来解决这个问题。常用的固体酸催化剂主要有酸性氧化物、硅酸盐和磺化无定形炭、高岭石 KSF 等。利用固体酸催化剂可有效催化一些酸值较高的原油，一种好的固体酸催化剂必须同时具备酯化和转酯化能力。用固体酸催化剂时，原料中水含量高则催化活性明显下降，反应慢、周期长、需醇量大，这都是需要解决的关键问题。

2) 碱催化法

碱催化法使用的催化剂包括游离碱和固体碱催化剂。游离碱催化是均相反应，具有反应速率快、转化率高等优点，主要采用 NaOH、KOH、各种碳酸盐、钠和钾的醇盐及有机碱等，是目前生物柴油生产最常用的催化剂。碱催化法不适用于高游离脂肪酸和高含水量的原料，因为游离脂肪酸与碱发生皂化反应，过量的水促进皂化反应进行，进而形成脂肪酸钠、甲醇和油的稳定乳化液，导致脂肪酸甲酯与甘油分相困难。此外，均相碱催化剂生产会产生碱性废液，对环境造成较严重的污染。

固体碱催化剂可以解决上述问题。碱土金属是制备固体碱催化剂的理想体系，既有相当的碱度，又不溶解于甲醇体系。王广欣等[73]在 500℃下煅烧碱式碳酸镁制得的 MgO 为载体，以 Ca(Ac)$_2$ 溶液浸渍 MgO 载体，浸渍后在 80℃下干燥 10h，并升至 700℃煅烧 12h，得到负载型钙镁催化剂 CaO/MgO。该催化剂具有良好的反应活性，且其比普通的均相碱催化剂有更强的抗酸性和抗水性，可在酸值 2mg KOH/g 或水含量 2%条件下操作。与均相碱催化剂相比，固体碱催化剂要求更高的醇油比，反应速率相对慢，但是可以通过改善体系的传质过程使催化效率得以提高。

3) 酶催化法

脂肪酶是一类酶的总称，可同时催化酯化和酯交换反应。常用的脂肪酶有动物脂肪酶和微生物脂肪酶。能产脂肪酶的微生物主要有酵母、根酶和曲霉。按催化特异性分为 3 类，第 1 类酶对甘油酯上的酰基的位置无选择性，可水解甘油三酯上的所有酰基，得到脂肪酸和甘油；第 2 类酶水解甘油三酯中的 1 位和 3 位酰基，得到脂肪酸、甘油二酯（1,2-甘油二酯和 2,3-甘油二酯）和单甘酯（2-单甘酯）；第 3 类酶对脂肪酸的种类和链长有特异性。脂肪酶在水相中能催化油脂和其他酯类的水解反应，而在有机介质中也能催化水解反应的逆反应——酯化反应和酯交换反应。研究表明在反胶束下酶的活性更稳定，更接近酶的天然环境。通过将表面活性剂溶解于有机溶剂、水，形成三相浓度不同的“油包水”反胶束微粒，显著提高了酶的活性。如加入乙醇作为助表面活性剂，可以提高酶的活性。同时，反胶束组成灵活，热力学稳定，传质阻力小，产物易于回收。

用酶作催化剂可同时催化酯化和转酯化反应，且酶催化对原料的要求不严格，又因其具有环境友好的特征而受到关注。通过利用基因工程技术进一步提高酶的活性、对甲醇和温度的耐受性及其稳定性，发展高效易分离的固定化酶技术，将进一步促进酶催化的应用。

4) 无催化剂转化法

无催化剂转化法是目前生物柴油转化的新方向，其目的是在实现高转化率的同时，既减少催化剂用量，又有利于下游分离。超临界甲醇法是一种无催化剂转化法，在超临界条件下甲醇既是反应介质，又是反应物和"催化剂"，在较短时间内实现高效酯化和转酯化，有利于产物分离和回收，并且无污染。用超临界法生产的生物柴油黏性小于用一般制备方法生产的生物柴油，从而减少了雾化，降低了安全隐患。

与传统转酯化反应生物柴油制备过程中脂肪酸和水的存在导致皂化副反应、反应速率低、下游分离困难相比，超临界体系中脂肪酸和水的存在不会影响生物柴油的产率，一定量的脂肪酸和水反而会提高转化率，因此超临界甲醇法对油脂原料的要求较低[74]。此外，超临界转化法是均相反应，具有溶解度大、反应物质间接触容易、扩散速率快、无污染和产物易分离等优点，因而比一般化学反应的界面反应更快。超临界流体对操作温度和压力很敏感，可通过优化操作条件改善流体的扩散速率等来提高产率和反应速率。缺点是超临界反应要求高温高压，设备投资和能耗成本较高，同时要求高甲醇用量可能增加原料回收成本。因此，研究如何降低甲醇用量，配合固体催化剂的使用是一个值得深入的方向。

5) 微藻生物柴油的质量标准

为保证生物柴油的质量，保障使用者和设备的安全，我国及世界上很多国家或地区如欧盟、美国、德国、法国、意大利等已经拟定了生物柴油标准。我国最新的关于生物柴油标准是 2017 年制定的 B5 柴油（GB 25199—2017），进一步规范了 BD-100 生物柴油的质量标准。这些指标中有些是与石化柴油共有的，包括密度、运动黏度、闪点、硫含量、10%蒸余物残碳、十六烷值、灰分、水含量、机械杂质、铜片腐蚀、燃料安定性、低温性等；还有一些指标是生物柴油所特有的，包括总酯含量，游离甘油含量，甘油单酯、二酯及三酯含量，甲醇含量，碘价及多元不饱和脂肪酸甲酯的含量，酸值，磷含量，碱及碱土金属含量等；另外，还有一些额外的指标包括馏程、燃烧热值、润滑性、不皂化物含量等。Chen 等[72]利用酸催化预酯化-碱催化转酯化的方法用三种微藻油脂制备了生物柴油，其主要性能指标能够满足相关标准（表 4.4）。

表 4.4　三种微藻油脂制备的生物柴油性质[72]

性能指标	Scenedesmus sp.	Nannochloropsis sp.	Dinoflagellate	标准值	测定方法
密度(15℃)/(kg/L)	0.852	0.854	0.878	0.82~0.90	GB/T 2540
酸价/(mg KOH/g 油)	0.52	0.46	0.44	0.80	GB/T 264
运动黏度(40℃)/(mm²/s)	4.15	5.76	3.74	1.9~6.0	GB/T 265
氧化稳定性(110℃)/h	5.42	1.93	1.02	>6	EN 14112
加氢后氧化稳定性(110℃)/h	60.3	42.4	11.2		
含水量/%	0.04	ND	0.07	0.05	SH/T 0246
硫含量/%	0.02	0.06	0.04	<0.05	SH/T 0689

续表

性能指标	*Scenedesmus* sp.	*Nannochloropsis* sp.	*Dinoflagellate*	标准值	测定方法
硫化物灰烬量/%	ND	ND	0.01	<0.02	GB/T 2433—2001
游离甘油量/%	ND	ND	ND	<0.02	SHT 0796—2007
磷含量/ppm	2.4	4.5	2.8	10.0	ASTM D4951
甲酯含量/%	91.0	92.2	96.6	>96.5	EN 14103
蒸馏温度/℃	266	300	368	<360	GB/T 6536
燃烧热值/(MJ/kg)	39.76	39.81	39.84	>35	GB/T 384-81

注：ND 表示未检出。

参 考 文 献

[1] Chisti Y. Biodiesel from microalgae[J]. Biotechnology Advances, 2007, 25(3):294-306.

[2] Wijffels R, Barbosa M. An outlook on microalgal biofuels[J]. Science, 2010, 329(5993):796-799.

[3] Richmond A. Handbook of Microalgal Culture: Biotechnology and Applied Phycology[M]. Oxford: Blackwell Science Ltd., 2004.

[4] Boyer J. Plant productivity and environment[J]. Science, 1982, 218(4571): 443-448.

[5] Tredici M. Photobiology of microalgae mass cultures: Understanding the tools for the next green revolution[J]. Biofuels, 2010, 1(1):143-162.

[6] Zhu X, Long S, Ort D. What is the maximum efficiency with which photosynthesis can convert solar energy into biomass[J]. Current Opinion in Biotechnology, 2008, 19(2):153-159.

[7] 刘天中, 张维, 王俊峰, 等. 微藻规模培养技术研究进展[J]. 生命科学, 2014, 26(5):14.

[8] 李元广, 谭天伟, 黄英明. 微藻生物柴油产业化技术中的若干科学问题及其分析[J]. 中国基础科学, 2009, 11(5):7.

[9] Liu T, Wang J, Hu Q, et al. Attached cultivation technology of microalgae for efficient biomass feedstock production[J]. Bioresource Technology, 2013, 127:216-222.

[10] Maity J P, Bundschuh J, Chen C Y, et al. Microalgae for third generation biofuel production, mitigation of greenhouse gas emissions and wastewater treatment: Present and future perspectives-A mini review[J]. Energy, 2014, 78: 104-113.

[11] Wang H, Chen L, Zhang W, et al. The contamination and control of biological pollutants in mass cultivation of microalgae[J]. Bioresource Technology, 2013, 128: 745-750.

[12] Wang H, Ji B, Wang J, et al. Growth and biochemical composition of filamentous microalgae *Tribonema* sp. as potential biofuel feedstock[J]. Bioprocess & Biosystems Engineering, 2014, 37: 2607-2613.

[13] Liu W, Wang J, Liu T. Low pH rather than high CO_2 concentration itself inhibits growth of *Arthrospira*[J]. Science of the Total Environment, 2019, 666(MAY 20): 572-580.

[14] Crozet P, Navarro F J, Willmund F, et al. Birth of a photosynthetic chassis: A MoClo toolkit enabling synthetic biology in the microalga *Chlamydomonas reinhardtii*[J]. ACS Synthetic Biology, 2018, 7: 2074-2086.

[15] Poliner E, Farre E M, Benning C. Advanced genetic tools enable synthetic biology in the oleaginous microalgae *Nannochloropsis* sp.[J]. Plant Cell Reports, 2018, 37: 1383-1399.

[16] Butler T, Kapoore R V, Vaidyanathan S. Phaeodactylum tricornutum: A diatom cell factory[J]. Trends in Biotechnology, 2020, 38: 606-622.

[17] Shin Y S, Jeong J, Nguyen T H T, et al. Targeted knockout of phospholipase A(2) to increase lipid productivity in *Chlamydomonas reinhardtii* for biodiesel production[J]. Bioresource Technology, 2018, 271: 368-374.

[18] Serif M, Dubois G, Finoux A L, et al. One-step generation of multiple gene knock-outs in the diatom *Phaeodactylum tricornutum* by DNA-free genome editing[J]. Nature Communications, 2018, 9: 3924.

[19] Wang Q T, Lu Y D, Xin Y, et al. Genome editing of model oleaginous microalgae *Nannochloropsis* spp. by CRISPR/Cas9[J]. Plant Journal, 2016, 88: 1071-1081.

[20] Lozano J C, Schatt P, Botebol H, et al. Efficient gene targeting and removal of foreign DNA by homologous recombination in the picoeukaryote *Ostreococcus*[J]. Plant Journal, 2014, 78(6): 1073-1083.

[21] Chang K S, Kim J, Park H, et al. Enhanced lipid productivity in AGP knockout marine microalga *Tetraselmis* sp. using a DNA-free CRISPR-Cas9 RNP method[J]. Bioresource Technology, 2020, 303: 122932.

[22] Jia Y L, Xue L X, Liu H T, et al. Characterization of the glyceraldehyde-3-phosphate dehydrogenase (GAPDH) gene from the halotolerant alga *Dunaliella salina* and inhibition of its expression by RNAi[J]. Current Microbiology, 2009, 58(5): 426-431.

[23] Grewe S, Ballottari M, Alcocer M, et al. Light-harvesting complex protein LHCBM9 is critical for photosystem II activity and hydrogen production in *Chlamydomonas reinhardtii*[J]. Plant Cell, 2014, 26: 1598-1611.

[24] Wei L, Xin Y, Wang Q T, et al. RNAi-based targeted gene knockdown in the model oleaginous microalgae *Nannochloropsis oceanica*[J]. Plant Journal, 2017, 89(6): 1236-1250.

[25] Xin Y, Lu Y D, Lee Y Y, et al. Producing designer oils in industrial microalgae by rational modulation of co-evolving type-2 diacylglycerol acyltransferases[J]. Molecular Plant, 2017, 10: 1523-1539.

[26] Xin Y, Shen C, She Y T, et al. Biosynthesis of triacylglycerol molecules with a tailored PUFA profile in industrial microalgae[J]. Molecular Plant, 2019, 12(4): 474-488.

[27] Silva T L, Santos C A, Reis A. Multi-parameter flow cytometry as a tool to monitor heterotrophic microalgal batch fermentations for oil production towards biodiesel[J]. Biotechnology & Bioprocess Engineering, 2009, 14(3): 330-337.

[28] Pereira H, Barreira L, Mozes A, et al. Microplate-based high throughput screening procedure for the isolation of lipid-rich marine microalgae[J]. Biotechnology for Biofuels, 2011, 4: 61.

[29] Samek O, Jonas A, Pilat Z, et al. Raman microspectroscopy of individual algal cells: Sensing unsaturation of storage lipids *in vivo*[J]. Sensors, 2010, 10(9): 8635-8651.

[30] Wang T T, Ji Y T, Wang Y, et al. Quantitative dynamics of triacylglycerol accumulation in microalgae populations at single-cell resolution revealed by Raman microspectroscopy[J]. Biotechnology for Biofuels, 2014, 7(1): 58.

[31] He Y H, Zhang P, Huang S, et al. Label-free, simultaneous quantification of starch, protein and triacylglycerol in single microalgal cells[J]. Biotechnology for Biofuels, 2017, 10(1): 275.

[32] He Y H, Wang X X, Ma B, et al. Ramanome technology platform for label-free screening and sorting of microbial cell factories at single-cell resolution[J]. Biotechnology Advances, 2019, 37(6): 107388.

[33] Azma M, Mohamed M, Mohamad R, et al. Improvement of medium composition for heterotrophic cultivation of green microalgae, Tetraselmis suecica, using response surface methodology[J]. Biochemical Engineering Journal, 2011, 53(2): 187-195.

[34] Xu H, Miao X, Wu Q. High quality biodiesel production from a microalga *Chlorella protothecoides* by heterotrophic growth in fermenters[J]. Journal of Biotechnology, 2006, 126(4): 499-507.

[35] Xiong W, Li X, Xiang J, et al. High-density fermentation of microalga *Chlorella protothecoides* in bioreactor for microbio-diesel production[J]. Applied Microbiology & Biotechnology, 2008, 78(1): 29-36.

[36] 李兴武, 李元广, 沈国敏, 等. 普通小球藻异养—光自培养串联培养的培养基[J]. 过程工程学报, 2006, 6(2): 276-280.

[37] Zhang H, Wang W, Yang W, et al. Mixotrophic cultivation of *Botryococcus braunii*[J]. Biomass & Bioenergy, 2011, 35(5): 1710-1715.

[38] Zhou W J, Wang H, Chen L, et al. Heterotrophy of filamentous oleaginous microalgae *Tribonema minus* for potential production of lipid and palmitoleic acid[J]. Bioresource Technology, 2017, 239(239): 250-257.

[39] Zhou W J, Wang H, Zheng L, et al. Comparison of lipid and palmitoleic acid induction of *Tribonema minus* under heterotrophic and phototrophic regimes by using high-density fermented seeds[J]. International Journal of Molecular Sciences, 2019, 20(18): 4356.

[40] Xiong W, Gao C, Yan D, et al. Double CO_2 fixation in photosynthesis-fermentation model enhances algal lipid synthesis for biodiesel production[J]. Bioresource Technology, 2009, 101(7): 2287-2293.

[41] 丛威, 孙中亮, 刘明, 等. 用于开放池培养微藻的阱式补碳装置及其补碳方法: CN102643741A[P]. 2012-05-07.

[42] 诸发超, 黄建科, 陈剑佩, 等. 敞开式跑道池光生物反应器的 CFD 模拟与优化[J]. 化工进展, 2012, 31(6): 1184-1192.

[43] Harun R, Singha M, Forde G, et al. Bioprocess engineering of microalgae to produce a variety of consumer products[J]. Renewable & Sustainable Energy Reviews, 2010, 14(3): 1037-1047.

[44] Jason C, Tracy Y, Nathaniel D, et al. Nannochloropsis production metrics in a scalable outdoor photobioreactor for commercial applications[J]. Bioresource Technology, 2012, 117: 164-171.

[45] Jorquera O, Kiperstok A, Sales E, et al. Comparative energy life-cycle analyses of microalgal biomass production in open ponds and photobioreactors[J]. Bioresource Technology, 2010, 101(4): 1406-1413.

[46] Shi J, Podola B, Melkonian M. Removal of nitrogen and phosphorus from wastewater using microalgae immobilized on twin layers: An experimental study[J]. Journal of Applied Phycology, 2007, 19(5): 417-423.

[47] Boelee N, Temmink H, Janssen M, et al. Nitrogen and phosphorus removal from municipal wastewater effluent using microalgal biofilms[J]. Water Research, 2011, 45(18):5925-5933.

[48] Johnson M, Wen Z. Development of an attached microalgal growth system for biofuel production[J]. Applied Microbiology & Biotechnology, 2010, 85: 525-534.

[49] Wang J, Cheng W, Liu W, et al. Field study on attached cultivation of *Arthrospira*(*Spirulina*) with carbon dioxide as carbon source[J]. Bioresource Technology, 2019, 283: 270-276.

[50] Jiang Y, Zhang W, Wang J, et al. Utilization of simulated flue gas for cultivation of *Scenedesmus dimorphus*[J]. Bioresource Technology, 2013, 128: 359-364.

[51] Gudin C, Therpenier C. Bioconversion of solar energy into organic chemicals by microalgae[J]. Advances in Biotechnological Processes, 1986, 6: 73-110.

[52] Wang H, Gao L, Chen L, et al. Integration process of biodiesel production from filamentous oleaginous microalgae *Tribonema minus*[J]. Bioresource Technology, 2013, 142: 39-44.

[53] Grima E M, Belarbi E H, Fernández F G A, et al. Recovery of microalgal biomass and metabolites: Process options and economics[J]. Biotechnology Advances, 2003, 20(7-8): 491-515.

[54] 唐淑萍, 马志远, 何娜. 利用 311 藻液分离机提高盐生杜氏藻采收率[J]. 盐科学与化工, 2020, 49(4): 20-22.

[55] Rossignol N, Vandanjon L, Jaouen P, et al. Membrane technology for the continuous separation microalgae/culture medium: Compared performances of cross-flow microfiltration and ultra-filtration[J]. Aquacultural Engineering, 1999, 20(3): 191-208.

[56] 高莉丽, 刘天中, 张维, 等. 小球藻的絮凝沉降及溶气气浮采收研究[J]. 海洋科学, 2010, 34(12): 46-51.

[57] Alfafara C G, Nakano K, Nomura N, et al. Operating and scale-up factors for the electrolytic removal of algae from eutrophied lakewater[J]. Journal of Chemical Technology & Biotechnology, 2002, 77(8): 871-876.

[58] Zhou W J, Gao L L, Cheng W T, et al. Electro-flotation of *Chlorella* sp. assisted with flocculation by chitosan[J]. Algal Research-Biomass Biofuels and Bioproducts, 2016, 18: 7-14.

[59] Halim R, Danquah M K, Webley P A. Extraction of oil from microalgae for biodiesel production: A review[J]. Biotechnology Advances, 2012, 30(3): 709-732.

[60] 刘天中, 陈林, 汪辉, 等. 一种制备黄丝藻生物油的方法及由其制备的黄丝藻生物油. CN201310034308.3[P]. 2016-07-06.

[61] Chen W, Wang J M, Ren Y Y, et al. Optimized production and enrichment of α-linolenic acid by *Scenedesmus* sp. HSJ296[J]. Algal Research-Biomass Biofuels and Bioproducts, 2021, 60: 102505.

[62] Rodríguez-España M, Mendoza-Sánchez L G, Magallón-Servín P, et al. Supercritical fluid extraction of lipids rich in DHA from *Schizochytrium* sp.[J]. Journal of Supercritical Fluids, 2021, 179: 105391.

[63] Ludwig K, Rihko-Struckmann L, Brinitzer G, et al. β-Carotene extraction from *Dunaliella salina* by supercritical CO_2[J]. Journal of Applied Phycology, 2021, 33 (3) : 1435-1445.

[64] Miyazawa T, Higuchi O, Sasaki M, et al. Removal of chlorophyll and pheophorbide from *Chlorella pyrenoidosa* by supercritical fluid extraction: Potential of protein resource [J]. Bioscience, Biotechnology, and Biochemistry, 2021, 85 (7) : 1759-1762.

[65] Chen L, Li R Z, Ren X L, et al. Improved aqueous extraction of microalgal lipid by combined enzymatic and thermal lysis from wet biomass of *Nannochloropsis oceanica*[J]. Bioresource Technology, 2016, 214 (1) : 138-143.

[66] Chaiklahan R, Chirasuwan N, Loha V, et al. Lipid and fatty acids extraction from the cyanobacterium *Spirulina*[J]. ScienceAsia, 2008, 34 (3) : 299-305.

[67] Chen M, Chen X L, Liu T Z, et al. Subcritical ethanol extraction of lipid from wet microalgae paste of *Nannochloropsis* sp.[J]. Journal of Biobased Materials and Bioenergy, 2011, 5 (3) : 385-389.

[68] Young G, Nippgen F, Titterbrandt S, et al. Lipid extraction from biomass using co-solvent mixtures of ionic liquids and polar covalent molecules[J]. Separation & Purification Technology, 2010, 72 (1) : 118-121.

[69] Chen M, Liu T Z, Chen X L, et al. Subcritical co-solvents extraction of lipid from wet microalgae pastes of *Nannochloropsis* sp.[J]. European Journal of Lipid Science and Technology, 2012, 114 (2) : 205-212.

[70] Samori C, Torri C, Samori G, et al. Extraction of hydrocarbons from microalga *Botryococcus braunii* with switchable solvents[J]. Bioresource Technology, 2010, 101 (9) : 3274-3279.

[71] Tsarpali V, Harbi K, Dailianis S. Physiological response of the green microalgae *Dunaliella tertiolecta* against imidazolium ionic liquids bmim BF4 and/or omim BF4: The role of salinity on the observed effects[J]. Journal of Applied Phycology, 2016, 28 (2) : 979-990.

[72] Chen L, Liu T, Zhang W, et al. Biodiesel production from algae oil high in free fatty acids by two-step catalytic conversion[J]. Bioresource Technology, 2012, 111: 208-214.

[73] 王广欣, 颜诛丽, 周重文, 等. 用于生物柴油的钙镁催化剂的制备及其活性评价[J]. 中国油脂, 2005, 30 (10) : 67-69.

[74] Kusdiana D, Saka S. Effects of water on biodiesel fuel production by supercritical methanol treatment[J]. Bioresource Technology, 2004, 91 (3) : 289-295.

第二篇
生物能源应用

第 5 章

油脂基生物燃油

随着社会经济的飞速发展，我国已成为世界上最大的能源生产国和消费国。伴随着能源的产生和消耗，气候变化、环境污染等新的问题摆在我们面前。为了解决这些问题，同时应对世界能源格局调整和全球性气候变化等新形势的挑战，国家发展和改革委员会制订了《能源技术革命创新行动计划（2016—2030 年）》作为新时期的能源发展路线。其中，生物质能利用技术作为促进 CO_2 减排的低碳能源技术之一，成为我国能源战略需求的重要组成部分，而最新提出的"双碳"目标更是将包括生物质能在内的可再生能源推上了技术创新和发展的快车道，受到前所未有的关注。

生物质能是指由木质纤维素、动植物油脂、畜禽粪便等生物质资源经过一定的物理、化学或生物过程加工得到的可直接使用的能源，多以气态和液态燃料为主，具体包括生物天然气、生物甲醇、生物乙醇、生物汽油、生物柴油、生物航空煤油（简称生物航煤）等诸多产品，其中部分能源已经实现了产业化生产和应用。本章将介绍以动植物油脂为原料获得的生物燃油（生物柴油和生物航空煤油），着重介绍油脂基生物燃油种类及生产工艺，同时简要分析生物燃油的经济性和未来的发展趋势。

5.1 生物燃油概述

5.1.1 原料来源与组成

顾名思义，油脂基生物燃油的原料来源于各种富含油脂的天然或二次加工产生的资源，根据基本属性可以简单分为植物油脂和动物油脂两大类，如果按照具体来源和特征的不同，又可细分为以下四种：可食用植物油脂（edible oil）、非食用植物油脂（non-edible oil）、动物脂肪（animal fat）、其他油脂（other resources），其中前三种属于天然油脂。据不完全统计，能够作为原料的油脂资源接近 80 种，考虑到资源储量以及后续加工的技术经济性，约 40 种可以选择来生产生物燃油，如表 5.1 所示[1]。尽管种类繁多，但由于不同原料的产量差别较大，现阶段生物燃油的生产依然以可食用植物油脂原料为主。2021 年全球生物柴油的生产原料主要是大豆油，占比达 67%，其次是玉米油（占 14%）、菜籽油（占 13%）和动物脂肪（占 6%）[2]。此外，世界气候环境的多样性和经济发展的不均衡，不同国家的资源禀赋存在较大差异，也间接影响了对生物燃油原料的选择。例如，生物柴油产量最大的欧盟以菜籽油和废弃油脂为主要原料，美国、巴西和阿根廷等美洲国家以大豆油为主，印度尼西亚和马来西亚则以棕榈油为主。而我国，因受国家粮食战略的限制，正在大力发展以餐厨废油和小桐籽油等非食用油脂生产生物柴油的相关技术。

表 5.1　可利用的油脂原料种类[1]

油脂种类	示例
可食用植物油脂	大豆油、玉米油、花生油、菜籽油、葵花籽油、椰子油、棕榈油、大麻籽油、米糠油、芝麻油、南瓜籽油、橄榄油、芥菜籽油、红花籽油、棉籽油
非食用植物油脂	蓖麻油、沙枣油、小桐籽油、苦树油、卡兰贾油、亚麻籽油、麻籽油、辣木籽油、苦楝油、橡胶油、烟草籽油、桐树油、苦杏仁油
动物脂肪	牛油、鸡油、鱼油、猪油、羊油
其他油脂	微藻油、餐厨废油、油渣、皂脚、妥尔油

　　油脂的主要成分是甘油三酯(约98%)，也称三羧酸甘油酯，是脂肪酸和甘油分子在生物体内经过酯化反应形成的。由于天然油脂的来源和形成环境不同，甘油三酯的组成和分子结构存在较大差异，最终影响生物燃油的性质，而归根结底是脂肪酸的分子组成和结构的不同引起的，它们是脂类的关键成分，许多脂类的物理特性取决于脂肪酸的分子结构。天然脂肪酸的生物合成途径是以两个碳原子为单元进行链的构建和延长的，因此绝大多数是含偶数碳的直链型，极少数是含有支链或奇数碳的，其中最常见的有15种(表5.2)[3]。

表 5.2　油脂分子中所含脂肪酸链的主要结构[3]

常用名称	专业名称	缩写*	分子式	分子结构
羊脂酸 caprylic acid	正辛酸 octanoic acid	C8:0	$C_8H_{16}O_2$	
羊蜡酸 capric acid	正癸酸 decanoic acid	C10:0	$C_{10}H_{20}O_2$	
月桂酸 lauric acid	正十二烷酸 dodecanoic acid	C12:0	$C_{12}H_{24}O_2$	
肉豆蔻酸 myristic acid	正十四烷酸 tetradecanoic acid	C14:0	$C_{14}H_{28}O_2$	
肉豆蔻油酸 myristoleic acid	顺-9-十四碳烯酸 cis-9-tetradecenoic acid	C14:1	$C_{14}H_{26}O_2$	
棕榈酸 palmitic acid	正十六烷酸 hexadecanoic acid	C16:0	$C_{16}H_{32}O_2$	
棕榈油酸 palmitoleic acid	顺-9-十六碳烯酸 cis-9-hexadecenoic acid	C16:1	$C_{16}H_{30}O_2$	
硬脂酸 stearic acid	正十八烷酸 octadecanoic acid	C18:0	$C_{18}H_{36}O_2$	

续表

常用名称	专业名称	缩写*	分子式	分子结构
油酸 oleic acid	顺-9-十八碳烯酸 cis-9-octadecenoic acid	C18:1	$C_{18}H_{34}O_2$	
亚油酸 linoleic acid	顺-9,12-十八碳二烯酸 cis-9,12-octadecadienoic acid	C18:2	$C_{18}H_{32}O_2$	
亚麻酸 linolenic acid	顺-9,12,15-十八碳三烯酸 cis-9,12,15-octadecatrienoic acid	C18:3	$C_{18}H_{30}O_2$	
花生酸 arachidic acid	正二十烷酸 eicosanoic acid	C20:0	$C_{20}H_{40}O_2$	
花生油酸 gondoic acid	顺-11-二十碳烯酸 cis-11-eicosenoic acid	C20:1	$C_{20}H_{38}O_2$	
山萮酸 behenic acid	正二十二烷酸 docosanoic acid	C22:0	$C_{22}H_{44}O_2$	
芥酸 erucic acid	顺-13-二十二碳烯酸 cis-13-docosenoic acid	C22:1	$C_{22}H_{42}O_2$	

* 冒号前后的数值分别代表脂肪酸链所含的碳数(carbon number)和双键数(double bond number)。

脂肪酸结构的差异主要体现在四个方面：①碳链长度（即碳数）。天然油脂是由不同碳链长度的脂肪酸甘油酯分子组成的混合物，特定长度的脂肪酸在不同油脂原料中的含量均不相同。②碳碳双键的个数。脂肪酸分子中不含双键的称为饱和脂肪酸，如棕榈酸、硬脂酸；含有双键的称为不饱和脂肪酸，如棕榈油酸、油酸，这些只含一个双键的被称为单不饱和脂肪酸，而含有两个及以上双键的则称为多不饱和脂肪酸，如亚油酸、亚麻酸。③碳碳双键的位置。我们熟悉的 ω-3 和 ω-6 系列脂肪酸即是以双键的位置命名的。④顺反异构。由于双键的存在，脂肪酸存在顺反异构体，但天然油脂中以顺式脂肪酸为主，反式脂肪酸通常在加工过程中形成。这些结构特征的变化均会对甘油三酯的性质产生较大影响。通常情况下，甘油三酯的熔点和沸点随着脂肪酸链的增长而升高。含不饱和脂肪酸链的熔点低于含饱和脂肪酸链的，且双键越多，熔点越低，但氧化安定性越差。对于单不饱和脂肪酸酯，双键位置越靠近中间的，熔点越低。具有顺式结构的脂肪酸熔点较低，因为其弯曲的碳链不能进行规则的排列。此外，天然油脂中甘油三酯所含的三个脂肪酸链的结构往往并不一致，所以即使含有相同碳数和相似脂肪酸组成的油脂，也会表现出不同的物理和化学性质。

表 5.3 是上述脂肪酸结构在目前常用的油脂原料中的分布和相对含量[3,4]，其中棕榈酸、硬脂酸、油酸和亚油酸的含量最高，广泛分布在各种油脂原料中。和植物油相比，动物脂肪含有更多的饱和脂肪酸，因此凝点较高。尽管油脂的性质因所含脂肪酸种类和含量的不同存在较大差异，但它们的碳数主要分布在 12～22，集中在 16～18，和石化柴油具有相同的碳数分布和相似的直链结构。这也是除绿色可再生特性以外，人们选择生物油脂作为原料生产燃料油的另一个重要原因。

表 5.3　常见油脂原料中脂肪酸链的分布情况[3,4]

脂肪酸链	原料中的分布/%											
	大豆油	玉米油	花生油	菜籽油	葵花籽油	椰子油	棕榈油	橄榄油	米糠油	小桐籽油	蓖麻油*	牛油
C8:0	—	—	—	—	—	8.5	—	—	—	—	—	—
C10:0	—	—	—	—	—	6.1	—	—	—	—	—	—
C12:0	—	—	—	—	—	47.9	—	—	—	—	—	—
C14:0	—	—	—	—	—	18.5	—	—	—	0.5	1.4	—
C14:1	—	—	—	—	—	—	—	—	—	—	—	—
C16:0	12.1	11.5	8.8	3.4	6.6	8.4	39.8	5.0	19.1	14.6	1.0	24.3
C16:1	0.3	0.2	—	—	0.1	—	0.2	0.3	—	1.5	—	2.6
C18:0	3.5	1.9	2.1	1.1	3.1	1.7	5.3	1.6	2.6	7.4	1.9	18.2
C18:1	23.4	26.6	60.2	63.3	17.3	5.7	41.9	74.7	40.4	41.4	4.1	42.2
C18:2	54.2	58.7	21.3	22.0	73.3	1.4	11.5	17.6	36.1	35.4	3.5	4.4
C18:3	6.5	0.6	0.5	8.1	—	—	0.2	—	2.0	0.2	0.4	0.9
C20:0	—	0.3	1.1	—	—	—	—	—	—	0.3	0.3	0.2
C20:1	—	—	2.2	—	—	—	—	—	—	—	0.4	0.6
C22:0	—	—	2.7	—	—	—	—	—	—	—	—	0.1
C22:1	—	—	0.6	—	—	—	—	—	—	—	—	0.1

* 蓖麻油的主要成分是含有 1 个羟基的蓖麻油酸(C18:1-OH)。

5.1.2　生物燃油的发展现状

　　油脂基生物燃油是以油料作物、油料植物和微藻等水生植物油脂、动物油脂以及餐饮废油料等为原料制成的一种内燃机燃油,硫、氮、芳烃含量极低,燃烧后可以大大降低污染物和二氧化碳排放,在化石燃料过度消耗和大气环境日益恶化的今天被公认为理想的化石燃料替代品。与石油基液体燃料相似,油脂基生物燃油按照碳链长度或馏程的不同也可分为生物柴油和生物航空煤油两大类。鉴于自然界中的绝大多数油脂分子的脂肪酸链长度集中在 $C_{16} \sim C_{18}$,最接近柴油的分子组成;同时,世界范围内柴油的需求量远大于航空煤油,所以国内外现有的油脂加工和炼化企业均以生产生物柴油为主。

　　自 1983 年 Craham Quick 首次提出生物柴油的概念以来,其发展经历了三个阶段:①第一代生物柴油,以动植物油脂和甲醇为原料,在酸性/碱性催化剂作用下经过酯交换过程制备得到,主要成分是脂肪酸甲酯(fatty acid methyl esters, FAME);②第二代生物柴油,以动植物油脂或直接使用第一代生物柴油为原料,在加氢催化剂和氢气的作用下经过催化加氢脱氧过程制备得到,主要成分是加氢植物油(hydrotreated vegetable oil, HVO);③第三代生物柴油,以微藻油等非粮油脂为原料生产的脂肪酸甲酯或链烷烃。表 5.4 是第一、二代生物柴油和石化柴油主要性能对比[5]。第一代生物柴油含氧量高,热值相对较低，产品性能受原料来源的影响波动较大，且甲酯分子中较多的不饱和键使得其氧化安定性偏低[6]。相比之下，第二代生物柴油具有与石化柴油相近的组成和热值，硫、氮含量极低，不含氧，氧化安定性好，可以较大比例与石化柴油调和使用，又被称为"绿色"柴油。同时，其组分以链烷烃为主，使得十六烷值大幅提高，也可作为优良的十六烷值调节剂。和前两代相比，第三代生物柴油尽管在组成上没有变化，但拓展了原料的选择范围，可以在一定程度上缓解生物燃料与粮争地、与人争粮的问题，具有广阔的发展前景。

表 5.4　三类柴油的主要性能对比[5]

性能	石化柴油	第一代生物柴油	第二代生物柴油
含氧量/%	0	11	0
密度/(g/mL)	0.84	0.88	0.78
硫含量/ppm	<10	<1	<1
热值/(MJ/kg)	43	38	44
馏程/℃	200～350	340～355	265～320
十六烷值	～50	50～65	70～90
氧化安定性	好	一般	好

第一代生物柴油的生产工艺相对简单、技术成熟，是目前全球油脂基生物燃料的主要产品。根据 *Renewables 2021 Global Status Report* 公布的数据[7]，2020 年全球生物柴油产量为 468 亿 L，比 2019 年略有增长；其中，第一代生物柴油产量约 393 亿 L，占比约 84%，亚洲、欧洲和美国是主要产区。从各国产量来看，印度尼西亚(17%)、美国(14.4%)、巴西(13.7%)、德国(7.4%)、法国(5%)和荷兰(4.6%)是产量最多的国家。据统计，我国生物柴油产能规模约 27 亿 L，但受到原料供应的影响，实际产能约 14.5 亿 L。2020 年，欧盟从中国进口的生物柴油占总进口量的 31%，受到欧盟强劲需求的推动，未来我国生物柴油的产量将会持续上升。相比之下，第二代生物柴油需要通过加氢过程生产，成本高、技术难度大，目前主要产能集中在芬兰、荷兰、新加坡和美国等少数国家，总产量约为第一代生物柴油的 20%，但随着国际市场的迫切需求，产量也在逐年递增。第三代生物柴油普遍以富含油脂的藻类为原料，但由于现有藻类的培养、分离、提取等一系列工艺技术并不成熟，生产成本高、规模小，相关技术尚处在中试阶段。

生物航煤和第二代生物柴油有着相似的分子结构和组成，只是碳链长度较短，主要分布在 C_8～C_{16}，热值高、凝点低，全生命周期的 CO_2 减排幅度高达 80%。为了应对全球气候变暖，国际民用航空组织早在 2009 年就制定了航空业碳减排的具体目标，包括在 2020 年实现碳中性增长，2050 年 CO_2 排放量减少到 2005 年的一半。由于自身的减碳优势，生物航煤就顺理成章地成为航空企业完成这些宏伟目标的"金钥匙"。在市场的驱动下，生物航煤的生产技术得到快速发展，自 2009 年美国材料与试验协会(ASTM)首次认证生物航煤开始，已有 6 种技术路线先后通过 ASTM D7566 标准认证[8]，包括费托合成路线(FT-SPK)、油脂/脂肪酸加氢脱氧路线(HEFA)、糖发酵加氢路线(SIP)、轻质芳烃烷基化路线(SPK/A)、低碳醇路线(ATJ-SPK)和催化水热裂解路线(CHJ)。其中，油脂/脂肪酸加氢脱氧路线与第二代生物柴油生产技术本质上相同，只需对催化剂稍作调整即可同时生产生物柴油和生物航煤，因而是目前应用最为广泛的生产技术。

为了尽快将生物航煤投入使用，国内外已有数十家航空公司先后完成了商业试飞(表 5.5)[9]。据国际民用航空组织统计，2008~2018 年全球范围内已有超过 16.5 万架次的载人商业飞行采用添加了生物航煤的喷气燃料[10]，并呈现逐年递增的趋势。在消费量方面，全球可持续航空燃料(生物航煤)的消费量从 2016 年的 800 万 L 猛增至 2021 年的 1 亿 L，但仅占总需求量的 0.02%[11]，与实现 2050 年碳减排目标的需求量相差甚远，发展空间巨大。

表 5.5　国内外部分生物航煤商业试飞情况[9]

航空公司	机型	合作方	年份	原料来源	生物航煤/%
德国汉莎航空公司	A321	Neste Oil	2011	植物油	50
芬兰航空公司	A321	SkyNRG	2011	餐厨废油	50
墨西哥航空公司	B777	ASA	2011	小桐籽油	30
法国航空公司	A321	SkyNRG	2011	餐厨废油	50
美国联合航空公司	B737-800	Solazyme	2011	微藻油	40
泰国航空公司	B777-200	SkyNRG	2011	餐厨废油	50
智利航空公司	A320	SkyNRG	2012	餐厨废油	30
澳洲航空公司	A330	SkyNRG	2012	餐厨废油	50
加拿大航空公司	B777	SkyNRG	2012	餐厨废油	50
巴西戈尔航空公司	B737	Honeywell UOP	2014	玉米油/餐厨废油	50
挪威航空公司	B737-800	SkyNRG Nordic	2014	餐厨废油	50
中国东方航空公司	A320	Sinopec	2013	棕榈油	50
中国海南航空公司	B737-800	Sinopec	2015	餐厨废油	50

5.2　生物燃油生产工艺

5.2.1　第一代生物柴油

目前已知的第一代生物柴油生产方法包括直接混合法、热裂解法、微乳液法和酯交换法，其中酯交换法是应用最广泛、最经济可行的方法。甲醇成本最低、分离容易、反应速率最快，因此现有一代生物柴油产品以脂肪酸甲酯为主。该过程在 60~70℃和少量强碱性物质(甲醇钠或甲醇钾)存在下即可发生，理论上 1mol 甘油三酯可以获得 3mol 脂肪酸甲酯, 同时副产 1mol 甘油 (图 5.1)。酯交换反应是可逆反应, 存在平衡转化率, 但由于使用了 2～3 倍的过量的甲醇且脂肪酸甲酯和甲醇不相容, 通常在几小时的反应时间内就可以得到 99%以上的甲酯收率[12]。

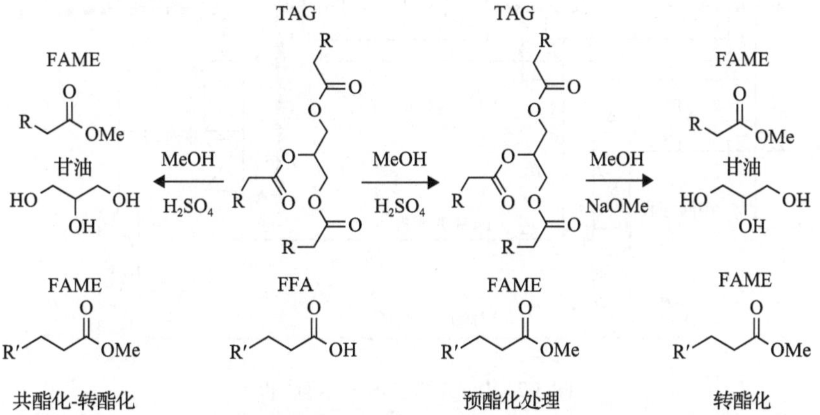

图 5.1 第一代生物柴油反应过程(R = C₁₄～C₁₆; R′ = C₁₃～C₁₅)[12]

图 5.1 第一代生物柴油反应过程$(R = C_{14} \sim C_{16}; R' = C_{13} \sim C_{15})$[12]

FAME：脂肪酸甲酯；TAG：甘油三酯；FFA：游离脂肪酸

尽管均相的碱性催化剂能够实现极高的酯交换率, 但也存在着一些问题。油脂原料可能含有游离脂肪酸。大多数新鲜植物油所含的游离脂肪酸量通常较低, 并不会影响酯交换反应, 但废弃油脂中的含量较多, 如餐厨废油的脂肪酸含量在 2%～7%, 废弃动物脂肪和屠宰场废料达到 5%～30%, 而一些腐坏严重的地沟油超过 50%。这些游离脂肪酸会快速和碱性催化剂发生皂化反应, 不仅影响了催化剂的性能, 形成的皂类物质还会使反应体系发生乳化, 导致甲酯产物的分离变得异常困难。因此, 实际生产中对酯交换的原料组成有严格的规定, 要求游离脂肪酸含量<0.5%[13], 普遍做法是在酯交换之前, 先经过一个预酯化过程, 使用硫酸作催化剂催化游离脂肪酸与甲醇反应生成脂肪酸甲酯, 以降低脂肪酸含量。此外, 在酯交换过程中还需要无水甲醇和催化剂, 以避免制备的烷基酯发生水解再次生成游离脂肪酸和相应的皂类物质。从原理上讲, 酸性和碱性物质均可以催化酯交换反应, 但碱催化时的酯交换反应速率比酸催化时快 3～4 个数量级, 且反应温度更低, 因此在实际生产中, 预酯化阶段使用酸性催化剂, 酯交换阶段使用碱性催化剂。

德国 Lurgi 公司的两段连续式醇解工艺是第一代生物柴油生产工艺的典型代表 (图 5.2)[14]。该工艺在 0.4～0.5MPa 和 70～80℃条件下进行, 原料在使用前需要进行脱水预处理, 对于高酸值原料, 需要将游离脂肪酸含量控制在 3%以内。原料、甲醇和催化剂甲醇钠在反应器 1 中进行酯交换反应, 之后进入反应器 2 中继续反应以提高脂肪酸甲酯的收率。粗产品经过水洗、真空干燥后得到高纯度的生物柴油；生成的水和甘油相以及过量的甲醇进入后续的分离系统进行纯化和回收。该工艺对原料适应性强, 可连续化生产, 在常压和较低的温度下即可实现>95%的油脂转化率。目前, 60%～70%的生物柴油工业化生产装置采用该工艺。相似的生产工艺还有英国 ADM 公司的催化蒸馏(catalytic distillation, CD)工艺、德国 Henkel 公司的 Henkel 工艺以及加拿大多伦多大学开发的

BIOX 工艺。

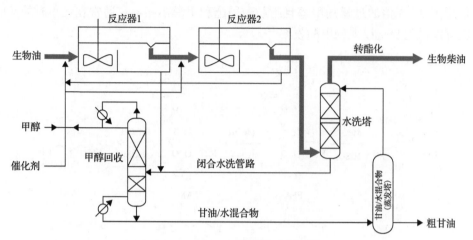

图 5.2 Lurgi 工艺流程示意图[14]

由法国石油研究院(IFP)开发，Axens 公司商业化推广的 Esterfip-H 工艺为世界上第一套采用固体碱催化剂连续化生产生物柴油的工艺(图 5.3)[15]。该工艺采用尖晶石类的混合金属氧化物作为碱性催化剂，因其催化效率低于均相的液体碱催化剂，使得酯交换的反应温度比均相反应高。生产过程同样采用两段式连续反应，以提高转化率和生物柴油收率。经过二次反应和分离纯化后，可以得到纯度>99%的生物柴油产品，油脂的转化率接近 100%。由于使用了新型的固体碱催化剂，该工艺几乎不发生皂化反应，废水、废渣排放少，同时副产 98%以上纯度的甘油。尽管如此，固体碱催化剂的催化活性和循环再生问题依然存在，有待进一步解决。首套工业化装置于 2005 年建于法国塞特港，生产规模 16 万 t/a。2007 年 9 月，澳大利亚 Mission 生物燃料公司宣布采用 Esterfip-H 工艺建设 25 万 t/a 的生产柴油装置。

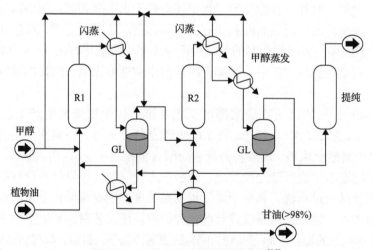

图 5.3 Esterfip-H 工艺流程示意图[15]

我国第一代生物柴油生产普遍采用较成熟的酸碱催化技术，即先通过均相酸催化进行预酯化，降低原料酸值，而后进行均相碱催化酯交换制取生物柴油。然而，在生产过程中发现，对于游离脂肪酸含量超过 15% 的废弃油脂原料，预酯化效率下降，需要增加甲醇的使用量或采取两段预酯化反应才能使酸值降至预期要求，导致原材料和操作成本增加。为此，研究人员尝试利用酯交换产生的粗甘油直接与原料进行预酯化，获得了良好的效果（图 5.4）。由于甘油的沸点远高于甲醇，酯化反应无需催化剂即可在高温下发生，甘油多羟基的特点使得酯化效率更高。在高温下，生成的水快速气化，进一步促进了酯化反应的进行，同时省去了甘油酯和水的分离工序。该工艺的研究在国内外均有报道[16-18]，但还存在一些问题（如甘油高温聚合）尚未解决，目前未实现工业化。我国四川省中明新能源科技有限公司计划采用该工艺建设 5 万 t/a 第一代生物柴油生产示范装置，前期已完成小试生产和技术评估，并于 2022 年 2 月对环境影响评价信息进行了第一次公示，预计两年内正式运行。

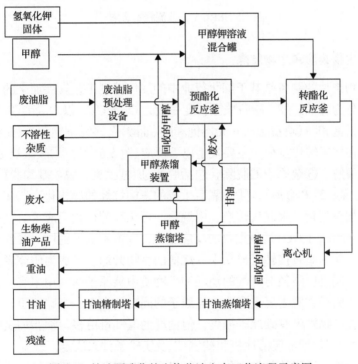

图 5.4　甘油预酯化的生物柴油生产工艺流程示意图

　　为了彻底解决均相酸碱催化剂对设备和环境带来的安全隐患，中国石油化工股份有限公司石油化工科学研究院（RIPP）开发了超近临界甲醇醇解工艺（SRCA 工艺，如图 5.5 所示）[19]，于 2009 年已经成功应用于中海油东方石化有限责任公司 6 万 t/a 生物柴油装置上。与传统工艺相比，该工艺在 6.5～8.5MPa 压力下实施，不使用催化剂，对原料适应性强，特别是高酸值油脂能够直接加工，不需要脱酸预处理；产品收率高，废渣排放不到传统工艺的 40%，废水不到 20%，废水中不含酸碱，处理成本低。然而，该工艺的操作条件苛刻，对设备要求高，存在一定的安全风险，所以目前产业化应用较少。

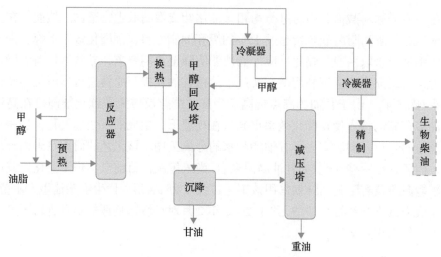

图 5.5   SRCA 工艺流程示意图[19]

5.2.2   第二代生物柴油和生物航煤

第二代生物柴油的制备是基于炼化行业中的加氢精制工艺发展而来的。由于动植物油脂的主要成分为甘油三酯，脂肪酸链长度一般为 $C_{12} \sim C_{24}$，以 C_{16} 和 C_{18} 居多，其中典型的脂肪酸包括饱和酸(硬脂酸)、一元不饱和酸(油酸)及多元不饱和酸(亚油酸、亚麻酸)，因此甘油三酯在加氢转化过程中主要发生以下反应(图 5.6)[20]：①碳碳双键的加氢饱和；②酯基的加氢裂解；③杂原子的脱除，包括脱氧(加氢脱氧、脱羧基和脱羰基)和脱除其他杂原子(硫、氮、磷和金属)；④脱氧后生成的正构烷烃的异构化；⑤多种副反应，包括脂肪酸链的加氢裂化、水煤气转换、甲烷化、环化和芳构化反应等。其中，加氢脱氧(hydrodeoxygenation, HDO)是最重要的反应过程，在饱和双键的同时脱除氧和其他可能存在的杂原子，使油脂直接转变成高十六烷值的生物柴油，已成为研究者关注的重点。在该过程中，不同反应路径对氢气的消耗和生物质中碳原子的利用率有着明显的不同：通过脱羧和脱羰路径在脱去反应底物中氧原子的同时会损失一个碳原子，通过加氢脱氧路径得到的烃类产物则没有碳原子损失，但消耗的氢气量更多。油脂加氢的路径选择主要由催化剂的类型(包括金属活性位和载体)以及实验条件来决定。

由于不同动植物油脂的化学成分相似、组成相对固定，现阶段针对脱氧过程的研究主要集中在脱氧催化剂的设计与开发上。目前，研究较多的加氢脱氧催化剂主要有以下四类[21-29]：过渡金属硫化物催化剂($CoMoS/\gamma\text{-}Al_2O_3$、$NiMoS/\gamma\text{-}Al_2O_3$)；贵金属催化剂($Pt/\gamma\text{-}Al_2O_3$、Pd/SBA-15)；过渡金属还原态催化剂(Co/SBA-15、Ni/ZrO_2)；磷化物、氮化物和碳化物等其他过渡金属催化剂(MoC/活性炭、$Ni_2P/Al\text{-}SBA\text{-}15$)。虽然这几类催化剂均可用于油脂加氢脱氧制取烷烃，但仍存在一些不足之处：负载型催化剂均存在氧化物载体水热稳定性差、表面易积碳等共性问题；硫化物催化剂使用时需要补硫；贵金属催化剂使用成本偏高，且对杂质敏感、易中毒；还原态催化剂因和氧化物载体之间的强相互作用使得活性组分很难充分利用。相比之下，硫化物催化剂因在氢气存在下表面

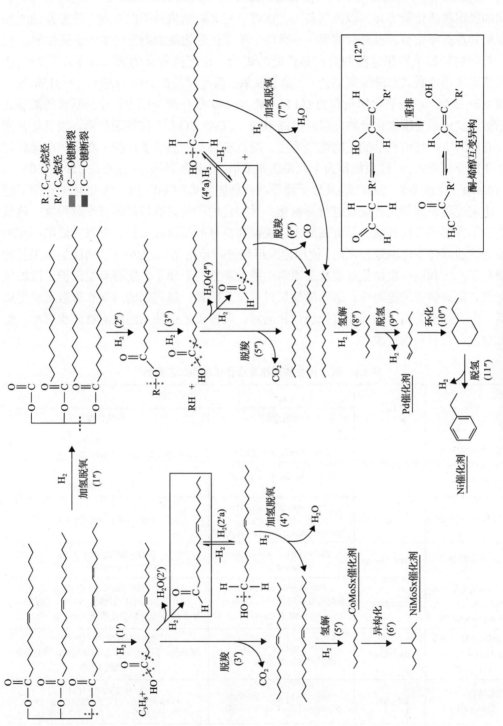

图5.6　甘油三酯催化加氢脱氧反应路线图[20]

容易产生阴离子空穴[即配位不饱和位(coordinatively unsaturated sites, CUSs)]，对含氧官能团的吸附和活化能力强，以及制备工艺成熟、对原料适应性强的特点，依然是油脂加氢脱氧的首选催化剂，也是目前唯一一类用于第二代生物柴油商业化生产的催化剂。

基于油脂加氢转化过程和对产品性能的要求，已经商业化的第二代生物柴油生产技术普遍采用串联式两段加氢工艺：①加氢脱氧，该过程是在 200~430℃、2~15MPa、空速 0.5~5.0h^{-1} 以及氧化铝负载的 Co-Mo 或 Ni-Mo 催化剂作用下，油脂所含的羧基或酯基被深度还原为碳氢化合物，同时生成 H_2O、CO_2、CO、丙烷等副产物。碳氢化合物以具有高的十六烷值长链的正构烷烃为主，凝点较高，低温流动性差，在高纬度地区环境下使用受到抑制，一般只能作为十六烷值调节剂。②临氢异构，该过程在 250~430℃、2~10MPa、空速 0.5~5.0h^{-1} 以及分子筛等酸性载体负载的 Pd、Pt、Ni 催化剂作用下进行，将前过程得到的正构烷烃进行异构化，异构化的产品具有较低的密度和黏度，热值更高，不含多环芳烃和硫，具有高的十六烷值和良好的低温流动性，可以在低温环境中与石化柴油以任意比例进行调配，使用范围得到进一步拓宽(表 5.6)[30]。两段加氢工艺的优势在于：①利用一段加氢过程脱除原料中绝大多数的杂原子，能够有效保护二段加氢催化剂，提高装置的稳定性；②两段加氢过程分工明确，催化剂的选择和参数调整更加灵活，生产效率更高；③当原料处理量相同时，两段工艺中使用的反应器体积更小，可以减少设备投资和维护成本。

表 5.6　第二代生物柴油商业化技术和工艺参数

企业	工艺	主要工艺参数	
		加氢脱氧	临氢异构
可再生能源集团 (Renewable Energy Group, Inc)	Bio-Synfining	290~379℃, 8~11MPa Mo/γ-Al$_2$O$_3$, NiMo/γ-Al$_2$O$_3$, CoMo/γ-Al$_2$O$_3$, NiW/γ-Al$_2$O$_3$	305~399℃, 7~14MPa 氧化铝、氟改性氧化铝、氧化硅、沸石、 ZSM-12、ZSM-21、SAPO-11、SAPO-31 等 负载的 Pt、Pd、Ni
英国石油公司(BP)	BP	250~430/200~410℃ 2~4/3~7MPa CoMo/γ-Al$_2$O$_3$, NiMo/γ-Al$_2$O$_3$	350~430℃, 10~20MPa
Cetane 能源公司	Cetane Energy	260~360℃, <4.8MPa Mo/γ-Al$_2$O$_3$	260~360℃, <4.8MPa Mo/γ-Al$_2$O$_3$
埃尼&霍尼韦尔环球 油品公司(Eni and Honeywell-UOP)	Ecofining	270~430℃, 3~5MPa 氧化铝负载的 NiMo、CoMo、 NiW 或 CoW	280~380℃, 3~5MPa 分子筛、硫酸化氧化物、SAPO、微介孔 复合硅-铝氧化物负载的 Pt、Pd、Ir、Ru、Re
托普索&芬欧汇川集 团(Haldor Topsøe and UPM)	HydroFlex	280~350℃, 4~10MPa Mo/γ-Al$_2$O$_3$, NiMo/γ-Al$_2$O$_3$	250~410℃, 5~10MPa 氧化铝、β 分子筛和硅-铝氧化物的混合载体 负载的 Ni-W
奈斯特石油公司 (Neste Oil)	NExBTL	280~345℃, 5~10MPa NiMo/γ-Al$_2$O$_3$, CoMo/γ-Al$_2$O$_3$	280~400℃, 3~10MPa Pt/SAPO-11/Al$_2$O$_3$, Pt/ZSM-22/Al$_2$O$_3$, Pt/ZSM-23/Al$_2$O$_3$, Pt/SAPO-11/SiO$_2$
埃克森斯(Axens)	Vegan	220~310℃, 1~4MPa NiMo/γ-Al$_2$O$_3$	320~420℃, 1~9MPa Pt-Pd/微介孔复合硅-铝氧化物

芬兰的 Neste 石油公司是目前世界上可再生柴油和喷气燃料最大的生产商，其独立开发的 NExBTL 技术能够将各种可再生油脂原料转化为高品质的可再生燃料和化学品。NExBTL 技术包括原料的预处理，生物燃料的加氢处理（加氢脱氧和异构化，分离和尾油循环等过程），如图 5.7 所示[31]。

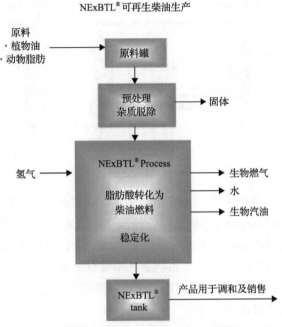

图 5.7　NExBTL 工艺流程示意图[31]

原料首先经过预处理，然后加入碳氢化合物稀释，稀释剂/新鲜原料的比例为（12～25）∶1。加氢处理工艺由一个或多个催化剂床层串联而成，原料（新鲜原料和循环尾油）、冷却液和氢气从第一催化剂床层顶部自上而下进入反应器。在使用硫化物催化剂的反应段，需要在进料中补充 0.2%～0.5%（质量分数）的有机硫或无机硫。加氢处理后油脂原料转化为链烷烃和丙烷、水、CO_2、CO、H_2S、NH_3 等气体产物，经分离后少部分链烷烃作为稀释剂循环至进料系统以防止或减少加氢过程中游离脂肪酸与大分子量化合物的副反应发生，其余链烷烃进入后续的异构化反应器进一步转化。最后，异构化产物经分离得到低凝点生物柴油、生物航煤和石脑油。

Neste 公司先后在芬兰波尔沃炼油厂建成 2 套可再生柴油装置，产能均为 19 万 t/a。2011 年 3 月，Neste 公司在新加坡投资建成投产 80 万 t/a 的生物柴油厂，以棕榈油和动物油脂为原料生产第二代生物柴油。2011 年 9 月，Neste 公司在荷兰鹿特丹投资建设的 80 万 t/a 装置投入运行，使得 NExBTL 可再生柴油的总生产能力达到近 200 万 t/a。日前，Neste 公司已与美国马拉松石油公司签署协议，将其现有炼油厂改造成具有 100 万 t/a 产能的第二代生物柴油生产厂，并计划在 2023 年底前达到 210 万 t/a 的生产能力。

由意大利 ENI 公司和美国 Honeywell-UOP 公司联合开发的 Ecofining 工艺是另一项代表性技术（图 5.8）[31]。该技术同样包括两段加氢过程：第一段是加氢脱氧，植物油或其

他油脂原料转化为 $C_{16}\sim C_{18}$ 的混合直链烷烃;第二段是临氢异构化,直链烷烃在催化剂作用下转化为低温性能更加优异的异构烷烃,同时产生部分液化石油气、石脑油和喷气燃料。该工艺原料适应性强,可以使用包括菜籽、大豆、棕榈、小桐籽、牛脂、猪油、餐厨废油和海藻油在内的多种油脂原料。

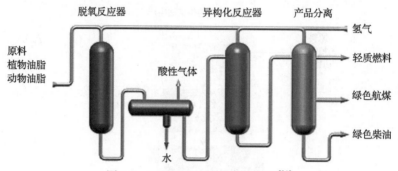

图 5.8 Ecofining 工艺流程示意图[31]

Ecofining 工艺已经在世界多个国家生物能源企业得到了推广和应用。2015 年,ENI 公司率先将位于 Porto Marghera 的炼油厂改造成生物质炼厂,利用该工艺实现了 50 万 t/a 的生物柴油产能。美国的 DGD(Diamond Green Diesel)公司是美国最大的生物柴油生产商,通过该工艺每年可以加工 50 万 t 动物脂肪和餐厨废油,生产出 40 万 t 生物柴油产品和 6.5 万 t 液化石油气和石脑油。目前第二套生产装置正在建设中,预计 2023 年建成后生物柴油产能将增加 1 倍以上。

国外其他技术与 NExTBTL 和 Ecofining 工艺过程类似,产品的组成和性能因使用的催化剂的不同略有差异,这里不再赘述。相比之下,国内第二代生物柴油技术起步较晚,2020 年之前仅有中国石化、中国石油和鹤壁三聚生物能源有限公司三家公司具有量产能力。中国石化和中国石油均采用的是两步法加氢脱氧技术,即生物质原料经预处理脱除磷、钠、钙、氯等杂质后,通过加氢脱氧得到长链烷烃,再经加氢改质使长链烷烃发生选择性裂化和异构化反应,生成异构烷烃,最终分馏得到第二代生物柴油产品。2009 年,中国石油与 UOP 公司开展合作并签署了合作谅解备忘录,对现有生物燃料技术进行验证,携手设计一种新的设备,使其利用中国生物原料生产第二代生物柴油和可再生航空燃料。2019 年 7 月,三聚环保鹤壁悬浮床加氢工业装置利用生物原料油,成功产出符合欧盟标准的第二代生物柴油产品,目前已经具备了工业化应用的条件,预计产能 10 万~12 万 t/a。

2020 年 7 月 30 日,中国科学院青岛生物能源与过程研究所与河北常青集团石家庄常佑生物能源有限公司联合开发了悬浮床-固定床连续式加氢生产第二代生物柴油的 ZKBH 工艺(图 5.9),并在常佑生物能源有限公司 20 万 t/a 规模工业化装置上实现生物柴油的连续化生产,试运行期间获得的 3 万 t 产品全部出口欧盟。这标志着该技术成为世界上第一个采用液态分子催化体系并成功实现商业化的第二代生物柴油量产技术。

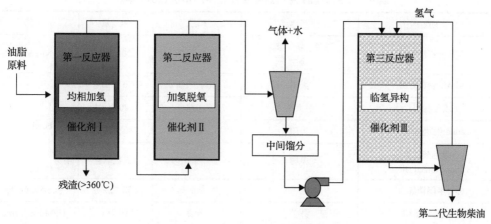

图 5.9　ZKBH 工艺流程示意图

废油原料（地沟油或棕榈酸化油）先进行机械杂质处理，预热后与液态催化剂和氢气混合，进入一段加氢反应器。在这个阶段，原料经加氢脱除胶质、氧、硫、氮和金属。所得的油、水和气体经分离后，将富氢气体净化后送入反应器循环使用，得到的油相产物直接送入二段精制反应器进一步处理。在该阶段，一段油相产物进行深度烯烃饱和，提高了产物的氧化稳定性和热值，同时进一步将杂原子含量降低到极低的水平。然后将精制产物经气-液分离，得到的油相产物在 260～350℃下进入蒸馏塔，得到馏分油作为第二代生物柴油产品。为了降低柴油凝点，同时获得生物航煤、石脑油等产品，可以进入三段反应器进行异构化和裂化处理。

悬浮床加氢具有原料适应性强的特点，可以满足所有油脂原料的要求，原料经过简单脱除机械杂质后即可使用。反应过程中，原料中的胶质可以有效脱除，省去了脱胶预处理环节。此外，油脂原料在该过程能够脱除 80% 以上的氧原子，生产的水会随着胶质一同分离除去，从而显著降低了后续固定床加氢催化剂的失活速率，而悬浮床加氢过程使用的催化剂为均相催化剂，通常一次性使用，不用考虑生成水的负面影响。相比于传统的固定床工艺，悬浮床-固定床组合工艺过程简单，原料适应性更强（特别是地沟油、酸化油等废弃油脂），催化剂平均寿命增加 30%～40%，非常适合第二代生物柴油的规模化生产。2021 年，常佑生物能源有限公司开始在河北沧州建设 100 万 t/a 的生产装置，投产后将一跃成为国内最大的第二代生物柴油生产商。

如前所述，目前已经公开报道并获得 ASTM 体系认证的生物航煤生产技术有 6 种，考虑到原料供应、操作成本、技术成熟度等诸多因素，连续式催化加氢工艺依然是生产油脂基生物航煤的首选。鉴于生物航煤的生产可以和第二代生物柴油同时进行，且工艺几乎相同，所以生物航煤可以被视为生物柴油的衍生产品，其组成和收率可以通过改变临氢异构阶段使用的催化剂的性能灵活调控。现有第二代生物柴油生产企业也是生物航煤的供应商，其生产情况如表 5.7 所示[32]。

表 5.7 生物柴油/生物航煤商业化生产情况(2017 年)[32]

企业	生产地点	产品	年产量	工艺
奈斯特石油公司	芬兰、新加坡、荷兰	柴油/航煤	200 万 t	NExBTL
AltAir 燃料公司	美国	航煤/柴油	4000 万加仑*	
埃尼集团	意大利	柴油/航煤	40 万 t	Ecofining
Emerald 生物燃料公司	美国	柴油	880 万加仑	
钻石绿色柴油公司（Diamond Green Diesel）	美国	柴油	1.6 亿加仑	
可再生能源集团	美国	柴油	4.52 亿加仑	Bio-Synfining
芬欧汇川集团	芬兰	柴油	10 万 t	UPM Bio Verno
Preem 公司	瑞典	柴油	1.6 亿 L	Hydroflex
SG Preston 公司	美国	航煤/柴油	1.2 亿加仑	Ecofining
Petrixo 石油天然气公司	阿联酋	航煤/柴油	50 万 t	—

*1 加仑=3.7854 升。

近年来，在航空运输业面临的碳减排压力的推动下，生物航煤生产技术正迅速地在世界范围内"开疆扩土"。荷兰 SkyNRG 公司和瑞典 Preem 公司分别于 2019 年和 2020 年宣布引进 Hydroflex 工艺生产可再生柴油和喷气燃料。2022 年初，中国东华能源股份有限公司宣布引进 Ecofining 工艺，在未来建设两套 50 万 t/a 生产装置，以餐厨废油和动物脂肪为主要原料生产生物航煤和石脑油，建成后将成为全球最大的以餐厨废油为原料的生物航煤生产装置。

5.2.3 第三代生物柴油

根据原料属性和来源的不同，研究者将以非食用且不占用土地资源的油脂资源为原料生产的柴油燃料定义为第三代生物柴油。发展此类生物柴油的根本目的是解决第一代和第二代生物柴油原料引发的"与人争粮、与粮争地"的问题。废弃油脂和微藻油是目前最切实可行的资源。

用于生产生物柴油的废弃油脂种类繁多，可分为三类：来自食品工业、非食品工业、家庭和餐馆的废弃油脂。从菜籽油、椰子油、大豆油、棕榈油和其他食用油中提取的废油可以用来生产生物柴油。这些废油在使用时需要经过额外的处理，以降低在高温下加工产生的酸和残留物。食品工厂生产的许多副产物也可以用于生产生物柴油。非食品工业生产的废塑料油、废轮胎油等可以通过热裂解工艺生产生物柴油。

微藻(microalgae)被视为未来最具潜力的生物柴油生产原料。首先，微藻的油脂含量普遍较高，尽管因培养条件的不同而有所差别，但大部分微藻的含油量在 30%～70%，通过优化种植条件，含油量能够提高到 80% 以上，远高于油料作物。其次，微藻养殖没有强制要求使用农药、除草剂等化学品。它们对二氧化碳有较高的耐受性，这有助于它们利用各种来源的二氧化碳。再者，它们可以在任何介质中生长，如沿海海水和咸水，消除了对生长条件的限制，降低了种植成本[33]。

　　在后续加工方面，废弃油脂原料通常无须特殊处理，根据产品需要按照第一、二代生物柴油或生物航煤的生产工艺进行加工即可。微藻作为油脂的储存介质无法直接酯交换或加氢处理，需要经过脱水、研磨、干燥、粉碎、筛分、萃取、沉降、过滤多个环节提取出微藻油，之后以其为原料进行后续的生产(图 5.10)[34]。

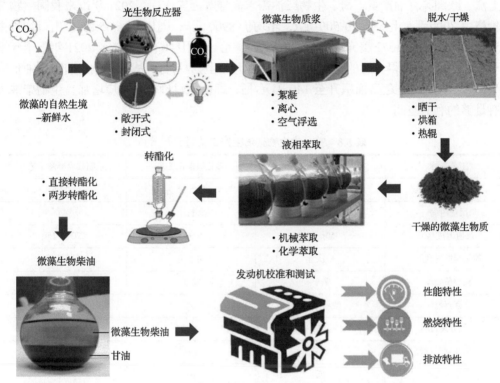

图 5.10　以微藻油为原料的第三代生物柴油生产过程[34]

5.2.4　经济性浅析

　　作为生物质能源的重要组成部分，油脂基生物燃油对于二氧化碳减排产生的积极作用毋庸置疑，但其能否大规模使用甚至是部分替代传统化石燃料，除了自身性能以外，还取决于自然条件、政策法规、产品经济性等诸多因素。目前，世界各国的油脂资源虽然受到自然条件的影响，但种类、分布和产量已经相对固定，短期内不会有较大改变；温室效应是需要全世界共同努力解决的难题，各国都出台了积极的、长效的刺激政策；因此，真正制约生物燃油应用的是经济性问题，这也是生产企业普遍关注的。

　　产品经济性主要受到原料成本、生产成本、国际油价三个方面的影响。如前所述，油脂原料种类繁多，但由于各国的资源差异，不同地区使用的均不相同。最具代表性的有菜籽油(欧盟)、大豆油(美国)、棕榈油(印度尼西亚和马来西亚)、餐厨废油(中国)。2021 年，各地区原料平均价格分别是菜籽油约 7600 元/t、大豆油约 4000 元/t、棕榈油约 6300 元/t、餐厨废油约 4500 元/t，单从原料价格来说，我国和美国更具优势。

表 5.8 是第一代生物柴油生产工艺对比[1,35,36]，均相碱催化工艺的操作成本主要集中在催化剂消耗、产品分离和废弃物处置；多相碱催化工艺的操作成本集中在公用工程；超临界醇解工艺因反应条件苛刻，设备投资的成本最高。经过测算，原料成本占总成本的 80%～87%[19]，生产规模和副产品甘油的纯度会对最终的产品成本造成一定的影响。按此计算，不同地区的第一代生物柴油的生产成本大致在 4600～8800 元/t。受到原油价格上涨、欧洲菜籽油产量下滑、生物柴油需求高增等因素作用，2021 年以来我国生物柴油价格由 7000 元/t 上涨至 10 500 元/t，年均价 8900 元/t，同比上涨 35.2%；出口均价由 1050 美元/t 上涨至 1572 美元/t，年均价 1340 美元/t，同比增长 29.0%。2021 年下半年平均利润 972 元/t。值得注意的是，受 2022 年 3 月俄罗斯-乌克兰战争影响，国际原油价格在半个月之内从 90 美元/桶飙升至 140 美元/桶，即使原料价格会相应增加，生物柴油依然有足够的利润空间。

表 5.8　第一代生物柴油生产工艺对比[1,35,36]

工艺指标	均相碱催化工艺	多相碱催化工艺	超临界醇解工艺
生物柴油收率/%	>95	85～95	>95
反应时间	短	长	短
反应温度/℃	50～90	55～150	200～250
催化剂重复利用	一次性	可重复	无催化剂
脱酸预处理	需要	需要	不需要
废弃物	酸-碱废水	无	无
产品分离过程	难	容易	容易
催化剂制备过程	容易	复杂	无
催化剂成本	低	高	无
副产物纯度	低	高	高
技术成熟度	工业化	中试	中试

第二代生物柴油的生产技术均采用两段式加氢工艺，流程相似，只是在催化剂性能和具体操作条件上存在差异，因此在设备投资、公用工程、维护和折旧等方面的成本差别不大，原料价格依然是决定性因素。由于反应在高温、高压下进行，产品成本会高于第一代生物柴油，普遍在 12 000～15 000 元/t。

和生物柴油类似，生物航煤的生产成本中 80%～85% 是原料成本，其他炼制过程和消耗只占 15% 左右。但不同的是，生物航煤的碳链较短，需要通过深度的裂化反应提高其收率，这将不可避免地伴生一定量的气体、石脑油和重组分产品，导致加工相同量的原料获得的生物航煤收率低于生物柴油收率。此外，现有生物航煤的产能较低，真正投入运行的生产装置更是凤毛麟角。例如，2019 年，全球商业航线全年的航空煤油用量超过 3 亿 t，但航空煤油的总产能只有约 20 万 t。因此，在原料成本居高不下以及供需矛盾日益突显的当下，生物航煤的价格一路走高。根据德国 Argus 公司的数据显示，2021 年底欧盟地区的生物航煤价格已经超过 3200 美元/t。

　　总体来看，油脂基生物燃油的价格主要由原料价格决定，而原料价格又受到当地气候、市场、生产商、政治环境以及地区安全的影响。近年来，在旺盛的市场需求的推动下，国内外相关企业不断增产扩能，但是否能够获得充足的原料保证生产装置的持续运行依然是悬而未决的问题。由于油脂原料在短期内仍然以可食用油脂为主，因此其价格会长期处在高位，这将为生产企业带来充足的利润空间，但高昂的价格也必将推动低成本原料生产技术的开发。

5.3　生物燃油的产业现状与发展趋势

5.3.1　机遇与挑战

　　为了应对因温室效应产生的全球性的气候变化问题，世界各国都制定出台了相关的法律性和政策性文件，积极推动生物燃油的生产和使用。美国《能源独立与安全法案》制定的可再生燃料标准为生物燃料公司的运营提供了可预测的框架，使美国成为全球生物燃料领先国家。欧盟自 2009 年先后制定多次重要政策，包括《可再生能源指令》(2009)、《生物柴油调和燃料 B20/B30 标准》(2015)、《可再生能源指令(第二版)》(2018)、修订的《可再生能源指令 RED Ⅱ》(2021)。针对欧盟的可再生能源政策，各成员国也制定了具体的要求(表 5.9)[37]。此外，其他的生物燃油生产大国也都制定了发展计划，如印度尼西亚于 2020 年启动的"B30 生物柴油计划"和马来西亚于 2020 年启动的"B20 生物柴油计划"等。

表 5.9　欧盟国家生物柴油强制混合比例情况[37]

国家	强制混合比例	国家	强制混合比例
德国	2020 年：6%	爱尔兰	2020 年：11%
英国	2020 年：9.75% 2032 年：12%	丹麦	2019 年：8%
法国	2020 年：8.2%	希腊	2020～2030 年：7%
荷兰	2020 年：16.4%	葡萄牙	2020～2030 年：10%
意大利	2020 年：9%	挪威	2020 年：20%
西班牙	2020 年：10%	比利时	2020 年：8.5%
捷克	2020 年：10%	瑞典	2020 年：21%
葡萄牙	2020 年：10%	斯洛伐克	2020 年：7.6% 2021 年：8% 2020～2030 年：8.2%
芬兰	2020 年：20%	匈牙利	2020～2030 年：6.4%
波兰	2020 年：8.5%		

我国为了加快推动生物燃料技术的发展也出台了许多政策，如 2020 年《中华人民共和国能源法(征求意见稿)》第四条，"国家调整和优化能源产业结构和消费结构，优先发展可再生能源，安全高效发展核电，提高非化石能源比重，推动化石能源的清洁高效利用和低碳化发展"。《能源法》再次提出"国家鼓励高效清洁开发利用能源资源，支持优先开发可再生能源"。2015 年 1 月，国家能源局发布《生物柴油产业发展政策》，提出"要构建适合我国资源特点，以废弃油脂为主，木(草)本非食用油料为辅的可持续原料供应体系"。2020 年 12 月，国务院新闻办公室发布的《新时代的中国能源发展》白皮书已明确提出"重点提升生物柴油产品品质，推进非粮生物液体燃料技术产业化发展"。

可以看出，在未来的能源结构中生物质能源将扮演重要角色，生物质能源的深入开发利用将会显现出显著的环境效益、社会效益和经济效益，具有良好的发展前景。正因如此，生物燃油迎来了前所未有的机遇期，相关的技术发展也是如火如荼。然而，挑战和机遇就像是一枚硬币的正反面，永远对立地存在，其中最大的挑战首先是原料来源。

目前生物燃油的原料以可食用植物油为主，大规模的种植势必要消耗大量的耕地，甚至砍伐森林、破坏重要的土壤资源。此外，可食用植物油价格普遍较高，这无疑影响了生物燃油的经济可行性。因此，可食用植物油作为生物柴油的潜在原料并不是一个长期的选择。缓解这些矛盾的一个可能的解决方法是用非食用油生产生物柴油。非食用作物可以在世界许多地方种植，特别是荒地和海洋，以降低森林砍伐率和食物竞争，但目前尚不成规模，短期内很难替代可食用植物油。废弃油脂和动物脂肪也被视为可行的原料，然而，由于来源普遍分散，物流和收集基础设施可能成为障碍。

在原料特性方面，含氧生物质原料与纯烃类的石油原料相比具有自身的特殊性，主要包括：①酸值高且酸化油本身有游离酸，对催化剂和设备腐蚀都很大；②含卵磷脂等植物胶，覆盖催化剂活性中心并导致床层淤塞压降；③输运过程腐蚀的铁离子加工时会沉积，使催化剂永久性中毒并导致反应器积灰；④餐厨废油氯离子含量普遍较高，其强腐蚀性对高压设备带来极大的安全隐患；⑤动植物油脂含灰分，对反应系统的堵塞和高温磨损严重。因此，第一代生物柴油生产过程中，在其主反应酯交换过程进行前，仅预处理工序最多达到 8 道，且连续性操作差、规模加工量小、"三废"大、污染严重。第二代生物柴油和航空煤油生产技术具有规模化效应、连续化生产和清洁化的特点，利用加氢工艺自身的优势，可以进行油脂原料的全组分加氢转化，但原料自身的杂质对反应过程的影响同样不能忽视。虽然通过对金属分散方式、金属-载体的结合方式、载体的自身物理化学性质的改进以及催化剂制备方法的革新，能够在一定程度上提升催化剂在油脂催化脱氧反应中的催化活性和稳定性，但由于上述生物燃料的特点，在大规模生产第二代生物柴油的工业化过程中，依然存在极大问题和巨大安全隐患，成为影响企业效益和悬在生产过程上的"达摩克利斯之剑"。

在催化剂方面，工业上生产第一代生物柴油常用均相的强酸、强碱类催化剂进行预酯化和酯交换，除了会产生难以处理的废水，还存在腐蚀设备的问题难以解决。第二代生物柴油生产时普遍使用硫化物催化剂，同样存在尚未解决的问题，具体包括：①载体的水热稳定性问题。为了提高金属活性组分的利用率，降低催化剂的生产成本，工业上使用的催化剂均为负载型，活性氧化铝是普遍使用的载体。由于油脂加氢脱氧过程会产生 10%左右的水，在高温高压下氧化铝载体极易和生成的水发生水合反应，使自身结构遭到破坏，长时间运行将导致催化剂颗粒粉化和活性组分流失。即使使用不含载体的非负载型催化剂也很难克服水的影响。目前商业化的油脂加氢脱氧工艺 90%以上是固定床工艺，催化剂均需要成型做成颗粒，而在成型时需要添加一定的黏结剂以提高金属活性组分的可塑性和颗粒整体的机械强度。最常用的黏结剂是氧化铝干胶，其在高温下极易被水刻蚀，长期运行将导致催化剂颗粒粉化、失活，无法使用。②活性组分的变化问题。Travert 等研究发现，在加氢脱氧过程中水分子会和 MoS_2 晶体边缘的硫原子发生 S—O 交换，减少了活性基团的数量，造成催化剂活性降低[38]。Wang 等的研究得到了相似结论[39]，并发现 MoS_2 转化为 MoO_3 后增强了催化剂表面布朗斯特(Brönsted)酸强度，导致产物中烯烃含量明显增加，进而形成大量积碳，使催化剂因活性中心被覆盖而失活。③活性组分对氢气的活化能力偏低。硫化物低温活化氢能力相对较弱，使其在催化油脂加氢脱氧时通常需要比 Pt、Ni 等金属态催化剂更高的反应温度和氢气压力。而高温高压的环境又会进一步加速 S—O 交换的发生和积碳的生成。尽管补充硫化剂可以使部分活性结构恢复，但无法阻止催化剂失活[40]。

5.3.2　生物燃油生产新工艺

针对上述诸多问题和挑战，世界各国的研究人员从新原料、新材料、新工艺等不同角度出发，对现有生产过程进行改进或开发全新的技术，以推动油脂基生物燃油生产技术朝着绿色、高效、环境友好、规模化的方向发展。

如何减少或者摒弃第一代生物柴油生产时使用的均相酸、碱催化剂是首要解决的问题。基于预酯化和酯交换的反应原理，大量的酸性和碱性无机金属氧化物被尝试使用，表现出良好的效果[41]。其中，酸性氧化物有各种分子筛材料、杂多酸和硫酸改性的氧化物等；碱性氧化物有碱金属和碱土金属氧化物、氢氧化物、水滑石材料等。此外，多种有机酸、有机碱、功能化离子液体和离子交换树脂均可作为替代的催化剂。

除了传统的化学催化剂和反应过程，酶催化是一类新的工艺，具有反应条件温和(25～50℃)、催化剂用量小、产品易收集等优点。脂肪酶可同时催化预酯化和酯交换反应，从而简化了生产过程。国内清华大学的刘德华教授课题组开发的酶法制备生物柴油新工艺具有广泛的油脂原料适用性，可以适用于高游离脂肪酸和水分的油脂原料，如地沟油、浦水油、棕榈油等[42]。这些低品质油脂原料不需经过任何预处理就可被有效转化成生物柴油，油脂原料中的有效油脂到生物柴油的转化率高达 98%以上，年产量达 2 万 t。2019 年，分别与巴西和马来西亚相关单位签署合作协议，推进该技术在当地的推广应用。

对于油脂的加氢转化过程，研究者尝试将石化柴油和生物油脂进行共炼(也称混炼，如表 5.10 所示)[43-48]。共炼过程既可以通过调节油脂原料的占比来控制混合原料中杂原子的浓度以减少生成的水和氯化氢等对催化剂和设备的影响，还可以缓解油脂原料供应不足的问题；同时，石化柴油可以充当补硫剂以维持硫化态催化剂的活性稳定性。研究发现，在油脂原料中添加 10%(质量分数)高硫含量的直馏柴油，即可使催化剂长时间保持硫化状态而不失活，比额外添加硫化剂更加经济可行[49,50]。

表 5.10　生物油脂与石化柴油共炼研究[43-48]

柴油原料	油脂原料	油脂比例	催化剂	反应条件 $T/℃$, P_{H_2} /MPa
脱硫柴油	棉籽油	10wt%	CoMo/Al$_2$O$_3$	305～345, 3.0
常压柴油	菜籽油	6.5vol%	NiW/NaY, NiW/TiO$_2$ NiMo/Al$_2$O$_3$	360～380, 3.5～5.5
轻质柴油	菜籽油	15, 25vol%	NiMo/γ-Al$_2$O$_3$	350, 4.5
重质柴油	葵花籽油	5～100wt%	NiMo/γ-Al$_2$O$_3$	300～380, 6～8
直馏柴油	葵花籽油	20wt%	NiMo/γ-Al$_2$O$_3$ BEA/Al$_2$O$_3$	320～350, 3～6
直馏柴油	大豆油	25～100wt%	NiW/SiO$_2$-Al$_2$O$_3$, NiMo/Al$_2$O$_3$	340～380, 5.0
常压柴油	牛油	6.5vol%	NiMo/Al$_2$O$_3$	380, 5.5
柴油	小桐籽油	5～10wt%	NiW/SiO$_2$-Al$_2$O$_3$, NiMo/Al$_2$O$_3$, CoMo/Al$_2$O$_3$	340～380, 5.0
重质柴油	餐厨废油	10～30wt%	NiMo/Al$_2$O$_3$	310～350, 8.2
柴油	棕榈油	5～10wt%	NiMo/Al$_2$O$_3$	310～350, 3.3
常压柴油	餐厨废油	10～30wt%	Co (Ni) Mo/Al$_2$O$_3$	330～370, 5.5
直馏柴油	葵花籽油	5～15wt%	Co (Ni) MoP/Al$_2$O$_3$	320～380, 4.0

注：wt%表示质量分数；vol%表示体积分数。

巴西 Petrobras 公司是第一个完成柴油-植物油共炼生产柴油燃料的企业,其独立开发的 H-BIO 工艺表现出极高的原料利用率,柴油收率＞95%,除了少量丙烷,几乎不产生其他副产物。通过共炼得到的产品有利于提高炼油厂柴油质量,特别是提高了十六烷值,降低了硫含量和密度。柴油质量的改善程度可以通过 H-BIO 过程中植物油的相对含量灵活调控。2008 年底,巴西国内有 5 家炼油厂使用 H-BIO 工艺,消耗大豆油 4.25 亿 L/a,使巴西的柴油进口量下降了 25%[15]。此外,丹麦 Haldor Topsøe 公司以粗柴油和菜籽油的混合物为原料(体积比：3∶1),利用独立开发的 HydroFlex 工艺进行了中试规模的示范,并针对混合原料的特殊性开发了相应的催化剂和级配技术。该工艺已用于美国北达科他州的 Tesoro 炼油厂,用于生产含 5%油脂基柴油的产品[51]。

5.3.3　发展趋势

生物燃油产量会继续增加。生物油脂是自然界中最接近化石燃料组成的可再生资源,分布广、产量大,被公认为化石资源的理想替代品。经过四十年的发展,油脂基燃油的种类和生产技术得到了丰富和提升,从最初的脂肪酸甲酯柴油到烃类柴油和航空煤油,从酯交换技术到加氢技术再到生物技术。伴随着技术的进步和环保意识的增强,油脂基燃油的产量和消费量也在逐年递增。受到新冠疫情的影响,部分国家和地区出现产能下降的现象,但近几年来总体保持上升趋势,在温室气体减排的压力下,这种趋势将继续保持。欧盟会进一步扩大产能和进口量,以缓和供需矛盾;我国的龙岩卓越新能源股份有限公司、河北金谷再生资源开发有限公司、浙江嘉澳环保科技股份有限公司等生物柴油龙头企业也在蓄势待发,预计到 2024 年底,我国生物柴油总产能将达到 350 万 t。

生物燃油需求量会继续攀升。脂肪酸甲酯类生物柴油生产工艺简单,目前占主导地位,特别是在欧盟和东南亚地区,短期内很难改变,但随着在建的加氢装置的投产运行,第二代生物柴油的占比将会进一步提升。航空燃料是航空运输业唯一的动力来源,短期内无法被其他能源替代,随着国际航空碳抵消和减排计划的实施,生物航煤产业将进入快速发展阶段。

油脂原料会进一步扩展。可食用油脂原料的使用量将会逐渐被压缩,以餐厨废油、酸化油等废弃油脂和小桐籽油为代表的非食用油脂原料的消费量会增加。棕榈油及其衍生物虽然属于可食用油脂,但因其单位种植面积的产油率远高于其他油料作物,一直是东南亚地区主要的生物燃油原料。尽管近年来因原始森林砍伐问题受到欧盟的限制,但长远来看必然会成为最主要的油脂原料之一。微藻油和富含油脂的昆虫(如黑水虻)作为非常规油脂原料已经受到强烈的关注,在少数国家和地区也已初具规模,在不久的将来第三代生物柴油会取得实质性的进展。

油脂加工技术需要持续发展。受到政治、经济、资源、环境、人口等诸多因素的影响,油脂基生物燃油相关技术的发展存在明显的地域性,高新技术主要集中在欧美发达国家,很多欠发达国家和地区依然在使用落后的生产技术。我国是发展中国家,人口众多,能源结构以化石资源为主,面临着巨大的减碳压力。然而,国内生物柴油发展尚处于起步阶段,2020 年第一代生物柴油产量仅占世界总产量的 3.1%,而第二代生物柴油和生物航煤的单套生产装置在 10 万 t/a 规模以上的几乎没有,根本无法满足我国实现"双碳"目标的要求,且现有生产技术相对落后。得益于欧洲市场旺盛的需求,生物燃油产品具有一定的利润空间,但随着产量的增加,国内原料价格上涨,这种利润将不复存在。因此,针对现有技术存在的诸多问题,亟需开发更加高效的原料预处理工艺和催化剂制备技术,如具有高水热稳定性的载体材料和非硫化态加氢脱氧催化剂,提高原料利用率和生产过程的稳定性。同时,大力发展绿色、低成本生产技术,拓展下游产品的种类,特别是附加值化学品,以促进生物燃油企业持续、健康、稳定地发展。

参 考 文 献

[1] Avhad M R, Marchetti J M. A review on recent advancement in catalytic materials for biodiesel production[J]. Renewable and Sustainable Energy Reviews, 2015, 50: 696-718.

[2] 郑晨. 2021 年全球生物柴油市场供给现状与竞争格局分析[EB/OL]. (2021-09-16) [2022-03-15]. https://www.qianzhan.com/analyst/detail/220/210916- c8aace2e.html.

[3] Hoekman S K, Broch A, Robbins C, et al. Review of biodiesel composition, properties, and specifications[J]. Renewable and Sustainable Energy Reviews, 2012, 16: 143-169.

[4] Sajjadi B, Raman A A A, Arandiyan H. A comprehensive review on properties of edible and non-edible vegetable oil-based biodiesel: Composition, specifications and prediction models[J]. Renewable and Sustainable Energy Reviews, 2016, 63: 62-92.

[5] 毕艳兰. 油脂化学[M]. 北京: 化学工业出版社, 2005: 235-249.

[6] Furimsky E. Catalytic hydrodeoxygenation[J]. Applied Catalysis, 2000, 199 (2): 147-190.

[7] Renewable energy policy network 21. Renewables 2021 Global Status Report[R]. Paris: REN21, 2021.

[8] 雪晶, 侯丹, 王旻烜, 等. 世界生物质能产业与技术发展现状及趋势研究[J]. 石油科技论坛, 2020, 39 (3): 25-35.

[9] Wei H, Liu W, Chen X, et al. Renewable bio-jet fuel production for aviation: A review[J]. Fuel, 2019, 254: 115599.

[10] International Air Transport Association. Annual Review 2019[R]. Boston: IATA, 2019.

[11] International Air Transport Association. Annual Review 2021[R]. Boston: IATA, 2021.

[12] Huber G W, Iborra S, Corma A. Synthesis of transportation fuels from biomass: Chemistry, catalysts, and engineering[J]. Chemical Reviews, 2006, 106(9): 4044-4098.

[13] Lotero E, Liu Y, Lopez D E, et al. Synthesis of biodiesel via acid catalysis[J]. Industrial & Engineering Chemistry Research, 2005, 44(14): 5353-5363.

[14] Luna D, Calero J, Sancho E D, et al. Technological challenges for the production of biodiesel in arid lands[J]. Journal of Arid Environments, 2014, 102: 127-138.

[15] Bart J C J, Palmeri N, Cavallaro S. Biodiesel Science and Technology: From Soil to Oil[M]. Cambridge: Woodhead Publishing Limited and CRC Press LLC, 2010: 713-782.

[16] Islam A, Masoumi H R F, Teo S H, et al. Glycerolysis palm fatty acid distillate for biodiesel feedstock under different reactor conditions[J]. Fuel, 2016, 174: 133-139.

[17] Tu Q, Lu M, Knothe G. Glycerolysis with crude glycerin as an alternative pretreatment for biodiesel production from grease trap waste: Parametric study and energy analysis[J]. Journal of Cleaner Production, 2017, 162: 504-511.

[18] 宿颜彬, 夏凡, 解庆龙, 等. 废弃油脂甘油酯化降酸过程中的甘油聚合研究[J]. 中国油脂, 2018, 43(9): 53-61.

[19] 鹿清华, 朱青, 何祚云. 国内外生物柴油生产技术及成本分析研究[J]. 当代石油石化, 2011, (5): 8-14.

[20] Kim S K, Han J Y, Lee H S, et al. Production of renewable diesel via catalytic deoxygenation of natural triglycerides: Comprehensive understanding of reaction intermediates and hydrocarbons[J]. Applied Energy, 2014, 116: 199-205.

[21] Veriansyah B, Han J Y, Kim S K, et al. Production of renewable diesel by hydroprocessing of soybean oil: Effect of catalysts[J]. Fuel, 2012, 94: 578-585.

[22] Šimáček P, Kubička D, Šebor G, et al. Fuel properties of hydroprocessed rapeseed oil[J]. Fuel, 2010, 89: 611-615.

[23] Romero Y, Richard F, Bruent S. Hydrodeoxygenation of 2-ethylphenol as a model compound of bio-crude over sulfided Mo-based catalysts: Promoting effect and reaction mechanism[J]. Applied Catalysis B: Environmental, 2010, 98(3-4): 213-223.

[24] Duan J, Han J, Sun H, et al. Diesel-like hydrocarbons obtained by direct hydrodeoxygenation of sunflower oil over Pd/Al-SBA-15 catalysts[J]. Catalysis Communications, 2012, 17: 76-80.

[25] Snåre M, Kubicková I, Mäki-Arvela P, et al. Heterogeneous catalytic deoxygenation of stearic acid for production of biodiesel[J]. Industrial & Engineering Chemistry Research, 2006, 45(16): 5708-5715.

[26] Ochoa-Hernández C, Yang Y, Pizarro P, et al. Hydrocarbons production through hydrotreating of methyl esters over Ni and Co supported on SBA-15 and Al-SBA-15[J]. Catalysis Today, 2013, 210: 81-88.

[27] Peng B, Yao Y, Zhao C, et al. Towards quantitative conversion of microalgae oil to diesel-range alkanes with bifunctional catalysts[J]. Angewandte Chemie International Edition, 2012, 51(9): 2072-2075.

[28] Han J, Duan J, Chen P, et al. Carbon-supported molybdenum carbide catalysts for the conversion of vegetable oils[J]. ChemSusChem, 2012, 5(4): 727-733.

[29] Chen J, Shi H, Li L, et al. Deoxygenation of methyl laurate as a model compound to hydrocarbons on transition metal phosphide catalysts[J]. Applied Catalysis B: Environmental, 2014, 144: 870-884.

[30] Zhang B, Wu J, Yang C, et al. Recent developments in commercial processes for refining bio-feedstocks to renewable diesel[J]. Bioenergy Research, 2018, 11(3): 689-702.

[31] Amin A. Review of diesel production from renewable resources: Catalysis, process kinetics and technologies[J]. Ain Shams Engineering Journal, 2019, 10(4): 821-839.

[32] Vásquez M C, Silva E E, Castillo E F. Hydrotreatment of vegetable oils: A review of the technologies and its developments for jet biofuel production[J]. Biomass & Bioenergy, 2017, 105: 197-206.

[33] Priyadarshani I, Rath B. Commercial and industrial applications of micro algae: A review[J]. Journal of Algae Biomass Utilization, 2012, 3(4): 89-100.

[34] Jacob A, Ashok B, Alagumalai A, et al. Critical review on third generation micro algae biodiesel production and its feasibility as future bioenergy for IC engine applications[J]. Energy Conversion and Management, 2021, 228: 113655.

[35] Adewale P, Dumont M, Ngadi M. Recent trends of biodiesel production from animal fat wastes and associated production techniques[J]. Renewable and Sustainable Energy Reviews, 2015, 45: 574-588.

[36] Guldhe A, Singh B, Mutanda T, et al. Advances in synthesis of biodiesel via enzyme catalysis: Novel and sustainable approaches[J]. Renewable and Sustainable Energy Reviews, 2015, 41: 1447-1464.

[37] 郑晨. 十张图带你看 2021 年欧盟生物柴油市场发展现状[EB/OL]. (2021-09-18) [2022-03-15]. https://www.qianzhan.com/analyst/detail/220/210918-dcb376f0.html.

[38] Badawi M, Paul J F, Cristol S, et al. Effects of water on the stability of Mo and CoMo hydrodeoxygenation catalysts: A combined experimental and DFT study[J]. Journal of Catalysis, 2011, 282(1): 155-164.

[39] Wang H, Li G, Rogers K, et al. Hydrotreating of waste cooking oil over supported CoMoS catalyst-Catalyst deactivation mechanism study[J]. Molecular Catalysis, 2017, 443: 228-240.

[40] Şenol O İ, Viljava T R, Krause A O I. Effect of sulphiding agents on the hydrodeoxygenation of aliphatic esters on sulphided catalysts[J]. Applied Catalysis A: General, 2007, 326(2): 236-244.

[41] Wilson K, Lee A F. Rational design of heterogeneous catalysts for biodiesel synthesis[J]. Catalysis Science & Technology, 2012, 2(5): 884-897.

[42] 启迪清洁能源. 酶法制备生物柴油技术[EB/OL]. (2023-02-03). http://www.tusenergy.com/About.aspx?ClassID=126.

[43] Al-Sabawi M, Chen J. Hydroprocessing of biomass-derived oils and their blends with petroleum feedstocks: A review[J]. Energy & Fuels, 2012, 26(9): 5373-5399.

[44] Kumar R, Rana B S, Tiwari R, et al. Hydroprocessing of jatropha oil and its mixtures with gas oil[J]. Green Chemistry, 2010, 12(12): 2232-2239.

[45] Bezergianni S, Dimitriadis A. Temperature effect on co-hydroprocessing of heavy gas oil-waste cooking oil mixtures for hybrid diesel production[J]. Fuel, 2013, 103: 579-584.

[46] Vonortas A, Kubička D, Papayannakos N. Catalytic co-hydroprocessing of gasoil-palm oil/AVO mixtures over a NiMo/γ-Al$_2$O$_3$ catalyst[J]. Fuel, 2014, 116: 49-55.

[47] Bezergianni S, Dimitriadis A, Meletidis G. Effectiveness of CoMo and NiMo catalysts on co-hydroprocessing of heavy atmospheric gas oil-waste cooking oil mixtures[J]. Fuel, 2014, 125: 129-136.

[48] Varakin A N, Salnikov V A, Nikulshina M S, et al. Beneficial role of carbon in Co(Ni)MoS catalysts supported on carbon-coated alumina for co-hydrotreating of sunflower oil with straight-run gas oil[J]. Catalysis Today, 2018, 292: 110-120.

[49] Tóth C, Sági D, Hancsók J. Straight run gas oil as sulphur compound to preserve the sulphide state of the hydroprocessing catalyst of triglycerides[J]. Journal of Cleaner Production, 2016, 111: 42-50.

[50] 翟西平, 殷长龙, 刘晨光. 油脂加氢制备第二代生物柴油的研究进展[J]. 石油化工, 2011, 40(12): 1364-1369.

[51] Kotrba R. North Dakota oil refinery plans to co-process renewable diesel[EB/OL]. (2017-06-29) [2022-03-15]. http://www.biodieselmagazine.com/articles/2516083/north-dakota-oil-refinery-plans-to-co-process-renewable-diesel.

第 6 章
生物天然气

　　生物天然气是以农作物秸秆、畜禽粪污、餐厨垃圾、农副产品加工废水等各类城乡有机废弃物为原料，经厌氧发酵和净化提纯产生的绿色、低碳、清洁、可再生的天然气，同时厌氧发酵过程中产生的沼渣沼液可生产有机肥。

　　生物天然气(沼气)主要从三方面对我国的发展发挥有益效益：其一，大量的农业秸秆、畜禽粪污、厨余垃圾等生物质废弃物被无害化利用，有效减少农业面源污染和大气污染，推动美丽乡村建设，为乡村居民提供更宜居、更优美的生产生活环境；其二，生物天然气替代农村散煤和石化天然气，可以有效弥补我国天然气缺口，其可以直接利用现有能源基础设施并入管网、注入加气站或热电联供，可以为我国农村能源革命发挥巨大作用；其三，生物天然气副产的有机肥，可以改良土壤、减施化肥农药、使农业提质增效，对构建农业循环经济具有重要意义。尤其在"双碳"时代背景下，生物天然气作为目前成熟的全生命周期负碳排放能源，可以有力推动我国实现碳中和的进程。因而，发展生物天然气对我国高质量、可持续发展意义重大。

　　本章将从生物天然气过程的发展历史、基本原理、关键技术、生物天然气工程装备与应用、生物天然气技术前沿和发展前景等方面对生物天然气这一典型生物能源进行介绍。

6.1　生物天然气的发展历史

　　生物天然气在《2015 年农村沼气工程转型升级工作方案》中被首次提出，生物天然气工程和沼气工程一脉相承，可以说是沼气工程的升级，沼气提纯后的生物天然气可直接替代石化天然气并入能源管网。

　　在世界范围内，沼气产业发展的中心在欧洲，德国以沼气热电联产和提纯制天然气的能源供应占全部生物质能的 80% 以上，许多欧洲国家尤其是北欧国家均有众多成熟的商业化工程。这源于自 20 世纪 70 年代起，许多欧洲国家即陆续颁布了一系列支持沼气行业发展的政策，长期不变地支持沼气行业发展。目前欧洲沼气技术开始向原料多元化发展，在发酵工艺方面，干式发酵开始逐渐成为主流；在能源利用方面，早期欧洲以沼气发电利用为主，2019 年以来，欧洲为摆脱对俄罗斯天然气能源的重度依赖，沼气提纯生物天然气的应用开始呈现爆发式增长，欧盟预计 2030 年欧洲生物天然气的产量将相比 2021 年增加 10 倍。

在我国，沼气已有近百年的发展历史，最初被用于寺庙、商店的照明，20 世纪 60 年代，毛主席指示"沼气又能点灯，又能做饭，又能作肥料，要大力发展，要好好推广"，各地建设了大量农村沼气池，但因为缺乏科学理论支持，大部分为土法上马，多数很快废弃。20 世纪 80 年代至 21 世纪初，在我国政府和研究人员的共同努力下，沼气工艺得到不断完善，发展出了南方"猪-沼-果"和北方"四位一体"为代表的农村户用沼气发展模式，同时，养殖场也开始建设大中型沼气工程。之后，国家大力推动农村沼气，逐步加强沼气投资力度，强化沼气管理和标准化建设，农村沼气取得了快速发展。但随着人民生活品质不断提高、城镇化建设的不断推进以及牲畜养殖方式向规模化、集约化转变，农村户用沼气已不符合新的发展趋势，我国从 2015 年启动农村沼气转型升级，规模化生物天然气工程被放到农村沼气发展的首要地位。2016 年 12 月，习近平主席在中央财经领导小组第十四次会议上明确提出，以沼气和生物天然气为主要处理方向，以就地就近用于农村能源和农用有机肥为主要使用方向，力争在"十三五"时期，基本解决大规模畜禽养殖场粪污处理和资源化问题。2019 年 12 月 6 日，国家发展和改革委员会、农业部等十部委联合下发了《关于促进生物天然气产业化发展的指导意见》（发改能源规〔2019〕1895 号），生物天然气被纳入国家能源发展战略，迎来重大发展机遇。2022 年 6 月 1 日，国家发展和改革委员会等九部门印发《"十四五"可再生能源发展规划》，提出加快发展生物天然气，在粮食主产区、林业三剩物富集区、畜禽养殖集中区等种植养殖大县，以县域为单元建立产业体系，积极开展生物天然气示范。统筹规划建设年产千万立方米级的生物天然气工程，形成并入城市燃气管网以及车辆用气、锅炉燃料、发电等多元应用模式，在河北、山东、河南、安徽、内蒙古、吉林、新疆等有机废弃物丰富、畜禽粪污处理紧迫、用气需求量大的区域，开展生物天然气示范县建设，每县推进 1～3 个年产千万立方米级的生物天然气工程，带动农村有机废弃物处理、有机肥生产和消费、清洁燃气利用的循环产业体系建立。该规划的发布，预示着生物天然气将在我国县域发展过程中发挥重要作用。

6.2　厌氧技术原理

厌氧发酵是生物天然气的核心过程，又称厌氧消化，指在厌氧条件下，有机质被各类微生物分解为沼气的过程。

6.2.1　厌氧发酵微生物

参与厌氧发酵过程的微生物种类繁多，相互之间通过协作将有机物逐步降解。这些微生物主要包括细菌和古菌，若按功能划分，可以分为水解菌、产酸菌、产乙酸菌和产甲烷菌。

水解菌主要有厚壁菌门、拟杆菌门、变形菌门等优势门类，这些细菌在发酵过程中可以向细胞外分泌胞外酶，从而促进糖、蛋白质、脂类等大分子的水解。如有研究者[1]提出 Parabacteroides（拟杆菌门）与糖类降解有重要关系，Chloroflexi（绿弯菌门）则与蛋白质降解有重要关系。

产酸菌将葡萄糖、二糖、氨基酸、脂肪酸等水解产物继续转化为乙酸、丙酸、丁酸及乙醇等挥发性脂肪酸(volatile fatty acids，VFAs)、醇类以及氢气和二氧化碳。产酸菌与水解菌拥有相同的优势门类，水解和产酸过程也是同步进行的，两者密不可分。参与产酸和水解过程的微生物大多为专性厌氧菌，也有部分兼性厌氧菌。

产乙酸菌包括产氢产乙酸菌和同型产乙酸菌两类。产氢产乙酸菌将水解产酸阶段产生的VFAs、醇类等进一步转化为乙酸、氢气等，其特点是产生氢气。这类细菌主要包括互营单胞菌属、互营杆菌属、梭菌属、暗杆菌属等。同型产乙酸菌的特点是耗氢，既可利用氢气和二氧化碳生成乙酸，也可以通过代谢糖类生成乙酸。已分离的同型产乙酸菌有乙酸杆菌、嗜热自养梭菌等。上述两类产乙酸菌对维持厌氧发酵的平衡具有重要意义。

产甲烷菌包括氢营养型产甲烷菌和乙酸营养型产甲烷菌两类。乙酸营养型产甲烷菌将乙酸分解为甲烷和二氧化碳，而氢营养型产甲烷菌则利用氢还原二氧化碳生成甲烷。两种类型产甲烷菌的生长速率有较大差别，在一般的厌氧环境中，约70%的甲烷为乙酸分解而来，其余则主要由氢气还原二氧化碳而来。产甲烷菌一般为古菌，产甲烷八叠球菌属和甲烷球菌属是常见的优势菌属[2]。氢营养型产甲烷菌包括甲烷球菌目、甲烷杆菌目的全部以及甲烷微菌目的部分。乙酸营养型产甲烷菌主要有甲烷八叠球菌和甲烷丝菌。

6.2.2 厌氧发酵过程

目前，厌氧发酵生化过程的见解包括两阶段理论、三阶段理论和四阶段理论，一般认为厌氧发酵的生物学过程包含水解发酵、产氢产乙酸和产甲烷三个阶段。

1979年，Zeikus等提出了四阶段理论[3]，得到了普遍认可(图6.1)。该理论认为参与厌氧发酵的微生物，除水解发酵菌、产氢产乙酸菌和产甲烷菌外，还包括同型产乙酸菌，这个理论也被称为四种群说理论。一般情况下，产甲烷菌作用强于同型产乙酸菌，同型产乙酸菌作用常处于弱势。由于厌氧发酵的物料多种多样，参与反应的微生物种类繁多，影响因素复杂，厌氧发酵过程中的物质转化和菌群的相互作用仍有许多问题在不断被探讨。

水解发酵阶段：水解发酵阶段包含水解和发酵两个同步进行的过程，水解过程发生在细胞外，在胞外水解酶的作用下，不溶性大分子聚合物转化为溶解性小分子单体或二聚体；发酵过程则发生在细胞内，上述小分子化合物被转化为以VFAs为主的产物。

产氢产乙酸阶段：水解发酵阶段的末端产物(VFAs、醇类、氨基酸、糖类等)在该阶段被产氢产乙酸菌转化为乙酸、氢气等，主要表现为产乙酸，所以该阶段也被称为乙酸化阶段。

同型产乙酸阶段：同型产乙酸菌在厌氧发酵体系中，以氢(H_2)为电子供体，还原二氧化碳(CO_2)，生成乙酸。乙酰辅酶A(CoA)是该阶段的中间产物，一氧化碳脱氢酶则是该阶段的关键酶，因此同型产乙酸也被称为"乙酰辅酶A途径"或"一氧化碳脱氢酶途径"。H_2与CO_2生成乙酸的过程如下[4]：

$$4H_2 + 2CO_2 \longrightarrow CH_3COOH + 2H_2O$$

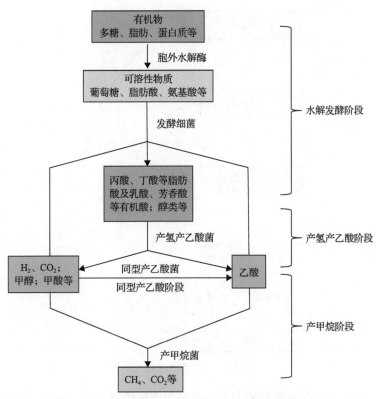

图 6.1　厌氧发酵的生物学过程：四阶段理论

产甲烷阶段：甲烷（CH_4）是沼气的主要成分，在沼气中一般占比 50%～70%。作为厌氧发酵的最终产物之一，甲烷可以通过两种途径产生，一是 CO_2 存在时利用 H_2 生成甲烷，二是分解乙酸产生甲烷。

$$CO_2 + 4H_2 \longrightarrow CH_4 + 2H_2O$$

$$CH_3COOH \longrightarrow CH_4 + CO_2$$

传统理论认为，通过水解酸化不断拆解大分子形成乙酸产生甲烷或通过分解得到的 CO_2 和 H_2 合成甲烷是产甲烷的两大途径，其中大约 2/3 的甲烷来自乙酸甲酯基的还原，1/3 来自 CO_2 与 H_2 或甲酸盐氧化产生的电子的还原[5]。然而，近年来研究者发现，厌氧产甲烷还可以直接通过甲基裂解、氧甲基裂解甚至可以通过氧化长链烷基烃进行产甲烷代谢，即除了氢型、乙酸型，产甲烷还存在甲基型、氧甲基型和烷基型途径（图 6.2），下面对传统理论以外的 3 种产甲烷途径进行简要介绍。

甲基型产甲烷途径主要由一些甲基营养型产甲烷菌发挥作用，这类菌可以利用一些甲基化合物，如甲醇、甲胺、二甲基硫醚、甲基氯化铵等产生甲烷[5]。甲基型产甲烷途径常发生于海洋和高盐度、富含硫酸盐的沉积物中[6]。煤层气田中的产甲烷微生物通常为属于古细菌目甲烷单胞菌的甲基营养型产甲烷菌，最近在牛瘤胃也发现了这一群体的新成员。

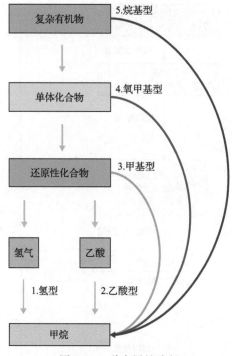

图 6.2　5 种产甲烷途径

2016 年，Mayumi 等对深层地表的一类衍生产甲烷菌(*Methermicoccus*)进行实验[7]，发现这类古菌可以利用 30 多种甲氧基芳香化合物以及含有芳香化合物的石油产生甲烷，CoA 可能是本途径的中间产物。在此之前，人们对产甲烷古菌能量代谢的认识仅限于从 CO_2 和 H_2、乙酸酯和甲基中生成甲烷[8]，甲氧基型产甲烷模式将 *O*-去甲基化、CO_2 还原以及可能的 CoA 代谢结合起来。

2021 年底，承磊、李猛和 Gunter Wegener 合作探究了一类新型产甲烷古菌(*Candidatus Methanoliparum*)的代谢途径[9]，并证实了其可以独立降解长链烷基烃从而生产甲烷，突破了产甲烷古菌只可利用简单化合物生长的传统理论，成为最新的第五种产甲烷途径，即"烷基型"产甲烷途径。

在传统三阶段和四种群说理论的基础上，研究者不断发现更多厌氧发酵涉及的菌群及相关物质转换途径。其中，产甲烷古菌作为厌氧条件下降解有机质产生甲烷的关键功能微生物，其代谢途径的研究与发现正不断刷新人们对厌氧发酵机理的认识。

微生物厌氧过程的典型生化反应如表 6.1 所示。

表 6.1　微生物厌氧过程的典型生化反应

阶段	生化反应	反应所需标准吉布斯自由能
产氢产乙酸	$4CH_3OH + 2CO_2 \longrightarrow 3CH_3COO^- + 2H_2O + 3H^+$	$\Delta G^\ominus = -2.9 \text{kJ/mol}$
	$CH_3CH_2OH + H_2O \longrightarrow CH_3COO^- + 2H_2 + H^+$	$\Delta G^\ominus = +9.6 \text{kJ/mol}$
	$CH_3CH_2CH_2OH + 4H_2O \longrightarrow CH_3COO^- + 5H_2 + 2H^+ + HCO_3^-$	$\Delta G^\ominus = +76.1 \text{kJ/mol}$

续表

阶段		生化反应	反应所需标准吉布斯自由能
产氢 产乙酸		$CH_3CHOHCOO^-+2H_2O \longrightarrow CH_3COO^-+2H_2+H^++HCO_3^-$	$\Delta G^\ominus = -4.2kJ/mol$
		$2HCO_3^-+4H_2+H^+ \longrightarrow CH_3COO^-+4H_2O$	$\Delta G^\ominus = -70.3kJ/mol$
产甲烷	二氧化碳型	$CO_2+4H_2 \longrightarrow CH_4+2H_2O$	$\Delta G^\ominus = -135kJ/molCH_4$
		$4HCOOH \longrightarrow CH_4+2H_2O+3CO_2$	$\Delta G^\ominus = -130kJ/molCH_4$
		$CO_2+4(CH_3)_2CHOH \longrightarrow CH_4+2H_2O+4CH_3COCH_3$	$\Delta G^\ominus = -37kJ/molCH_4$
		$4CO+2H_2O \longrightarrow CH_4+3CO_2$	$\Delta G^\ominus = -196kJ/molCH_4$
	甲基C1化 合物型	$4CH_3OH \longrightarrow 3CH_4+CO_2+2H_2O$	$\Delta G^\ominus = -105kJ/molCH_4$
		$CH_3OH+H_2 \longrightarrow CH_4+H_2O$	$\Delta G^\ominus = -113kJ/molCH_4$
		$2(CH_3)_2S+2H_2O \longrightarrow 3CH_4+CO_2+2H_2S$	$\Delta G^\ominus = -49kJ/molCH_4$
		$4CH_3NH_2+2H_2O \longrightarrow 3CH_4+CO_2+4NH_3$	$\Delta G^\ominus = -75kJ/molCH_4$
		$2(CH_3)_2NH+2H_2O \longrightarrow 3CH_4+CO_2+2NH_3$	$\Delta G^\ominus = -73kJ/molCH_4$
		$4(CH_3)_3N+6H_2O \longrightarrow 9CH_4+3CO_2+4NH_3$	$\Delta G^\ominus = -74kJ/molCH_4$
		$4CH_3NH_3Cl+2H_2O \longrightarrow 3CH_4+CO_2+4NH_4Cl$	$\Delta G^\ominus = -74kJ/molCH_4$
	乙酸型	$CH_3COOH \longrightarrow CH_4+CO_2$	$\Delta G^\ominus = -33kJ/molCH_4$

6.3　生物天然气关键技术

　　生物天然气一般包括以下过程：以农业秸秆、畜禽粪污、厨余垃圾等生物质废弃物为发酵物料，为方便进料，同时提升发酵效率，在进入厌氧发酵罐之前，这些物料通常会先进行一定的预处理，如秸秆破碎、物料调配等处理手段。物料通过进料设备送至密闭的发酵罐，在发酵罐内各种微生物的作用下，通过厌氧发酵技术，有机质被转化成沼气。沼气产生后，经过脱硫、脱碳和脱水等提纯技术，可以制成生物天然气能源，即可替换石化天然气进行利用。发酵后的沼渣则可通过好氧发酵、沼渣制生物炭等技术制备生态农业产品，实现增值利用。

　　总体来说，厌氧发酵技术与沼气提纯技术和沼渣利用技术一起构成了生物天然气过程的主要技术体系。

6.3.1　厌氧发酵技术

6.3.1.1　厌氧发酵的底物

大多数可降解性有机物均可以作为厌氧发酵的底物（原料）。目前我国实现产业化应用的生物天然气发酵原料可分为农业农村生物质废弃物、城市有机固体废弃物和工业有机污水。农业农村生物质废弃物是生物天然气的主要原料，包括畜禽粪污、农业秸秆、果蔬废弃物和农村生活垃圾等，根据《中国沼气行业"双碳"发展报告》中的统计，2018 年我国畜禽粪污产量约为 33.2 亿 t，2020 年我国农业秸秆产量约为 8.6 亿 t，2019 年果蔬废弃物的年产量约为 2.5 亿 t，2020 年农村生活垃圾产量约为 1.63 亿 t。城市有机固体废弃物总量仅次于农业农村生物质废弃物，据统计，2019 年我国餐厨垃圾产量约为 0.75 亿 t、厨余垃圾产量约为 1.3 亿 t、城镇污泥产量约为 0.5 亿 t、城市生活垃圾产量约为 2.42 亿 t。工业有机废水也可经过厌氧处理，我国 2019 年的工业废水总量约为 65.36 亿 t。这些生物质废弃物有相当一部分可以沼气化利用，据核算，到 2025 年、2030 年、2060 年，我国沼气生产潜力分别约为 1090 亿 m^3、1690 亿 m^3、3710 亿 m^3，应用潜力巨大。

值得一提的是，在秸秆利用方面，我国与欧洲等沼气工程发达国家存在较大的差异。在欧洲，沼气工程的发酵底物主要是青储玉米，种植玉米并不作为粮食作物，而是作为能源作物大规模地用于沼气生产。在我国，在"不与粮争地、不与人争粮"的前提下，不能将青储玉米作为厌氧发酵原料，而是将粮食收获后的干黄秸秆作为发酵原料，这大幅提高了秸秆沼气工程的运行难度。

6.3.1.2　厌氧发酵预处理

原料预处理主要是为了去除原料中不发酵的惰性或有毒组分、容易造成发酵设备运行故障的杂质。另外，降低物料颗粒尺寸、增加物料水溶性和微生物接触面积，提高物料均匀性，预先降解物料中大分子组分等也是物料预处理的目的之一。对于秸秆类物料来说，预处理可以破坏其木质纤维素结构，使厌氧发酵效率大大提升。预处理包括多种方法，如物理法、化学法和生物法。

物理法包括热预处理、超声、微波、底物粉碎、蒸汽爆破等。其中，热预处理可以有效去除原料中的病原体，但同时在加热过程中可能会导致对厌氧发酵有抑制性的产物的产生，并且增加能量需求。底物粉碎可以使原料粒度减小、表面积增加、纤维素的结晶度和聚合度降低，有利于后续发酵，但同样会增加能量需求。总的来说，物理法处理时间短、效率高，但能耗和维护成本也相对较高。

化学法主要是采用酸、碱、氧化和有机溶剂对原料进行处理。工艺中常采用碱处理，羟基大量存在于碱性溶液中，既可以靶向破坏木质素-碳水化合物酯键，又能削弱半纤维素和纤维素之间的氢键，降低聚合度。碱处理常用的试剂有氢氧化钠、氢氧化钙、氢氧化钾和氢氧化铵。与其他形式的预处理相比，虽然氢氧化钠为化学预处理中最有效的化学试剂之一，但氢氧化钙相较于氢氧化钠价格更低，工程上在提高沼气产量方面更为可行。氧化预处理则是通过向生物质中通入臭氧等氧化剂以增加自由基的产量来溶解木质素和半纤维素。总的来说，采用化学法对能量的需求低，处理步骤简单，底物的降解率高，可以去除木质素，但仍存在处理时间长、对设备要求高的问题，试剂的使用也会进一步增加预处理的成本，并且造成环境污染。

生物法由于其环境友好特性和低成本目前成为厌氧发酵技术的一个研究热点，包括生物强化菌剂和酶处理等手段。用底物特异性微生物进行生物强化可以改善底物的分解。

目前大量研究的木质素降解菌种为白腐菌,杨玉楠等[10]将白腐菌在室温下进行 20 天的预处理,厌氧发酵 15 天后,甲烷转化率达到 47.63%。Kanmani 等[11]使用 *S. pasteuri* 脂肪酶对富含脂质的工业废水进行预处理,显示出良好的化学需氧量(chemical oxygen demand, COD)和油脂去除率。付善飞等[12]开发了微氧生物预处理技术,利用兼氧微生物在微氧条件下处理玉米秸秆,发现当玉米秸秆厌氧发酵的初始阶段通氧的负荷量为 10mL/g VS(VS 表示挥发性固体)时,相对于不做处理的对照组,其甲烷产量提高了 8.4%。生物法能耗需求低,因此经济成本低,同时其处理效果好,但是处理周期长且稳定性差,不适用于处理复杂基质。

针对不同底物的特点,多种方法的耦合能够发挥出各自的优点,如针对高木质素含量的生物质,采用化学预处理与热预处理结合可以有效增强生物质的降解,增强产甲烷系统性能。

6.3.1.3　厌氧发酵的接种物

在沼气工程的实际运行中,在发酵启动时向发酵罐中加入一定量的接种物,可以促进厌氧发酵快速启动。含有丰富的厌氧微生物的物料均可作为接种物。常用的厌氧发酵接种物有沼液、厌氧污泥、牛粪等,大多数的新鲜粪便均含有较为丰富的厌氧微生物,它们通常可以较快地自发启动厌氧发酵。秸秆物料、果蔬垃圾等由于长期处于有氧环境中,这些物料在启动厌氧发酵时,有必要加入足量的厌氧发酵接种物。接种物的加入量不宜过少,否则容易导致物料快速水解酸化,超过微生物的承载负荷。

6.3.1.4　厌氧发酵工艺

1)干发酵与湿发酵

根据含固率不同,厌氧发酵可以分为干发酵和湿发酵。一般含固率小于 20%为湿发酵,湿发酵的工艺较为成熟,是目前沼气工程的主流工艺,但也有一些缺点,如易产生浮渣、沉泥,以及水耗和能耗高等。干发酵的含固率高于 20%,干发酵对原料预处理要求低、能耗低、产气率高,反应装置占地小,但由于含固率高,存在进出料困难,传质、传热效率低的问题,进而影响微生物的代谢活性,容易引起有机酸的大量累积,导致 pH 降低,使厌氧系统遭到破坏甚至崩溃。

2)中温发酵与高温发酵

按照发酵温度的不同和大部分产甲烷菌在两个温度区间有较高活性的特点,厌氧发酵可以分为中温发酵(一般为 37℃)和高温发酵(一般为 50~65℃)[13]。中温发酵比高温发酵能耗更低,高温发酵则确保了较高的有机负荷率和底物的初始水解速率,同时高温发酵底物原料的降解周期短,缩短了水力停留时间,而且可以杀灭病原体,提高产沼气效率,但是高温系统产气波动大,系统不稳定,容易导致运行的失败。

3)单相发酵与两相发酵

厌氧发酵涉及多种微生物,不同微生物对环境的要求各不相同。单相发酵中由于不同阶段(水解、酸化、乙酸化和甲烷化)均在同一个体系,每一步骤都会影响厌氧发酵效率，而水解过程中产生的大量 VFAs 的积累容易抑制产甲烷菌的活性，甚至引起整个系统崩溃。然而单相发酵仍然由于设计简单、操作简单、技术成熟、易于推广等优点，在世界范围的沼气工程中占据绝大比例。相较于产酸微生物，产甲烷菌对环境要求更为严格，因此设计了两相发酵。酸化是第一相反应，该过程能够产生一定量的 H_2 和 CO_2，气体储罐能够收集这些气体，剩余的物料中主要含有乙酸、丙酸等小分子物质。第二相为甲烷化。第一相酸化结束后，酸化产物进入第二相的产甲烷发酵罐中，乙酸、H_2/CO_2 在产甲烷菌的作用下能够迅速转化为 CH_4 和 CO_2。两相发酵不仅可以优化各微生物群的反应条件，支持更高的有机负荷率，而且提供了条件调整的可能性，以优化不同相微生物的性能，减少由于有机负荷引起的冲击，维持更高的过程稳定性。此外，两相发酵还具有高的底物去除和处理速率，使微生物能够发挥各自最大的活性，与单相发酵相比具有更高的处理效率和稳定性。但由于两相发酵操作复杂、投资更高，目前的应用案例相对较少。

6.3.1.5　影响发酵过程的因素

1）温度

温度的变化会直接影响菌群的群落更替和生长代谢，从而影响甲烷转化效率。另外，温度还会影响底物的转化和电子传递过程，影响反应动力学，温度的过高过低都会影响甲烷产量。如低温条件会抑制微生物的活性，降低底物利用率，从而影响甲烷转化。而高温条件下会导致氨气等挥发性气体增加，对产甲烷菌群产生毒害作用。而在 30～40℃的嗜温范围以及 50～60℃的嗜热范围，大部分的产甲烷菌都有较高活性，均可获得理想的有机质去除效果和甲烷产量。

2）pH

产酸微生物最适宜的 pH 范围为 5.0～6.0，pH 低于 4.0 会抑制水解和产酸步骤[14]，酸性环境对产甲烷菌影响较大，会抑制厌氧菌的生长与活性。厌氧发酵的最佳 pH 是 5.5～8.5，产甲烷菌群的最适 pH 为 6.5～7.8，而产酸菌群的最适 pH 为 5.0～6.0。当 pH 超出该范围（小于 6.0 或者大于 8.5）时，将会对体系内的产甲烷菌产生毒害作用，产甲烷菌活性受到抑制。当 pH 超出临界范围，而系统又缺少足够的缓冲能力使体系维持平衡时，该体系将无法运行。

3）氨氮和碳氮比

氨作为产甲烷过程中最为明显的抑制因子，在生物降解富氮类物质中产生。无机氨氮主要的存在形式为铵离子（NH_4^+）和游离氨，其中起主要抑制作用的是游离氨，因为游离氨可自由透过膜，疏水性氨分子通过被动运输进入细胞，导致质子失衡或钾的缺失。Capson-Tojo 等[15]研究表明当游离氨浓度达到 60.3mg/L 时，可以容易地穿透细胞壁以影响微生物。

为避免厌氧发酵的氨氮浓度失衡，需要调节发酵底物到适宜的碳氮比。不合适的碳氮比会导致严重的不良后果，如在厌氧发酵系统中，总氨态氮浓度偏高，挥发性有机酸积累，从而导致产甲烷菌群的活性受到抑制，致使产气率下降或系统运行失败。碳氮比过高，产甲烷菌群主要消耗的是底物中的氮元素，用来满足其对蛋白质的要求，结果为大量富含碳源类的底物难被利用。若碳氮比过低，氮元素以铵离子的形式过度积累，导致系统内 pH 升高，从而抑制产甲烷菌群的活性。有研究[16]表明厌氧发酵最合适的碳氮比为(20～30)：1，最适合厌氧菌群生长代谢的为 25：1，此时的甲烷产量最为理想。利用多种底物混合发酵(如作物秸秆和畜禽粪便混合)可以用来调整碳氮比。

4) 有机负荷率和水力停留时间

有机负荷率是指单位时间内进入单位体积厌氧发酵装置的挥发性固体或者 COD 总量，它能够衡量装置中的生物转化能力。以较高的有机负荷运行可以减少厌氧发酵装置的体积进而节省成本，但当有机负荷过高时，厌氧发酵过程会出现不利因素，如酸累积、pH 降低等，导致产甲烷菌活性受到抑制，甲烷产量减少。因而，在不超过厌氧发酵系统的消化能力时，适当提高有机负荷有利于提高厌氧发酵的效率。

水力停留时间即为消化系统内部液体滞留的时间，也可以被描述为消化器体积和单位时间投入率之间的比例。水力停留时间的变化主要取决于送入反应器的底物类型和操作条件。产甲烷微生物的细胞复制时间为 2～4 天，如果水力停留时间过短，微生物可能会随物料流出而导致产甲烷性能下降。适当缩短停留时间能够使运行成本降低，运行效率提高。例如，在中温条件和底物简单的反应器中，水力停留时间选择为 15 天左右，能够维持产酸和产甲烷之间的平衡，使系统稳定运行。

5) 抑制物

对厌氧发酵过程产生抑制的物质主要有重金属和硫化物等。重金属离子在水体或固废中的真实浓度决定着重金属对厌氧菌的毒性，其影响表现在使酶发生变性或者沉淀，导致甲烷的消化过程受到抑制。Pankhania 等[17]的研究发现 50μmol/L 的 Hg、Cu 和 Zn 对甲烷发生完全抑制，50μmol/L 的 Co 产生 49%的抑制。硫酸盐还原菌对底物的竞争体现了硫化物的抑制作用。产酸阶段，无论是在热力学还是动力学上，相比于产酸细菌，硫酸盐还原菌都具有明显竞争优势；产甲烷阶段，也会同产甲烷菌竞争底物导致产甲烷菌活性减弱。此外，硫化物也会直接使功能菌群活性受到抑制。Burton 等[18]研究证明浓度超过 200ppm 的硫化物将会强烈抑制产甲烷菌群的代谢活性使系统运行失败。

6.3.1.6 厌氧发酵数学模型

构建厌氧发酵数学模型能对生物处理系统的反应过程有更科学的描述和理解，以便于为设计提供更好的理论指导与工艺优化，进一步指导实际生产运行。然而，厌氧消化过程中涉及繁杂的生化和物化过程、复杂的中间产物和微生物种类、烦琐的有机物降解转化途径，使得建立普遍适用性的通用模型的难度大幅增加。基于此，国际水协会(IWA)成立了专门的厌氧发酵数学模型专家组，于 2002 年正式推出了较为完整的厌氧消化 1号模型(anaerobic digestion model No.1，ADM1)[19]。

ADM1 模型充分借鉴了前人的研究成果与经验，并融合了前沿研究成果，可以较好地模拟预测厌氧发酵系统的动态变化，包括气体产量、气体组成、出水 COD、VFAs 以及反应器内的 pH 等要素，其由生化过程和物化过程组成，具有结构化特点，包括分解和水解、产酸、产乙酸、产甲烷等程序，涉及 7 种微生物种群，以及 14 种可溶性组分和 12 种不溶性组分的动态浓度变量，底物包括长链脂肪酸(LCFAs)、氨基酸和 VFAs 等物质。模型采用了大量的微分代数方程，包括 19 个生化动力学、3 个气-液转换动力学、8 个隐式代数变量[20]，基于此，该模型能更好地模拟和预测厌氧发酵在实际情况下的运行效果，从而为厌氧工艺的设计、运行和优化提供指导。

作为一个通用模型，ADM1 结构中省略和回避了一些次要反应过程，并不能完全准确地适用于所有场景。为此，研究者根据各自研究内容，从不同侧面分别开展了对 ADM1 的拓展研究，如在硫酸盐还原、硝酸盐还原、磷迁移、糖发酵产物、物化过程、污水处理厂综合模型(BSM2)等不同方面的拓展，这就大大拓宽了 ADM1 的适用范围。ADM1 目前仍主要停留在学术研究应用阶段，在工程方面的应用虽非常有限，但也能从目前的文献中看到它预测实际工艺现象的强大作用。

ADM1 的工程应用主要是污水处理方面，ADM1 被用于一项欧盟框架计划 (TELEMAC)[21]，其意义在于改进高速厌氧污水处理远程监控和运行。目前 ADM1 对固废处理的沼气工程的应用极其少见。Gaida 等基于 ADM1 建立了一种状态估计器，可用于评估沼气工厂的实际运行状态[22]，其基本原理如图 6.3 所示。ADM1 模拟输出值经判别分析和分类后，建立静态映射函数(测量数据与厌氧消化反应器内部状态关系)来描述实际的厌氧发酵反应器的内部状态。校正后的模型可用于沼气工厂，基于此建立完善的状态估计器，并获得工艺运行过程中重要的在线状态信息，结合沼气工厂的实际状态，实现最优化控制和运行。

图 6.3　ADM1 状态估计器

近年来厌氧发酵数学模型有了长足的发展，众多研究者对 ADM1 进行了拓展研究，ADM1 的应用研究也越来越趋向于专业化。还有一些新的数学模型被提出，如基于生化的神经元系统构建的人工神经网络模型。但总体来说，ADM1 模型依然是目前最权威、最经典的厌氧发酵数学模型，也具有广阔的拓展应用前景。

6.3.2　沼气提纯技术

厌氧发酵之后产生的气体为沼气，其主要成分为甲烷和二氧化碳，前者占比 50%～70%，后者占比 30%～50%，其他还包括水蒸气、硫化氢、卤化氢和一氧化碳等极少量气体。因二氧化碳具有不可燃性，而且在沼气中的体积分数较大，降低了沼气的热值，限制了沼气作为能源的广泛利用。将沼气进行提纯，脱除其中的二氧化碳、腐蚀性硫以及水蒸气，产品品质满足 NB/T 10136—2019《生物天然气产品质量标准》中的要求，即可并入天然气管网体系或注入车用加气站，作为清洁能源使用，同时结合提纯过程的碳回收和硫回收利用技术，可进一步提升沼气的减排效益。

通过沼气提纯分离后，《生物天然气产品质量标准》如表 6.2 所示[23]。

表 6.2 《生物天然气产品质量标准》中的技术指标

项目	一类	二类	三类
高位发热量 [a]/(MJ/m³)	≥34.0	≥31.4	≥31.4
甲烷摩尔分数/%	≥96	≥95	≥88
总硫(以硫计)[a]/(mg/m³)	≤20	≤100	≤350
硫化氢 [a]/(mg/m³)	≤6	≤20	≤350
二氧化碳摩尔分数/%	≤3.0	≤4.0	
氧气摩尔分数/%	≤0.5	≤0.5	≤0.5
水露点 [b,c]/℃	在交接点压力下，水露点应比输送条件下最低环境温度低5℃		

a. 本标准中气体体积的标准参比条件是 101.325kPa、20℃。

b. 在输送条件下，当管道管顶埋地温度为 0℃时，水露点应不高于-5℃。

c. 进入输气管道的生物天然气，水露点的压力应是最高输送压力。

沼气提纯过程一般包括脱硫、脱碳、脱水。脱硫方式包括化学脱硫和生物脱硫，利用与硫化氢反应的化学药剂或吸收捕获硫化氢的微生物对硫化氢进行脱除，脱水一般利用干燥剂分子筛吸附，脱硫和脱水的原理较为清晰，技术也比较成熟，在此不做过多讨论。而脱碳则是沼气提纯的关键环节。目前已商业化应用的脱碳方法有压力水洗、变压吸附(PSA)、膜分离等方法。不同沼气脱碳技术的比较如表 6.3 所示。

表 6.3 不同沼气脱碳技术的比较[24]

项目	压力水洗法	有机溶剂吸收法	变压吸附法	膜分离法	化学吸收法	深冷分离法
原沼气消耗量/(kW·h/Nm³)	0.25~0.3	0.2~0.3	0.25~0.3	0.18~0.20	0.005~0.15	0.76
干净沼气消耗量/(kW·h/Nm³)	0.3~0.9	0.4	0.29~1.0	0.14~0.26	0.05~0.25	未知
耗热量/(kW·h/Nm³)	—	<0.2	—		0.5~0.75	未知
温度需求/℃	—	55~80	—		100~180	~196
成本	中等	中等	中等	高	高	高
CH₄回收率/%	96~98	96~98	96~98	96~98	96~99	97~98
操作压力/bar	4~10	4~8	3~10	5~8	大气压	80
出口压力/bar	7~10	1.3~7.5	4~5	4~6	4~5	8~10

注：1bar=100kPa。

6.3.2.1 压力水洗法

目前沼气工程中应用较多的提纯方法为压力水洗法，其原理为 CO_2 在水中的溶解度高于 CH_4，通过物理吸收实现沼气的分离提纯。在压力水洗过程中，先将甲烷气体加压至 1000~2000kPa，随后气体进入洗涤塔，在其中与自下而上的水流逆向接触，CO_2 由于是酸性气体，能够溶解于水中，CH_4 即可从洗涤塔的上端排出，干燥后得到生物甲烷。

在压力条件下，一部分 CH_4 溶解在水中，洗涤塔底部的水进入闪蒸塔，溶解在水中的 CH_4 和部分 CO_2 通过降压的方式释放，随后该气体与供气重新混合，参与清洗和分离，从闪蒸塔排出的水进入解吸塔，利用空气、蒸汽或惰性气体进行再生(图 6.4)。压力水洗以水作溶剂，工艺简单，且脱除过程不需要特殊化学品的添加，最终出口处甲烷含量高(＞97%)，以及设备的维修和运行成本低，但整个过程需要高压的支持，能量损耗相对较大，CO_2 较难回收利用。压力水洗法具有较好的规模效应，规模越大，成本越小。目前国内外已有多个商业化应用的压力水洗项目，日处理沼气规模一般在 1 万～5 万 m^3。目前针对压力水洗的研究主要集中于通过工艺创新进一步降低能耗，以及通过工艺耦合实现 CO_2 的分离回收。

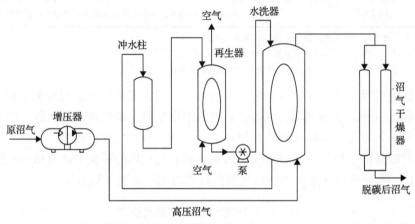

图 6.4　压力水洗工艺图

6.3.2.2　有机溶剂吸收法

有机溶剂吸收法类似于压力水洗法，不同之处在于将吸收溶剂由水变为某些有机溶剂，这些有机溶剂可进一步提高 CO_2 的溶解度。相对于压力水洗法，有机溶剂吸收法需要更少的吸收剂循环量，有利于设备体积小型化。该技术得到的 CH_4 含量可达 98%[25]，但该方法易于带来有机溶剂污染，且有机溶剂成本较高，所以相对压力水洗法应用较少。

6.3.2.3　变压吸附法

变压吸附法(pressure swing adsorption, PSA)是一种利用气体在吸附材料内具有选择性吸附特性的技术，是沼气脱碳的另一种主流方法。变压吸附一般采用沸石、活性炭等常见的吸附材料，这类材料对被分离气体组分分子的尺寸具有选择性，其孔径大于 CO_2 的直径(0.34nm)且小于 CH_4 的直径(0.38nm)，可以实现吸附 CO_2、提纯沼气的目的。原始的沼气要经过预处理阶段去除毒性 H_2S 和水蒸气。PSA 吸附 CO_2 的具体过程包括以下几个阶段：吸附阶段，在高压条件下将预处理后的沼气从底部送入吸附塔，CO_2 被选择性吸附；减压阶段，降低压力后得到浓度较高的 CH_4 气体；解吸阶段，在真空条件下释放吸附材料中的气体；加压阶段，增大压力后进行新一轮的吸附分离气体(图 6.5)。PSA

可以获得纯度高于 96%、损失率低于 3% 的 CH_4 气体[26]。该技术中，再生的吸附材料具有可循环利用的特性，可被继续应用于沼气提纯。

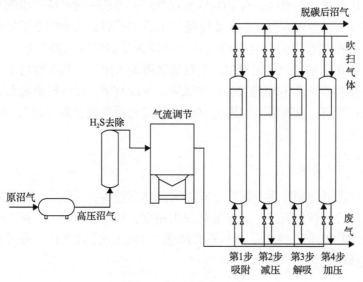

图 6.5　变压吸附工艺图

6.3.2.4　膜分离法

膜分离法是一种利用膜的气体选择性来分离提纯沼气中不同组分气体的技术。膜分离法所使用的材料包括无机材料、聚合物材料以及二者组成的混合物。聚合物膜相比于无机膜，选择性更高、经济性更强、更稳定，同时具有可扩展性。目前，商业上用于沼气提纯的膜一般为气膜。膜分离法(图 6.6)一般采用的是中空纤维膜，这种由聚酰亚胺等聚合物材料组成的气膜两侧均为气体，其作用原理为溶解扩散模型，CO_2 气体的扩散速率较快，能够穿过微孔被去除。为了达到保护渗透膜和提高甲烷纯度的目的，首先需要去除原始沼气中的 H_2S 和水蒸气等杂质。去除杂质的气体进行压缩后，通入膜分离系统进行气体分离。最终，通过膜分离法可以获得纯度高于 98%、损失率低于 1% 的甲烷气体[27]。膜分离法可以便利地分离回收 CO_2，对 CO_2 的回收利用具有积极的意义。

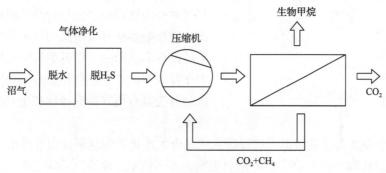

图 6.6　膜分离工艺图

6.3.2.5　化学吸收法

化学吸收法是指化学吸收剂与CO_2发生化学反应形成一种可溶于水的盐，在特定的温度、压力条件下发生可逆反应，如此使得CO_2富集回收。工业中常用的化学吸收剂为醇胺溶液，使用醇胺溶液进行化学吸收法的原理为呈弱碱性的醇胺溶液与呈弱酸性的CO_2酸碱中和。在化学吸收法过程中，吸收塔底部通入沼气，从吸收塔上端向底部喷淋醇胺溶液，醇胺溶液与CO_2相遇发生化学反应，形成富液，随后经富液泵、贫富液换热器，富液进入解吸塔，经解吸塔加热至100～120℃使得富液分解并释放CO_2，从而达到分离CO_2的目的。

6.3.2.6　深冷分离法

深冷分离法是通过制冷系统深冷分离CO_2的物理过程，原理是CO_2与其他气体沸点的差异。经过制冷系统的温降，CO_2液化发生相变，从而得以分离。深冷分离工艺中，沼气经脱水处理并加压至8MPa，然后逐步降温至163.15K，此条件下可得到净化度97%以上的甲烷气体[24]。

6.3.2.7　膜接触器法

膜接触器法是近年来发展起来的一种新型分离技术，其耦合了膜分离和传统吸收过程的各自优势，在沼气脱碳领域有较好的应用前景。膜接触器法利用膜材料的疏水性、气体的高通量性来充当气液两相的界面，不通过气液两相直接接触就能实现相间高效传质的过程。膜接触器法一般采用的是微孔膜，这种微孔膜并不具有分离的选择性，但被净化气体(如CO_2)可以通过膜孔畅通无阻地扩散到吸收剂与膜侧的接触界面上，从而被吸收剂充分吸收，使产品组分得到完全净化。膜接触器法的吸收过程其实并不是膜分离过程，而应该是传统的吸收操作，因为膜接触器法的核心部件——膜接触器的作用类似于吸收塔内的填料和气液分布器(图6.7)。与传统的吸收塔技术相比，膜接触器法具有更高的气液传质效率、更小的设备集成形式、更低的运行成本和更强的操作弹性等优点，并且与膜分离过程相比，膜接触器法具有更好的选择性和更高的产品气回收率。

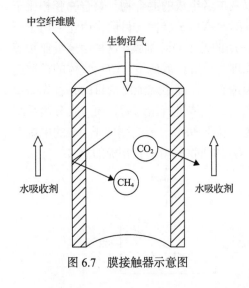

图6.7　膜接触器示意图

中国科学院青岛生物能源与过程研究所联合大连化学物理研究所开发出了PTFE中空纤维疏水微孔膜耦合水吸收CO_2精制生物天然气技术。此项目完成了面向生物沼气提纯领域3～5种不同规格的PTFE中空纤维微孔膜的制备和表征[28]，建立并优化了PTFE

中空纤维微孔膜接触器吸收 CO_2 的数学模型，组装膜接触器及搭建千方级别中试集成装备并顺利完成中试试验验证。此中试装置的沼气处理量不低于 $100m^3/h$，净化后气体中甲烷浓度 98.5%以上，甲烷回收率大于 98%，每立方沼气能耗小于 $0.3kW·h$，各项性能指标均接近或者优于高压水洗指标。

6.3.3　沼渣利用技术

生物质有机废弃物在经过厌氧发酵处理后，会产生大量的剩余残渣。这些残渣中依然含有大量的有机质和营养成分，若得不到有效处理，不但造成大量资源浪费，还会造成二次污染。发酵剩余物若得到无害化、高值化利用，还可以大幅提升沼气工程的经济效益。发酵残渣按照功能性可分为三种成分，即肥效成分：大量有机质、腐殖酸、N、P_2O_5、K_2O 等；活性成分：包括氨基酸、B 族维生素、淀粉酶、蛋白酶等水解酶以及还原性物质如 Fe^{2+}或 S^{2-}[29]；营养成分：包括粗蛋白、粗纤维、粗脂肪等。发酵剩余物经过固液分离之后分为沼渣和沼液，沼液可以作为接种物回流至厌氧发酵系统，也可经过加工后用于浸种、拌营养土、液体肥料和畜禽饲料等[30]。沼渣的资源化利用主要概括为养殖业和土地利用，如作为饲料、饲料添加剂或垫料用于水产养殖、畜禽养殖和菌类养殖；通过好氧堆肥技术处理实现肥料化利用，经加工制备高效缓释肥和腐殖酸型复合肥实现高值化利用；经脱水、造粒、热解等加工工艺制成生物炭或土壤改良剂等，用于土壤肥力提升、土壤修复等领域。

6.3.3.1　固液分离技术

为便于发酵残渣在后续储存、运输和使用过程的操作，一般需先对发酵剩余物进行固液分离，分离出沼渣和沼液。固液分离的方法多种多样，目前主流应用的是两级分离工艺，即先对发酵剩余物进行粗分，分离出粗沼渣和粗沼液，粗沼液经过絮凝处理后继续进行二级固液分离，分离出细沼渣和细沼液。一级分离可采用螺旋挤压技术，分离后的沼渣可用于制备有机肥、生物炭、养殖垫床、成型燃料等。二级分离可采用板框压滤、螺旋挤压、带式过滤等技术，分离后的细沼渣可加工成精制有机肥，沼液可作为液态肥。发酵物料的组成特点、发酵剩余物的干物质含量以及分离方法的选择均与分离效率相关，需要根据发酵剩余物的具体特点选择适宜的分离方法。

6.3.3.2　沼渣制肥

经固液分离后获得的沼渣含有丰富的营养成分和活性物质，但未经处理的沼渣因含水量高、植物毒性和刺激气味等特点，会导致植物烧苗和病害，不宜直接施用[31]。为解决这一问题，通常采用堆肥技术进行后处理，生产稳定的有机肥。堆肥是一个好氧自热的过程，涉及有机质的矿化和部分腐殖化。沼渣中不稳定的有机质在好氧条件下被微生物分解，一部分生成二氧化碳并释放热量，另一部分转化为稳定的腐殖质。通常来说，完整的堆肥周期分为四个阶段：升温期、嗜热期、降温期、成熟期，每个阶段由不同的微生物菌群控制发生不同反应。发酵初期中温细菌(如乳酸菌)占主导地位，首先利用容易降解的化合物,如多酚、羧基和氨基酸等低分子量化合物;当温度上升到 40℃时,嗜热细菌(如放线菌)逐渐富集,开始分解大分子物质如木质纤维素;然后中温微生物,特别是真菌(如担子菌门),在温度下降时复苏,进行腐殖质的聚合。堆肥产品中的腐殖质具有丰富的酸性官能团、较高的比表面积、较高的阳离子交换能力以及较强的吸附性能,可以改善土壤质量,为植物生长提供多种必需营养素,保持土壤水分和营养元素,并通过抑制土壤病原体降低植物病害的发病率。

堆肥辅助材料(如锯木屑、稻壳、多孔填充剂等)的添加在堆肥过程中普遍存在,其主要作用包括调节水分、调节碳氮比例、改善堆体透气性、促进微生物繁殖、促进腐殖化过程、固定氮等营养元素流失等。相关研究表明,堆肥过程中,多孔填充剂的添加可以调整堆体的孔隙度,提高其气质交换能力,进一步维持好氧环境,促进堆体快速升温,抑制反硝化细菌和产甲烷菌的生长,减少氮氧化物和甲烷的生成[32,33],吸附固定 NH_4^+-N 和 NH_3,减少 NH_3 的挥发损失[34],并提高微生物活性和促进腐殖质的形成。师晓爽等开发出半焦[35]、牡蛎壳[36]及其改性材料用于沼渣好氧堆肥技术,其中利用活化后的矿物质半焦固体废弃物作为多孔填充剂,堆体 NH_3 和 CH_4 的累积排放量分别减少了 85.92%和 87.62%,CH_4 减排效果优于之前文献报道的将生物炭等其他多孔材料作为堆肥添加剂。腐殖酸改性牡蛎壳处理作为多孔填充剂,木质素降解率提高 29.22%,N_2O 排放量减少 59.63%[34]。

6.3.3.3　沼渣制生物炭

沼渣中含有大量有机碳源,是制备生物炭的良好原材料,而生物炭具备较大的比表面积、丰富的孔隙结构、较强的吸附性能、稳定的化学性质,因而沼渣制备生物炭具有显著的固碳效益,是沼渣资源化利用的新途径之一。沼渣制备生物炭在土壤改良及修复、污水处理等方面都有极好的应用前景。有研究者以沼渣为原材料,分析了热解温度、热解恒温时间以及热解升温速率等影响因素对所制备生物炭理化性质的影响,研究证明了沼渣生物炭具有良好的氨氮(NH_4^+)吸附能力,既可以形成高效廉价的环保型吸附材料,又可以作为氮肥等缓释肥的优良载体[37,38]。

6.3.3.4　沼液的利用

沼液一般也采取肥料化利用,因为沼液中不仅含有 N、P、K 等营养元素,还包括 Ca、Fe、Zn、Cu 等微量元素以及植物激素等[6],在促进植物生长发育方面可以发挥重要作用。沼液的利用方式有多种,主要包括[5]:①沼液浸种,可以促进种子发芽,增强秧苗抗寒抗病;②叶面肥,提高植物抗冻害;③直接还田,提升作物产量;④饲料添加剂,可做畜禽养殖的饲料和淡水养殖的饵料添加剂。沼液的利用,不仅可生产绿色健康的有机农产品,还可有效降低农业种植的生产成本。目前,国内外对沼液综合利用相关研究尚较为缺乏,将沼液浓缩处理加工成标准产品是当前较有潜力的发展前景。

6.4 厌氧发酵装备与工程应用

6.4.1 厌氧发酵过程的关键装备

6.4.1.1 进料设备

稳定通畅的进料是沼气工程能够长期高效运行的基本条件之一。沼气工程进料方式根据进料形态的不同，可以分为浆式进料和干式进料两种。

浆式进料主要适合于具有一定流动性的污泥，如浓度较低的畜禽粪便、匀浆处理之后的有机垃圾、污泥等物料。在沼气工程发展的早期，由于经验、成本等方面的原因，大量使用离心泵（如泥浆泵等）作为输送液体物料的工具，但实际使用效果并不理想，主要是由于沼气原料中往往含有纤维类、泥沙等杂质，容易造成离心泵的堵塞、磨损，另外其输送物料的浓度较低，很多情况下需要向发酵原料中额外加入水，调稀物料，这会造成工程运行能耗升高、停留时间被迫缩短、物料降解不充分等问题。近些年欧洲国家大量使用各种容积泵，如耐磨螺杆泵、转子泵等，这些设备可以输送浓度和黏度很大的液态物料，物料中杂质对泵的使用和寿命的影响较小，这类泵虽然价格较贵，但对解决物料中杂质问题和高浓度输送问题有较大的帮助。

干式进料主要是针对固态物料，如农业秸秆、固态有机废弃物、浓缩后污泥等，通过物料提升设备、传送设备等可以实现固态物料的直接进罐，对于降低工程运行热耗（沼气工程热耗中最主要的部分就是对进料所含水分的加热）和延长难降解物质在发酵罐的停留时间非常有帮助。对于我国以干黄秸秆为主的沼气工程来说，固态进料依然是当前工程的难点，干黄秸秆极易在进料过程中缠绕、堵塞、结拱，从而导致断料。目前使用较多的干式进料装备有螺旋输送机、皮带输送机、活塞泵等。其中螺旋输送进料应用最为广泛，可以实现各种固态物料垂直向上输送、水平输送、液面下输送等，且输送较为稳定、自动化程度高、输送效率高，是目前较为可靠的干式进料设备（图 6.8）。

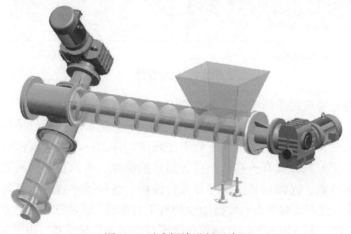

图 6.8 干式螺旋进料示意图

6.4.1.2 搅拌设备

搅拌是厌氧发酵尤其是湿式发酵的重要环节，其意义在于：实现了罐内物料、温度及 pH 均一，避免罐内死区和泥渣形成，提高物料与细菌等微生物的充分接触，使有机物料的分解加速，也可将厌氧产生的副产物分散甚至进一步去除。

沼气工程发酵物料的搅拌器分为多种类型，包括水力搅拌、沼气循环搅拌和机械搅拌等，水力搅拌、沼气循环搅拌适用于浓度较低的发酵液。随着沼气工程向高浓度、高有机负荷方向发展，近些年水力搅拌和沼气循环搅拌的应用日益减少，机械搅拌日益成为主流的沼气工程搅拌方式。机械搅拌按照安装位置、桨片形式、搅拌转速等可以分为不同种类，图 6.9 列出了几种主要的机械搅拌形式。

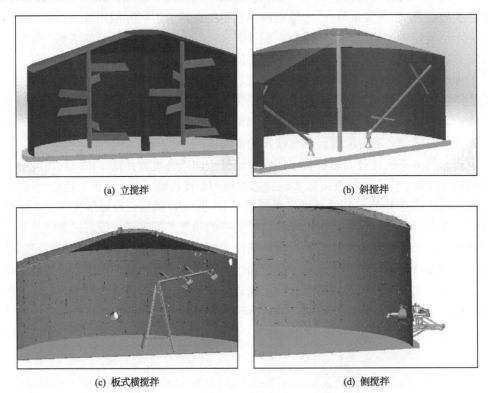

(a) 立搅拌　　　　　　　　　　　　(b) 斜搅拌

(c) 板式横搅拌　　　　　　　　　　(d) 侧搅拌

图 6.9　机械搅拌

板式横搅拌主要应用于高浓度厌氧发酵中，能够有效解决物料上浮和结壳的问题，搅拌转速较低，根据桨片支杆直径一般在 8～20r/min。这种搅拌器价格相对较高，但使用寿命长、能耗低，国内应用在沼气工程上还较少。作为一种高速推流式搅拌，潜水侧搅拌适合较低浓度原料，具有价格低、安装简单的特点，可以在不同液面高度进行不同方向推流搅拌的特点，通常与其他搅拌器配合使用，这种搅拌器由于高转速的特点，容易发生机械故障，且高速剪切力对发酵微生物有不利影响，但在欧洲仍然是最广泛采用的一种搅拌形式，使用率接近 60%。立搅拌和斜搅拌都属于低速搅拌，由于搅拌轴较长，设备加工和安装难度相对较大，价格偏高，其主要应用于畜禽粪便等原料的发酵过程，能够较好地防止物料分层、沉积问题的发生。

发酵过程中，一般采用两种或两种以上组合式的搅拌方案，从而达到混合更加均匀、死角更小、能耗减小的效果。

6.4.1.3　罐体

根据发酵罐所采用安装材料和安装方法的不同，可分为钢筋混凝土罐、钢板焊接罐和拼装罐。钢筋混凝土罐和钢板焊接罐由于造价高、工期长，已经逐渐被淘汰，拼装罐具有易标准化、施工方便的特点，目前是我国沼气工程发展的主流产品。国内拼装罐中使用较多的有三种，分别为 Lipp 罐、搪瓷拼装罐和电泳拼装罐。

Lipp 罐技术利用金属塑性加工中的加工硬化和薄壳结构原理，通过专用设备将 2～4.5mm 厚度的钢板，应用双折边咬口工艺来建造容积为 50～5000m^3 不等的圆形池体或罐体，该技术是德国萨瓦·利浦的专利技术(图 6.10)。这种罐体建造技术具有一系列优点，已经在世界 80 多个国家得到应用，其性能已经得到广泛的认可，最早建设的一处 Lipp 罐距今已经有 40 多年，仍然保持了非常好的状态，Lipp 系统的主要优点是极高的静态稳定性、很好的防腐蚀能力、很长的使用寿命、非常理想的抗渗漏性能，可以使用多种材料建造，建造过程高效、自动化程度高，适合现场组装大型罐体，建设和维护成本较低，建造过程对空间的需求较小。

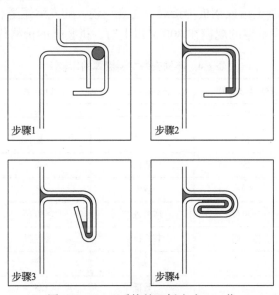

图 6.10　Lipp 系统的双折边咬口工艺

搪瓷拼装罐和电泳拼装罐采用的都是钢板搭接技术，罐体及罐顶材料均采用符合国家标准的钢板，其安装利用螺栓进行连接紧固，在工厂内将钢板机械加工处理后进行纵向、横向搭接，搭接处采用专业高分子密封材料聚硫胶将其密封拼装组合。搪瓷拼装罐与电泳拼装罐的区别在于前者采用的是标准搪瓷钢板，而后者采用的是经电泳＋喷涂的双层防腐工艺制成的电泳钢板，两者均是目前较被认可的拼装罐技术。拼装罐体由拼装钢板、自锁螺栓和密封胶等关键部分拼装而成(图 6.11),完全在工厂加工生产的拼装钢板是主要的构件,其标准化程度高。钢板之间采用了上下左右相互搭接的形式,并用自锁螺栓连接。两板重叠之间镶嵌了专用的硅酮胶密封材料,硅酮胶固化之后即为耐高温的高弹性橡胶。自锁螺栓迎水头部用塑料包裹,耐腐蚀性强,螺栓根部的四榫装置具有自锁功能,在罐体试水时,可带水进行紧固。

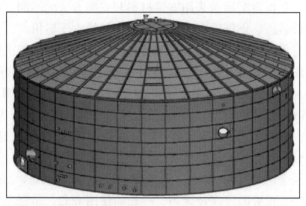

图 6.11　拼装钢板和拼装罐示意图

表 6.4 对几种发酵罐进行了优缺点的比较。从经济性上说,一般发酵规模较小的发酵罐适合采用钢筋混凝土罐或钢板焊接罐,而规模较大的发酵罐适合采用拼装罐或 Lipp 罐。如表 6.4 所示,发酵罐的规模在 $300m^3$ 以上时,拼装罐的价格优势越来越大。

表 6.4　不同安装材料罐体的比较

项目	钢筋混凝土罐	钢板焊接罐	Lipp 罐	拼装罐
造价	高	高	低	低
工期	长	较长	短	较短
安装简易性	低	较低	高	高
防腐性	较好	较差	好	好
使用寿命	>30 年	15 年左右	>30 年	>30 年
质量控制	难控制	较难控制	易控制	易控制
维修费用	高	高	低	低
外观美观程度	低	较低	高	高
标准化程度	低	低	高	高
可移动性	不可移动	不可移动	不可移动	可移动

6.4.2　厌氧发酵反应器和发酵工艺

厌氧发酵反应器是维持各类微生物活动的场所,是厌氧发酵的核心装备。厌氧发酵反应器的种类有多种,具有各自的优缺点,其选择主要依据物料的理化、生化性质决定。

根据发酵浓度和发酵工艺的不同，厌氧发酵反应器主要分为湿式发酵反应器和干式发酵反应器两大类。以下介绍领域内较为经典的几类反应器。

6.4.2.1 湿式发酵反应器

1) 全混式厌氧反应器(continuous stirred tank reactor，CSTR)

CSTR(图 6.12)在传统厌氧发酵罐内安装搅拌装置，能够完全混合发酵原料与微生物，增加接触面积，提高混合效率，促进厌氧发酵过程。CSTR 运行时，物料连续稳定地进入反应器，并与反应物料充分混合，随后混合液从反应器内连续排出。

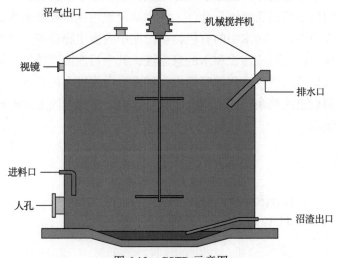

图 6.12 CSTR 示意图

CSTR 因形状不同主要分为圆柱形和卵圆形反应器，圆柱形反应器主要包括旋转壳体、圆环梁及底板等结构，旋转壳体组合结构节省材料，同时具有较好的受力性能以及较强的刚度。由于结构相对简单、操作简便，目前绝大多数的 CSTR 均采用圆柱形结构。但圆柱形罐体内部易产生搅拌死区，导致混料不均匀。为解决这一问题，发展出了卵圆形反应器，一种薄壁旋转壳体结构，与圆柱形相比，水力条件好，有效减少了罐内的搅拌死区，但卵圆形反应器结构和施工较复杂，造价昂贵，维护成本较高，目前的应用相对较少。CSTR 的结构会影响物料的混合效果，其中高径比(H/D)主要对厌氧发酵传质传热过程造成影响，一些反应器设计为瘦高型，也有一些反应器设计为矮胖型，具体的高径比需要根据物料特性以及流体力学的模拟结果等一系列影响因素确定最佳比例。CSTR的搅拌方式包括立式搅拌及侧式搅拌等，还有少量发酵浓度较低的 CSTR 采用气液回流搅拌。部分 CSTR 内设置挡板，处于搅拌状态的物料能基于此挡板改变流动方向，以便消除液面中间产生的下凹旋涡，提高混合效果[39]。

CSTR 具有占地面积小，容易实现大型化、工业化、标准化生产，运行热耗较低，气密性好，对原料、气候适应性强等优势。该反应器适用于湿法发酵，发酵浓度最高可达 10%～12%。该反应器对多种物料均适用，如餐饮垃圾、畜禽粪便等固体物料和一些流动性较好的多原料混合厌氧发酵，CSTR 也是绝大多数沼气工程采用的一类反应器。

2）上流式厌氧污泥床（up-flow anaerobic sludge bed，UASB）反应器

UASB 反应器（图 6.13）主要用于废水处理，其主体部分可分为布水区、反应区和三相分离区。布水区是将待处理的废水均匀地分布在反应区的横断面上。反应区分为污泥床区和污泥悬浮区，污泥床区分布着许多沉降性能良好的厌氧污泥，而反应过程中产生的气体上升搅拌形成污泥悬浮区的污泥浓度较低。反应器上方设有气（沼气）、液（废水）、固（污泥）三相分离器。三相分离器是 UASB 反应器的核心，由沉淀区、回流缝和气封组成，其功能是将沼气、污泥和液体分开[40]。污水从厌氧污泥床底部流入，在污泥床中，污水与污泥能够充分混合，污水中的有机物被污泥中的微生物分解产生气体。由于气体的搅动，在污泥床上部会形成污泥和水的悬浮液，其中污泥浓度较低，随后该悬浮液进入三相分离器。气体进入气室后用导管导出，随后混合液进入沉淀区，污泥絮凝后在重力作用下沉降。斜壁上的剩余污泥回到厌氧反应区内，从沉淀区上部溢出与污泥分离的废水随后排出污泥床。

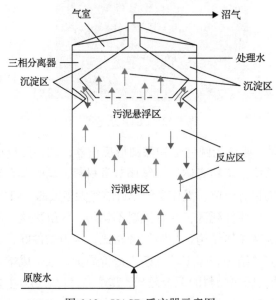

图 6.13　UASB 反应器示意图

UASB 反应器有有机负荷高、水力停留时间短、无混合搅拌等优点。但是也有相应缺点，如进水中悬浮物浓度要求低、污泥床内会发生短流现象、对水质和负荷变化较敏感、耐冲击力稍差等[41]。这种反应器要求发酵原料具有较好的流动性，因此应用于高浓度有机废水的厌氧发酵较多，而不适用于不具有流动性的固体废物的厌氧发酵。

3）序批式厌氧反应器（anaerobic sequencing batch reactor，ASBR）

ASBR（图 6.14）是一种以序批间歇运行操作为主要特征的处理工艺。ASBR 一个完整的运行周期分为四个阶段，即进水期、反应期、沉降期和排水期[42]。进水期为第一阶段，

在水进入反应器后，利用反应器的机械动力或者自身的气液再循环进行搅拌，搅拌时微生物和厌氧污泥中的微生物充分接触，反应器内部的基质浓度迅速增加，在进水结束时达到最大值。反应期是指反应器的微生物通过水中的有机物合成细胞物质，分解有机物产甲烷并净化废水。沉淀期须停止搅拌，保持静态过程，污泥和废水在重力沉降作用下分离。沉淀阶段完成后进入排水期，从排水口将上清液排出。厌氧发酵阶段的物料是完全混合的，因此该反应器在流态上属于完全混合反应器。

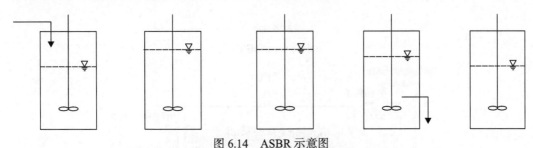

图 6.14　ASBR 示意图

ASBR 的主要优点：①有较好的固液分离效果以及澄清出水；②工艺不复杂、设备少、成本低、操作灵活；③布水简单、易于设计、运行；④污泥的沉淀性能较好且颗粒化程度高；⑤适应性强且耐冲击负荷。缺点是反应器压力波动，形成污泥颗粒时间长。该反应器常用于处理市政污泥、动物粪便、垃圾渗滤液以及屠宰场废水等。

6.4.2.2　干式发酵反应器

干式发酵通常指发酵原料中干物质含量在 20% 以上，原料呈固态[43]。干式发酵设备耗水量低、沼液生成量少等，大大地节省了能耗，可用来处理城市垃圾、畜禽粪便、农作物秸秆。干式发酵反应器分为连续式反应器和序批式反应器。常用连续式反应器为单相反应器，物料的进出多采取机械移动的方式，主要是比利时的 Dranco 发酵技术、法国的 Valorga 发酵技术、瑞士的 Komogas 发酵技术、德国的 Linde-KCA 发酵技术等，序批式反应器的代表是车库式反应器(图 6.15)。

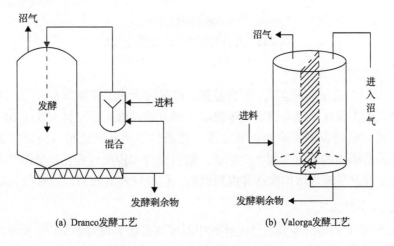

(a) Dranco发酵工艺　　　　　　(b) Valorga发酵工艺

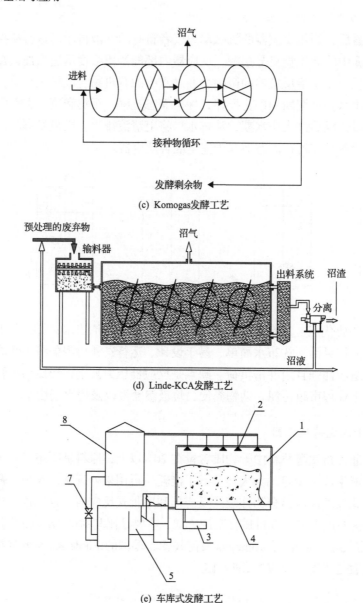

(c) Komogas发酵工艺

(d) Linde-KCA发酵工艺

(e) 车库式发酵工艺

图 6.15　几种典型的干式发酵示意图

1）Dranco 发酵工艺

Dranco 发酵工艺是一种立式、固含量高、单级的干式厌氧发酵系统[44]。Dranco 发酵工艺采用竖式推流设计原理和圆锥底部螺旋出料方式，该工艺发酵浓度达 30%～40%，且厌氧发酵后大量的发酵剩余物能够在该工艺条件下重新回流至反应器内进行二次发酵，物料在发酵罐内的停留时间大大延长，物料混合和传质过程在发酵罐外部的混料罐内进行，避免在发酵罐内增加搅拌等混料设备，但能耗相对较高，控制较为复杂。

2）Valorga 发酵工艺

Valorga 发酵工艺是一种竖式气搅拌的中温或高温厌氧发酵系统[45]。发明之初被应用于处理城市固废中的有机物，随后又用于处理混合型的城市固废物，同时可用于处理适当难降解部分的生活垃圾。城市有机固废物先用蒸汽进行加热，再用回用水调节固含量为 20%～30%，才能作为进料使用。Valorga 发酵技术物料从反应器底部进料，利用产生的高压沼气喷射推动物料从底部螺旋上升，促进固体物料的混合[46]，虽然节约了搅拌投资，但搅拌效果难以控制。

3）Komogas 发酵工艺

Komogas 发酵工艺是一种卧式的大容积的干式推流厌氧发酵系统[47]，是一种处理源头分类较好的有机废弃物的典型工艺。反应器内的固含量一般控制在 23%～28%范围内，以保持物料的流动性，因此需要先对物料进行预处理，用发酵液调节物料的固含量。反应器内置搅拌轴，一方面有助于气体的排放，另一方面有助于物料的混合均匀。Komogas 发酵技术可以通过多组反应器并联的方式提高处理能力。

4）Linde-KCA 发酵工艺

Linde-KCA 发酵工艺严格来说是一种两阶段干式厌氧发酵系统[39]，广泛应用于德国、葡萄牙、西班牙和卢森堡等国家。该工艺可以处理固含量在 15%～45%的有机固废物。第一阶段被认为是第二阶段的预处理阶段，即好氧酸化水解阶段。第二阶段是厌氧发酵阶段，采用的是卧式平推流反应器，厌氧发酵结束后经过出料系统进行固液分离。

5）车库式发酵工艺

车库式发酵工艺的典型代表为德国的 BIOferm 工艺和 BEKON 工艺，其基本原理相似，混凝土车库式反应器结构为其装置主体，此外还包括沼液收集和喷淋体系、沼气收集和储存体系、沼渣处理体系和供热体系等。车库式采用序批式干式发酵工艺，该工艺进出料方便、运行简单、能耗较低，内部没有设置搅拌装置，主要靠沼液回流及喷淋实现物料的混合，干物质含量 20%～50%的固体有机原料都可以通过车库式发酵工艺实现甲烷化。此外，该工艺特别适用于沙石、金属、木头及其他纤维素组分等杂质含量较高的发酵原料[48]。

6.4.2.3 国产化厌氧发酵反应器的研究进展

针对我国农业秸秆、畜禽粪污等物料的处理特点，一些研究机构近年来也致力于开发出国产化的厌氧发酵反应器装备。研究热点主要有两个方面：一些研究机构针对我国干黄秸秆难处理的特点，结合流体力学、有限元计算分析等先进方法以及关键装备创新，对传统的厌氧发酵反应器工艺进行优化提升，如中国科学院青岛生物能源与过程研究所依托中国科学院战略性先导科技专项项目开发出了一种自沉降式高浓度厌氧发酵整体反应器（图 6.16），该反应器采用自沉降式的组合搅拌策略，对高浓度厌氧发酵过程的进料、搅拌、罐体、沼液回流、除砂等关键环节进行了一系列装备研发，从多维度对反应器进行了优化，有效解决了秸秆固态进料易堵塞、高浓度发酵搅拌不均、易结壳等工程难题。该反应器发酵浓度可达 10%～12%，大幅降低了水耗和热耗，容积产气率达 1.5（v/v）以上，自沉降式运行方案有效降低了运行能耗，并使得固体停留时间大于水力停留时间，提升了生物质物料的降解效率，净能量产出率高于 90%，大幅提升了生物天然气运行效益。目前该技术已在黑龙江、山东、江苏等地成功应用于多个产业化项目，核心运行指标与欧洲先进沼气工程持平，具有一定的代表性。干式厌氧发酵反应器是我国当前沼气领域的另一个研究热点，干式厌氧发酵由于容积产气率高、对物料的适用性更广，是未来沼气技术的发展趋势。欧洲虽有一些商业化运营的干式厌氧发酵沼气工程，但无论是处理青储玉米还是处理市政有机垃圾，与我国的原料特点均存在较大的差异，也不宜照搬过来。基于此，一些学者针对我国发展特点开展了系列研究，如中国科学院生态环境研究中心开发出干湿两相厌氧发酵处理系统，农业部规划设计研究院发明了一种覆膜槽式干法厌氧发酵系统，但总体来说，这些发酵系统受限于发酵规模和操作便利度，尚不具备大规模应用的条件，有待开发出运行更可靠的干式厌氧发酵装备。

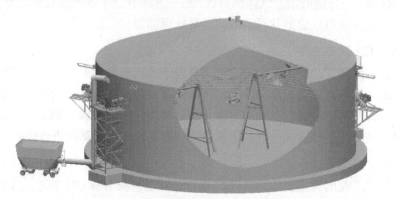

图 6.16　自沉降式高浓度厌氧发酵整体反应器

6.4.3　生物天然气工程应用

6.4.3.1　畜禽粪污处理工程

畜禽粪污处理沼气工程是我国目前最多的沼气工程。我国于 2016 年明确提出：以沼气和生物天然气为主要处理方向，以就地就近用于农村能源和农用有机肥为主要使用方向，力争在"十三五"时期，基本解决大规模畜禽养殖场粪污处理和资源化问题。2017年国家印发《关于加快推进畜禽养殖废弃物资源化利用的意见》，明确提出全国畜禽粪污综合利用率到 2020 年要达到 75% 以上，规模养殖场粪污处理设施装备配套率要达到95% 以上等要求。随后陆续发布了《关于整县推进畜禽粪污资源化利用工作的通知》《全国畜禽粪污资源化利用整县推进项目工作方案(2018—2020 年)》等政策，要求规模化的养殖场必须同时配套畜禽粪污的处理设施，使得近年来畜禽粪污沼气工程迅速增多。

畜禽粪污原料主要包括牛粪、猪粪、鸡粪等各类粪污，这些原料本身含有较丰富的厌氧微生物，且具有较好的可降解性和流态特点，技术难点较少，运行工艺比较成熟，工程较易于控制。目前该类工程受原料限制发酵浓度偏低，导致热耗、水耗较大，沼液产量也较大，难以有效处理，易造成二次污染。目前许多畜禽粪污沼气工程希望原料中加入秸秆原料，不仅可以提升发酵浓度，还可以调配原料碳氮比，从而获得更好的经济效益。

山东民和牧业沼气工程项目是典型的畜禽粪污处理项目，该项目以鸡粪为发酵原料，产生的沼气通过发电被利用，值得一提的是该项目还成为我国首个清洁发展机制（CDM，clean development mechanism，是《京都议定书》下基于项目的温室气体抵消机制，可理解为以"资金+技术"换取得来温室气体的"排放权"为主要形式的区域之间的碳交换）项目。另外，人源粪便也可以作为沼气工程的原料，如山东无棣县生物天然气项目，该项目以农业秸秆和农村改厕粪污为发酵原料，成为生物天然气供应与农村旱厕改造相结合的国家试点项目。

6.4.3.2 农业秸秆处理工程

农业秸秆是我国沼气生产潜力最大的一类生物质废弃物，但秸秆处理难度相对较大，我国农业秸秆生物天然气工程尚处于发展初期，数量相对较少。相对来说，青储玉米由于含水量高、挥发性易降解有机组分含量高、易破碎等特点，容易被处理，因而欧洲一般将青储玉米作为发酵原料。而我国为保证粮食生产，只能采用黄储秸秆或干秸秆作为原料，这些秸秆由于纤维长、材密质轻、韧性强，在物料传输和传质等方面会产生一系列难题，如进料过程易产生缠绕堵塞、发酵过程易产生浮渣结壳。近年来，干黄秸秆的处理技术和装备已经取得了重要突破，可以实现干黄秸秆规模化生物天然气工程的高效稳定运行，但秸秆沼气工程仍然存在秸秆收集及储存成本高、难度大的问题，限制了产业的发展。

截至2014年末，我国建设了458处秸秆沼气工程，设计产能日产沼气1000～2000m³，但实际产能与设计产能相去甚远[49, 50]，鲜有稳定高效运行的案例，这些工程一般采用CSTR发酵工艺，秸秆物料产气率为200～350m³/tVS[49, 50]，容积产气率一般<1m³/(m³·d)。我国目前鼓励建设规模化的以秸秆为原料的生物天然气项目，按照整县推进模式，日产生物天然气1万 m³以上，容积产气率达1.2m³/(m³·d)以上。黑龙江、吉林、河北、山东、安徽、江苏等秸秆产量大省已经开始着力布局规模化秸秆生物天然气工程的推广工作。黑龙江克东县生物天然气项目(图6.17)具有一定的代表性，该项目几乎全部采用国产化的高浓度厌氧发酵技术和成套化装备，以东北风干秸秆为主要原料，辅以附近牧场的牛粪，经

图6.17 黑龙江克东县生物天然气项目

过调试，该项目风干秸秆的产气率达到了 500m³/tVS，容积产气率达到 1.5m³/(m³·d)，日产生物天然气 3 万 m³ 以上。该项目目前在周边县进行了复制推广，形成了集群式产业发展。

6.4.3.3 厨余垃圾处理工程

随着我国 2017 年发布《生活垃圾分类制度实施方案》，厨余垃圾作为原料的生物天然气工程得到越来越多的关注。厨余垃圾的物化指标因各地的饮食结构及地域特点存在较大的差异[51]，但是都具有低固含量、高有机质的特点，如表 6.5 所示。厨余垃圾的理化特性与干式厌氧发酵技术对原料的要求天然相契，固含量为 20%～30%，适宜直接进行干式厌氧发酵。干式厌氧发酵技术还具有可直接固态进料、不需要加水稀释、沼液排放少和容积产气率高等优点。因此，干式厌氧发酵技术被行业内专家认为是未来厨余垃圾大规模处理的主流技术。国外对厨余垃圾干式厌氧发酵的研究起步较早，整体技术水平较高，应用范围较广泛。研究较为深入的国家有瑞士、法国、比利时和德国等。这些国家从垃圾分类政策、收储体系、处理工艺到工程装备均已经比较完善。前文叙述的 Dranco、Komogas 等几种干式厌氧发酵工艺均在欧洲实现了商业化应用。

表 6.5　不同城市地区厨余垃圾的物化指标　　　　（单位：%，以干基计）

物化指标	北京	无锡	上海	重庆	沈阳	杭州
蛋白质	13.99	22.10	1.22～7.40	19.96	NA	7.06～11.33
碳水化合物	44.97	42.60	NA	53.36	NA	46.27～68.28
脂肪	14.12	NA	0.70～2.40	19.87	NA	18.73～38.92
pH	6.62	NA	NA	6.40	4.50	4.64～6.98
碳元素	44.09	49.80	4.37～13.90	NA	NA	45.9
碳氮比	17.22	13.83	12.46～20.81	14.73	23.36	NA
总固含量(以湿基计)	23.70	20.00	10.00～30.11	28.41	27.67	25.33～30.48
参考文献	[52]	[53]	[54]	[55]	[56]	[57]

注：NA 表示未检测。

我国干式厌氧发酵的研究始于 20 世纪 80 年代，虽然已经取得一定的研究成果，但与欧洲国家相比还有一定的差距[58]。一些企业引进了欧洲的处理技术，取得了一定成效。杭州天子岭厨余垃圾生化利用工程项目是国内第一个规模化的厨余垃圾处理项目[59]。该项目采用的工艺主要包括前分选体系(去除玻璃、金属、纺织物以及塑料等)、干式厌氧发酵产沼气体系、沼气净化体系、沼渣脱水体系、热电联产体系以及电能并网体系等。该项目的干式厌氧产沼系统采用的是比利时 OWS 公司的 Dranco 发酵技术，发酵温度平均为 37.74℃，进料固含量平均为 22.08%，pH 为 7.5～8.0，沼气产量平均为 15 383m³/d。

我国众多城市目前虽然实施了垃圾分类，但目前厨余垃圾中仍然有较多塑料、玻璃等杂质。在农村，秸秆、粪污、庭院垃圾和厨余垃圾等各类废弃物堆放在一起，分类处理难度大，不利于资源化利用。常规的厨余垃圾处理工艺一般先经过分选，将杂质分离出去，再进入厌氧发酵程序。分选程序复杂，需要昂贵的分选设备，导致垃圾处理和投资成本大幅增加。鉴于一般厨余垃圾中的杂质均为惰性物质，对厌氧发酵不会产生影响，因而存在不进行分选、简单破碎后直接进入发酵系统的可能，通过发酵减量后再进行分选，可大幅提升分选的便利性并降低分选成本。因此，中国科学院青岛能源与过程研究所开发了一种厨余垃圾无预分选生物干式发酵处理系统，该技术集成了厌氧和好氧过程，采用内置搅拌系统的卧式平推流反应器，在提高物料固含量的同时，提高物料的传质和传热效率；压滤脱水后的沼渣直接进入好氧堆肥过程。该技术不需要进行前期的人工分选，直接将物料粉碎后进行生物发酵，采用多级螺旋输送的方式将物料在厌氧及好氧过程中实现传送，克服了干式发酵过程中物流流动性差和堵塞的问题。该工艺原料适用性广泛，对秸秆、粪污、厨余垃圾和其他农村有机垃圾等单一物料或混合物料都具有较好的处理效果，可为农村多元复杂生物质废弃物的处理提供一种低成本、广泛适用的解决方案。

6.5 生物天然气技术前沿

虽然我国生物天然气工程进入发展快车道，但是由于所处理原料结构复杂、厌氧发酵相关微生物机制尚不清晰等原因，生物天然气工程仍存在启动效率低、发酵周期长、产气效率低以及运行不稳定等一系列问题。同时，生物天然气被称为"负碳能源"，发掘生物天然气的负碳属性，对生物天然气产业的发展也有重要意义。本节从厌氧发酵的效率提升以及生物天然气的负碳利用等方面讨论生物天然气前沿技术。

6.5.1 厌氧发酵的效率提升

6.5.1.1 厌氧发酵的生物强化

厌氧发酵是一个极为复杂的微生物学过程，该过程是由具有不同代谢功能的微生物菌群共同完成的，整个发酵过程可划分为四个阶段，即水解阶段、产氢产乙酸阶段、同型产乙酸阶段以及产甲烷阶段。每一个厌氧发酵阶段是在不同的微生物作用下进行，然而由于所处理的底物以及采取的厌氧发酵工艺不同，在厌氧发酵过程中很容易出现"短板"效应，即厌氧发酵限速步骤。例如，在纤维类有机废弃物厌氧发酵过程中水解阶段往往被认为是限速步骤[60]；在餐厨垃圾等易腐有机废物高浓度厌氧发酵过程中，产甲烷阶段往往是限速步骤。提高相应微生物的活性，促进各种不同种类的微生物间相互协同作用是解决此问题的重要途径之一。

生物强化(bioaugmentation)技术产生于 20 世纪 70 年代，是向原有生境(biotope)中投加具有某特定功能的菌株或菌群，以提高土著微生物群落处理能力的一种生物学方法，是一种有潜能的且强有力的能调节原环境菌群结构和代谢能力的方法[61]。生物强化技术起初主要应用于土壤修复以及污水处理领域，之后逐渐扩展到强化厌氧发酵过程领域[62]。根据所采用的功能制剂类型不同，厌氧发酵生物强化技术可分为细菌强化、真菌强化、古菌强化和互营微生物强化，以及微生物代谢过程中发挥直接作用的生物酶强化[63]。目前，已有针对沼气发酵存在问题的生物强化研究，包括发酵系统启动时间的加快、原料利用率的增加、酸败系统恢复时间的缩短以及降低毒性物质的抑制作用等[64]。因为生物强化技术环境友好、经济性突出及效率高等方面的优势，已成为厌氧发酵前沿技术热点之一。但是，对于厌氧发酵生物强化尤其是生物强化菌剂在厌氧发酵过程中的定植以及与土著微生物相互作用仍缺乏系统性研究。借助目前先进的各种组学以及分析技术，厌氧发酵生物强化技术的生物学机制有望得到进一步解析。

6.5.1.2 厌氧发酵的电子传递和添加剂

厌氧发酵是由多种微生物参与的复杂生物化学过程，其中产甲烷是厌氧发酵的最后一步。产甲烷过程的主导者产甲烷菌只能利用小分子物质产生甲烷，包括氢气、二氧化碳、甲酸盐以及乙酸等。因此，发酵菌降解所产生的短链脂肪酸（如丙酸、丁酸等）以及醇类等小分子甲烷化需要首先进一步降解产生氢气、二氧化碳或者乙酸等物质才能被产甲烷菌所利用。然而，该过程为吸热反应，不能自发进行，其需要与产甲烷菌建立"互营"才能使得短链脂肪酸进一步降解。在这种"互营"关系中，种间电子传递至关重要，它直接决定着产甲烷的效率[65]。长久以来，以氢气或者甲酸盐为媒介的间接电子传递，被认为是这一"互营"关系唯一种间电子传递通路[66]。然而最近有研究表明，在"互营"氧化产甲烷的过程中，还存在微生物之间直接传递电子的过程——种间直接电子传递过程[67]，种间直接电子传递比种间间接电子传递能保留更多的能量，因此电子传递效率更高[68]。

细胞膜上的细胞色素c能够通过种间直接电子传递直接将电子传递给受体，菌毛等细胞附属物也可进行种间直接电子传递（图6.18）。Lovley实验室发现在厌氧发酵体系中，电子可以通过地杆菌（*Geobacter*）的导电菌毛直接传递到甲烷丝状菌（*Methanosaeta*）从而实现二氧化碳还原成为甲烷[67]。除微生物本身导电介质外，通过添加外源电子导体也可以实现种间直接电子传递。Lee等[69]研究发现，添加颗粒活性炭可以增强种间直接电子传递，加速VFAs向甲烷的转化，提高厌氧发酵产甲烷；与此同时，Tian等[70]通过添加石墨烯也得到了相同的研究结果；此外，有研究发现厌氧发酵体系中纳米零价铁的添加可以促进其中污染物质的降解和甲烷产量的提升[71]。Kato等发现导电磁铁矿纳米颗粒促进了硫还原地杆菌（*Geobacter sulfurreducens*）和脱氧硫杆菌（*Thiobacillus denitrificans*）

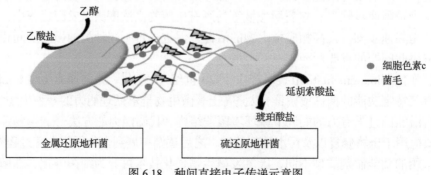

图 6.18 种间直接电子传递示意图

的种间直接电子传递，实现了乙酸氧化与硝酸盐还原的耦合反应[72]。同样的，Córdova等将磁性粉末添加到以猪粪为底物的厌氧发酵体系中，发现磁性粉末的添加可以减少挥发性有机酸的累积从而促进甲烷的产生[73]。因此，添加外源电子导体强化种间直接电子传递从而实现高效产甲烷也是目前研究热点之一。

除添加外源电子导体外，最近研究表明通过对厌氧发酵体系添加磁场也能促进其更高效的产甲烷过程。Dębowski 等研究表明添加恒定磁场对藻类乳酸乳球菌（*Lactococcus lactis*）的甲烷产量有显著影响，当磁场暴露时间为 144～216min/d 时达到最高的甲烷产量。但是随着暴露时间的延长，沼气中甲烷含量减少[74]。在以玉米秸秆为底物的厌氧发酵体系中，11.4mT 的稳恒磁场强度与对照组相比，总产气量和甲烷产量分别增加了 19.5%和20.0%[75]。Zhao 等认为额外添加的磁场促进了细胞生长和产甲烷菌的占比，进而使得沼气得以提升[75]。但仍然需要在分子水平上了解不同形式的磁场对微生物种群和沼气产量的影响，进而探索磁场和微生物群落之间相互作用的机制。

微生物电化学体系和厌氧发酵体系的协同作用（图 6.19）提高厌氧发酵处理效率和甲烷产量，是厌氧发酵领域前沿技术之一。厌氧发酵可以加速有机颗粒物质的水解，为微生物电化学体系提供更多可用的底物基质。微生物电化学过程可以阻止中间抑制物的积累，形成对产酸菌的反馈抑制，同时获得电子作为额外的能量来源。微生物电化学体系的引入可以显著提高厌氧废水消化甲烷产量的 5.3～6.6 倍，这可能是由于额外电化学分解氢气的释放从而增加了甲烷产量。同时还可以采用膜工艺进一步提高出水质量和工艺稳定性[76]。

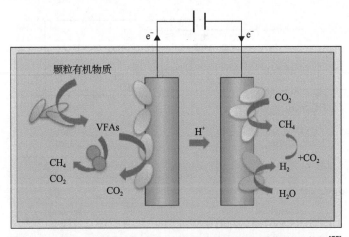

图 6.19　微生物电化学体系与厌氧发酵体系的协同作用示意图[77]

6.5.2　生物氢烷转化

6.5.2.1　生物氢烷转化技术简介

生物氢烷转化是实现沼气负碳利用的一种途径。生物氢烷转化指的是二氧化碳（CO_2）以氢气（H_2）或氢离子（H^+）/电子（e^-）为还原力，在产甲烷菌的作用下逐步被还原成甲烷的过程[78]。此过程主要有三种途径：①Wolf 循环途径[图 6.20(a)][79]，即在氢营养型产甲烷菌驱动下，作为电子供体的氢气能直接将二氧化碳还原成甲烷[式(6.1)]；②Wood-Ljungdahl 反应途径[图 6.20(b)][80]，即在同型产乙酸菌作用下，氢气和二氧化碳生成乙酸[式(6.2)]；随后在乙酸营养型产甲烷菌作用下，乙酸生成甲烷和二氧化碳[式(6.3)]；③直接电子传递链途径[81]，即在生物电化学体系中，某些产甲烷菌可以直接接受电子以及质子，将二氧化碳还原成甲烷[图 6.20(c)和式(6.4)]。

$$CO_2 + 4H_2 \longrightarrow CH_4 + 2H_2O \qquad \Delta H^{\ominus} = -130.7 \text{kJ/mol} \qquad (6.1)$$

$$4H_2 + 2CO_2 \longrightarrow CH_3COOH + 2H_2O \qquad \Delta H^{\ominus} = -104.5 \text{kJ/mol} \qquad (6.2)$$

$$CH_3COOH \longrightarrow CH_4 + CO_2 \qquad \Delta H^{\ominus} = -31.0 \text{kJ/mol} \qquad (6.3)$$

$$CO_2 + 8H^+ + 8e^- \longrightarrow CH_4 + 2H_2O \qquad (6.4)$$

根据生物氢烷转化所发生的位置不同，生物氢烷转化技术可以分为三种：①原位生物氢烷转化，即将氢气直接引入厌氧反应器中或者通过对厌氧反应器原位添加微生物电化学系统，从而进行生物氢烷转化[图 6.21(a)]；②异位生物氢烷转化，即将氢气和沼气混合后引入专门的沼气生物氢烷转化反应器，从而实现生物氢烷转化[图 6.21(b)]；③混合生物氢烷转化，即先通过向厌氧反应器引入氢气进行初步转化，而后将初步转化的沼气与氢气混合后引入专门的生物氢烷转化反应器，从而实现生物氢烷转化[图 6.21(c)]。

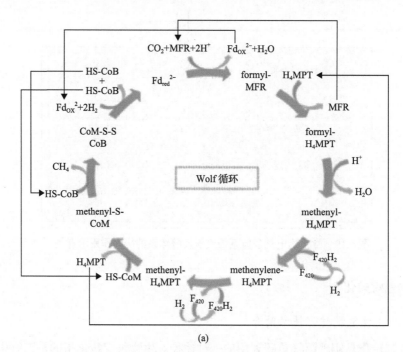

(a)

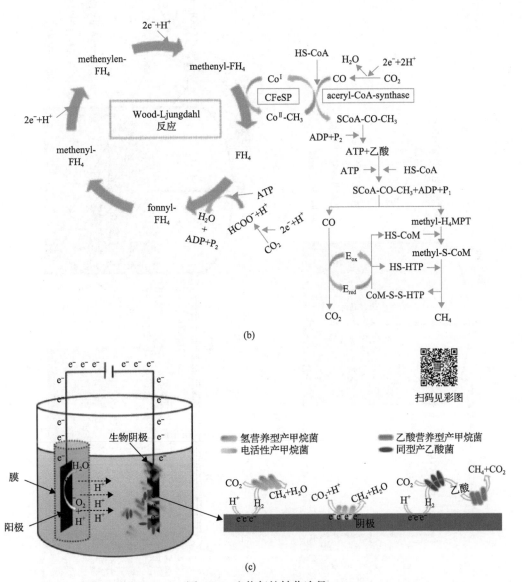

(b)

(c)

图 6.20　生物氢烷转化途径

(a) Wolf 循环途径；(b) Wood-Ljungdahl 反应途径；(c) 生物电化学氢烷转化途径

CoB：辅酶 B；CoM：辅酶 M；MPT：甲烷蝶呤；F_{420}：辅酶 420；MFR：甲烷呋喃；Fd_{ox}、E_{ox}：铁氧化蛋白；
Fd_{red}、E_{red}：铁还原蛋白；H_4MPT：四氢甲烷蝶呤；FH_4：四氢叶酸；CFeSP：角状铁硫蛋白；
CO^{I}：辅酶 I；CO^{II}：辅酶 II；ATP：三磷酸腺苷；ADP：二磷酸腺苷

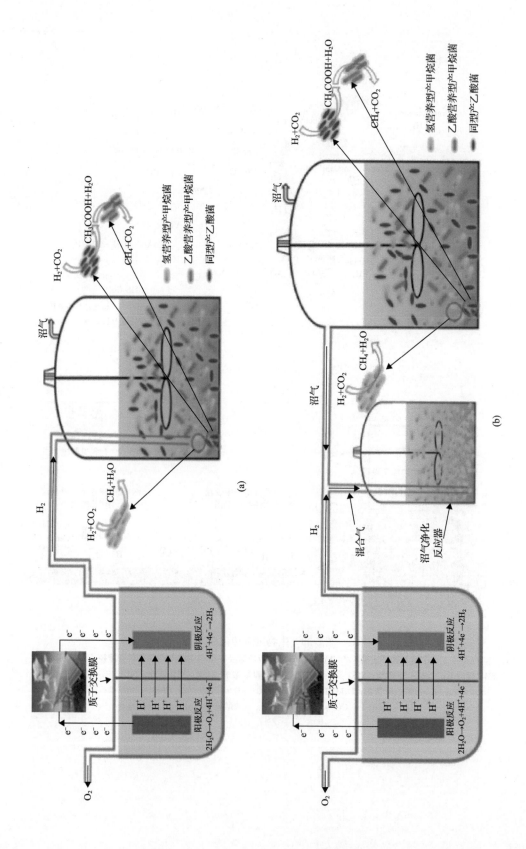

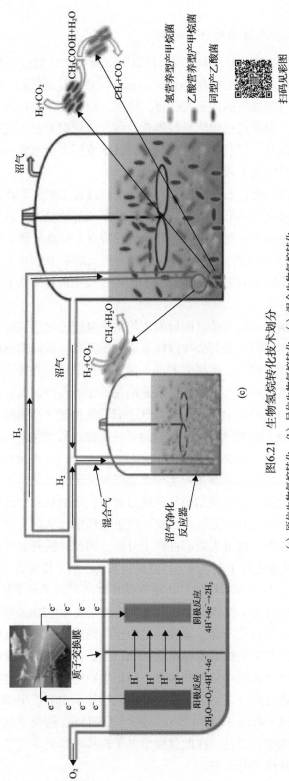

图6.21 生物氢烷转化技术划分

(a) 原位生物氢烷转化；(b) 异位生物氢烷转化；(c) 混合生物氢烷转化

6.5.2.2 生物氢烷转化技术的研究进展

生物氢烷转化的概念于 2012 年被首次提出[82]。近年来，通过生物氢烷转化实现沼气中二氧化碳利用并实现弃电的储存(power-to-gas)[83]愈发受到关注。Power-to-gas(P2G)指的是通过电解水将电能以气体的形式储存。然而，由于氢气储存及安全性问题，其商业化利用仍十分受限。因此通过生物氢烷转化，将二氧化碳通过氢气还原生成甲烷可同时实现氢气(电能)的储存、二氧化碳的固定。该技术应用于厌氧发酵领域，不仅可实现沼气的负碳利用，同时实现了沼气的提纯。

氢气通常可以从煤气化、石油精炼、石油化工厂或直接电解水获得[84]。然而，此过程所生产的氢气成本较高，从而导致生物氢烷转化沼气提纯技术在经济上不合算。由于风能和太阳能等可再生电力具有可变性、随机性的特点，很难与消费同步[85]，因此通过可再生余电生产氢气(P2G)进行生物氢烷转化具有很大的潜力。并且，伴随着风能和太阳能等可再生能源生产成本的进一步降低，通过 P2G 技术进行生物氢烷转化的经济性有望进一步提高。

直接向厌氧反应器引入氢气是目前最常用的生物氢烷转化沼气提纯方式。但是，一方面，直接向厌氧反应器引入氢气会导致体系氢分压升高，从而抑制丙酸、丁酸等小分子有机酸的同型产乙酸过程[78]。有研究表明，通过长期驯化或直接用氢营养型产甲烷菌进行生物强化来富集氢营养型产甲烷菌，快速消耗添加的外源氢气，从而减轻氢分压升高引起的代谢障碍[86]。另外，由于通入的氢气造成二氧化碳等产物的大量消耗从而会导致体系 pH 升高至 8 以上，对厌氧发酵过程的某些生化过程产生抑制。通过外源酸添加及时调整体系 pH 是应对这一情况的有效手段[87]。另外，Luo 等研究表明通过与易酸化物质(如餐厨垃圾等)共发酵也能够在一定程度上缓解由于二氧化碳被大量消耗而引起的体系 pH 升高[88]。在生物氢烷转化的沼气提纯过程中，溶解在水中的氢气量十分重要，因为微生物只能通过利用溶解的氢气对二氧化碳进行还原，从而实现氢烷转化，但是由于氢气在水中溶解度很低，此过程效率往往十分低。因此，提高氢气在水中的传质效率对于生物氢烷转化的快速进行十分重要。目前提高氢气在水中传质效率的方法包括快速搅拌[83]、通过填充物降低氢气气泡粒径[89]、沼气循环利用[90]或者压力厌氧反应器设计[91]。最近有研究表明，通过膜技术能够大幅提高氢气的转化效率：Diaz 等[92]利用中空纤维膜供氢的方式进行生物氢烷转化研究，发现通过中空纤维膜的使用，有效提高了氢气在水中的传质效率，最终沼气中甲烷浓度提高至 95%以上。但是如何避免膜污染和堵塞问题也成为膜技术在生物氢烷转化中应用的难点。利用生物电化学技术进行生物氢烷转化是目前沼气提纯领域的研究热点之一[93]。在生物电化学体系中，产甲烷菌直接接受阴极原位产生的氢气或者氢离子和电子[图 6.20(c)]进行氢烷转化，避免了氢气在水中的溶解过程，从而拥有更高的效率。但是，在此过程中电子转移规律仍不清晰，电极材料仍需要不断优化以提高此过程的库仑效率。

6.5.2.3 生物氢烷转化的技术难点

尽管基于生物氢烷转化的沼气提纯技术前景广阔，但是目前的研究主要集中于实验室规模，其商业化应用仍需要克服很多的困难。首先，生物氢烷转化只能利用溶解在水中的氢气进行二氧化碳还原，但是氢气在水中溶解度很低，如何提高氢气的传质效率仍是氢烷转化研究中的一大难题；其次，氢气引入引起的反应器会影响厌氧代谢过程，如果快速地消耗引入的氢气或者通过代谢通路调控避免氢气对厌氧过程的影响仍需进一步研究；同时，生物氢烷转化过程会大量消耗体系的二氧化碳从而导致体系 pH 升高，虽然通过及时调控体系 pH 能够在一定程度上解决此难题，但是此过程需要额外的经济投入。共发酵技术可能是应对此难题的解决途径之一，但是如何有针对性地调控共发酵底物的比例或者选取合适的共发酵底物是此技术的重点之一；另外，生物氢烷转化技术依赖于外源氢气的引入，但是目前氢气生产成本仍然很高，利用风能、电能等可再生能源进行 P2G，有望同时实现能源的储存及氢烷转化。随着风能、电能等可再生能源生产成本的降低，生物氢烷转化技术的经济性有望得到大幅提高。

利用生物氢烷转化技术不仅能够实现沼气的负碳利用和沼气提纯，还能够实现风能、太阳能等可再生电能的储存，对于增加生物燃气工程的经济价值和实现"双碳"目标具有重要意义。

6.5.3 生物天然气全生命周期碳排放评价研究

全生命周期评价(life cycle assessment, LCA)方法，是对一种产品或设备的整个生命周期过程的能源消耗和环境影响进行评价的方法，被评为从"摇篮到坟墓"的方法。全生命周期过程包括原料采集、使用和运输以及产品或设备生产、运输和最终处置，涉及能源发展、资源环境、经济体系和社会政策等多个领域[94]。采用全生命周期评价方法，对生物天然气生产系统的环境效应和能源收益进行评估，可为其在未来大规模工业应用中提供坚实的理论指导。全生命周期评价方法有助于发现对系统收益有重要影响的过程损耗，也可为强化燃气生产提供必要的改进方案。

生物质能是全生命周期碳零排放能源，其中有机废弃物厌氧发酵产生沼气，被认为是全生命周期碳负排放的过程。根据瑞典隆德大学[95]测算各种能源发电的 CO_2 排放量，以每 $1kW\cdot h$ 排放的全生命周期 CO_2 量计，煤炭为 703~1143g，天然气为 508g，风电为 89g，沼气发电为–414g。沼气主要成分为 CH_4，CH_4 分子的温室效应是 CO_2 分子的 25 倍之多[96]。在自然条件下，有机废物等在缺氧环境中会生成大量沼气，直接排放到大气中会引起温室效应。如果将这些有机废物收集起来作为生物天然气工程的原料，所产生的沼气能够得到有效的收集和能源化应用，可以避免大量沼气尤其是 CH_4 的自然形成甚至是无序排放。同时，生物天然气作为清洁能源，可以替代化石能源，避免化石能源的碳排放，而沼渣肥料则可以替代化肥，减少化肥生产和施用过程中的碳排放。由此说来，建设生物天然气工程，不仅能充分利用生物质资源，还能够进一步抵消一部分温室气体排放，助力我国碳减排目标的完成。除此之外，生物天然气工程还具有碳封存的效果，其能将碳素以生物炭等形式进行储存，随后与生物有机肥和土壤改良剂等产品一并进入土壤。因此，行业内的专家均在呼吁，相关政府管理部门也一再强调"推进生物天然气参与碳排放权交易"的重要意义。

原料对沼气工程全生命周期评价具有重要影响，目前，已经有不少学者对不同原料的沼气工程全生命周期评价展开了研究。如一些研究者对市政固体废弃物(MSW)的沼气工程进行了全生命周期评价研究[97]，从环境角度评估了废弃物管理方案，研究了全球变暖潜力(GWP)、臭氧层损耗、酸化潜力和富营养化潜力等影响，采用的方法包括 CML、Eco-indicator 95、EDIP 和 CED (Cumulative Energy Demand) 等。还有一些研究者研究了厨余垃圾沼气工程的全生命周期评价[98]，采用了不同的环境指标/方法(GWP、EDIP、CML、ILCD、CED、ReCiPe)。更多的人对畜禽粪污沼气工程开展全生命周期评价研究[98-100]，采用的指标/方法主要包括 GWP、EDIP、CML、ILCD、CED、ReCiPe 等。

可以看出，生物天然气工程是一个复杂的系统，其全生命周期评价涉及许多因素，评价的方法也多种多样，目前，尚缺乏一个公认的涵盖生物天然气工程完整体系的全生命周期评价体系。同时，由于我国秸秆沼气工程运行案例较少，对秸秆原料的评价研究还比较少，同时对混合原料发酵的研究也相对较少。为快速推进我国生物天然气参与碳排放权交易，急需开展相关研究，解决上述短板。

6.5.4　挑战和机遇

生物天然气工程在农业废弃物治理、农业循环经济发展、清洁燃气能源供应等多方面均具有重要价值，是生物能源领域的一个重要产业方向。我国以往传统的沼气工程，通常以易处理、易降解的畜禽粪污、餐饮垃圾、市政污泥等为主要发酵原料，发酵过程基本都采用低浓度发酵，缺乏针对秸秆等物料的高浓度发酵工艺以及专业化的发酵设备，因而普遍存在运行稳定性差、能耗高、效益低等问题；同时，沼气行业科技创新能力不强，沼气、沼渣、沼液("三沼")等相关资源综合利用水平不高，一些工程在运行过程中不仅出现沼气排空问题，甚至有沼液二次污染此类严重污染环境的问题；此外，关于农村沼气尤其是规模化沼气的发展，还缺乏相关政策支持，面临很多体制机制障碍，延缓了其发展速度。近年来，生物天然气纳入国家能源发展规划，迎来重大发展机遇。我国的秸秆禁烧、畜禽粪污处理、生活垃圾强制分类等政策为生物天然气产业发展提供了充分的原料保障，秸秆禁烧、"煤改气"、储气调峰、有机肥替代化肥等政策也为生物天然气产业衍生出巨大的产品需求，这些都对生物天然气产业的发展提供了巨大的推动力。2019 年，国家发布了《关于促进生物天然气产业化发展的指导意见》，意味着生物天然气作为新能源之一，已经纳入国家能源发展规划，迎来重大发展机遇。生物天然气工程的碳负排放潜力也可为实现我国"双碳"目标提供新的动力。并且，厌氧发酵科学的进步以及相关技术领域的发展为解决生物天然气领域面临的发酵周期长、产气效率低、运行不稳定等问题提供了新的方案，近几年厌氧发酵技术得到长足发展。随着技术和相关政策不断完善，相信生物天然气市场会迎来跨越式发展，必将成为我国能源体系的重要组成部分。

参 考 文 献

[1] Vendruscolo E C G, Mesa D, Rissi D V, et al. Microbial communities network analysis of anaerobic reactors fed with bovine and swine slurry[J]. Science of the Total Environment, 2020, 742: 140314.

[2] Liu L, Xiong R B, Li Y, et al. Anaerobic digestion characteristics and key microorganisms associated with low-temperature rapeseed cake and sheep manure fermentation[J]. Archives of Microbiology, 2022, 204(3): 188.

[3] Winfrey M R, Zeikus J G. Microbial methanogenesis and acetate metabolism in a Meromictic Lake[J]. Applied & Environmental Microbiology, 1979, 37(2): 213-221.

[4] Diekert G, Wohlfarth G. Metabolism of homoacetogens[J]. Antonie van Leeuwenhoek, 1994, 66(1): 209-221.

[5] Liu Y, Whitman W B. Metabolic, phylogenetic, and ecological diversity of the methanogenic archaea[J]. Annals of the New York Academy of Sciences, 2008, 1125(1): 171-189.

[6] Lyu Z, Shao N, Akinyemi T, et al. Methanogenesis[J]. Current Biology, 2018, 28(13): R727-R732.

[7] Mayumi D, Mochimaru H, Tamaki H, et al. Methane production from coal by a single methanogen[J]. Science, 2016, 354(6309): 222-225.

[8] Ferry J G, Lessner D J. Methanogenesis in marine sediments[J]. Annals of the New York Academy of Sciences, 2008, 1125(1): 147-157.

[9] Zhou Z, Zhang C, Liu P, et al. Non-syntrophic methanogenic hydrocarbon degradation by an archaeal species[J]. Nature, 2022, 601(7892): 257-262.

[10] 杨玉楠, 陈亚松, 杨敏. 利用白腐菌生物预处理强化秸秆发酵产甲烷研究[J]. 农业环境科学学报, 2007: 1968-1972.

[11] Kanmani P, Kumaresan K, Aravind J. Pretreatment of coconut mill effluent using celite-immobilized hydrolytic enzyme preparation from *Staphylococcus pasteuri* and its impact on anaerobic digestion[J]. Biotechnology Progress, 2015, 31(5): 1249-1258.

[12] Fu S F, Wang F, Shi X, et al. Impacts of microaeration on the anaerobic digestion of corn straw and the microbial community structure[J]. Chemical Engineering Journal, 2016, 287: 523-528.

[13] 杨久满. 以猪粪为接种物的餐厨垃圾中温厌氧试验研究[D]. 成都: 西南交通大学, 2012.

[14] Cremonez P A, Teleken J G, Weiser Meier T R, et al. Two-stage anaerobic digestion in agroindustrial waste treatment: A review[J]. Journal of Environmental Management, 2021, 281: 111854.

[15] Capson-Tojo G, Moscoviz R, Astals S, et al. Unraveling the literature chaos around free ammonia inhibition in anaerobic digestion[J]. Renewable and Sustainable Energy Reviews, 2020, 117: 109487.

[16] Weiland P. State of the art of solid-state digestion-recent developments[J]. Solid-State Digestion-State of the Art and Further R&D Requirements, 2006, 24: 22-38.

[17] Pankhania I P, Robinson J P. Heavy metal inhibition of methanogenesis by *Methanospirillum hungatei* GP1[J]. FEMS Microbiology Letters, 1984, 22(3): 277-281.

[18] Burton C H, Turner C. Anaerobic treatment options for animal manures[C]//Burton C H, Turner C. Manure Management-treatment Strategies for Sustainable Agriculture. 2nd ed. Silsoe: Silsoe Research Institute, 2003: 273-320.

[19] The IWA Task Group for Mathematical Modelling of Anaerobic Digestion Processes. Anaerobic Digestion Model No. 1 (ADM1)[R]. London: IWA, 2002.

[20] Zuo J, Ling X, Gu X. Biref introduction to anaerobic digestion model no.1(ADM1)[J]. Research of Environmental Sciences, 2003, 16(1): 57.

[21] Bernard O, Chachuat B, Helias A, et al. An integrated system to remote monitor and control anaerobic wastewater treatment plants through the internet[J]. Water Science and Technology, 2005, 52(1-2): 457-464.

[22] Gaida D, Wolf C, Meyer C, et al. State estimation for anaerobic digesters using the ADM1[J]. Water Science and Technology, 2012, 66(5): 1088-1095.

[23] 国家能源局. 生物天然气产品质量标准: NB/T 10136—2019[S]. 北京: 中国水利水电出版社, 2019.

[24] 安银敏, 张东东, 顾红艳, 等. 沼气脱碳技术研究进展[J]. 中国沼气, 2018, 36(6): 65-71.

[25] Bauer F, Hulteberg C, Persson T, et al. Biogas upgrading-Review of commercial technologies[R]. SGC Rapport, 2013.

[26] Adnan A I, Ong M Y, Nomanbhay S, et al. Technologies for biogas upgrading to biomethane: A review[J]. Bioengineering-Basel, 2019, 6(4): 92.

[27] Ahmed S F, Mofijur M, Tarannum K, et al. Biogas upgrading, economy and utilization: A review[J]. Environmental Chemistry Letters, 2021, 19(6): 4137-4164.

[28] Li M, Zhu Z, Zhou M, et al. Removal of CO_2 from biogas by membrane contactor using PTFE hollow fibers with smaller diameter[J]. Journal of Membrane Science, 2021, 627: 119232.

[29] Insam H, Gómez-Brandón M, Ascher J. Manure-based biogas fermentation residues—Friend or foe of soil fertility[J]. Soil Biology and Biochemistry, 2015, 84: 1-14.

[30] Yan L, Liu Q, Liu C, et al. Effect of swine biogas slurry application on soil dissolved organic matter (DOM) content and fluorescence characteristics[J]. Ecotoxicology and Environmental Safety, 2019, 184: 109616.

[31] Teglia C, Tremier A, Martel J L. Characterization of solid digestates: Part 2, assessment of the quality and suitability for composting of six digested products[J]. Waste and Biomass Valorization, 2011, 2(2): 113-126.

[32] He X, Yin H, Sun X, et al. Effect of different particle-size biochar on methane emissions during pig manure/wheat straw aerobic composting: Insights into pore characterization and microbial mechanisms[J]. Bioresource Technology, 2018, 268: 633-637.

[33] He X, Yin H, Han L, et al. Effects of biochar size and type on gaseous emissions during pig manure/wheat straw aerobic composting: Insights into multivariate-microscale characterization and microbial mechanism[J]. Bioresource Technology, 2019, 271: 375-382.

[34] Chen W, Liao X, Wu Y, et al. Effects of different types of biochar on methane and ammonia mitigation during layer manure composting[J]. Waste Management, 2017, 61: 506-515.

[35] Li X, Shi X, Feng Q, et al. Gases emission during the continuous thermophilic composting of dairy manure amended with activated oil shale semicoke[J]. Journal of Environmental Management, 2021, 290: 112519.

[36] Lu M, Shi X, Feng Q, et al. Effects of humic acid modified oyster shell addition on lignocellulose degradation and nitrogen transformation during digestate composting[J]. Bioresource Technology, 2021, 329: 124834.

[37] Zheng X B, Yang Z M, Xu X H, et al. Distillers' grains anaerobic digestion residue biochar used for ammonium sorption and its effect on ammonium leaching from an ultisol[J]. Environmental Science and Pollution Research, 2018, 25(15): 14563-14574.

[38] Zheng X B, Yang Z M, Xu X H, et al. Characterization and ammonia adsorption of biochar prepared from distillers' grains anaerobic digestion residue with different pyrolysis temperatures[J]. Journal of Chemical Technology and Biotechnology, 2018, 93(1): 198-206.

[39] 赵兰引, 冯晶, 赵立欣, 等. 全混式厌氧发酵反应器优化研究进展[J]. 中国沼气, 2018, 36(4): 33-38.

[40] 齐学谦, 苏燕. 升流式厌氧污泥床反应器处理工艺研究[J]. 中国环境管理, 2009, (2): 25-26, 28.

[41] 任石苟. 升流式厌氧污泥床反应器的应用[J]. 山西食品工业, 2005, (1): 11-13.

[42] 倪国, 况武, 缪应祺. 厌氧序批式活性污泥工艺的研究及进展[J]. 环境科学动态, 2003, (3): 37-39.

[43] 路朝阳, 汪宏杰, 于景民, 等. 农村废弃物厌氧干发酵技术研究进展[J]. 河南化工, 2015, 32(2): 7-11.

[44] Verma S. Anaerobic digestion of biodegradable organics in municipal solid wastes[D]. New York: Columbia University, 2002.

[45] Nichols C E. Overview of anaerobic digestion technologies in Europe[J]. Biocycle, 2004, 45(1): 47-48, 50-53.

[46] Fruteau D, Serge D, Claude S J. Anaerobic digestion of municipal solid organic waste: Valorga full-scale plant in Tilburg, The Netherlands[J]. Water Science & Technology, 1997, 36(6-7): 457-462.

[47] 龙良俊. 污泥厌氧消化工艺设计探讨[J]. 重庆工商大学学报(自然科学版), 2006, 23(3): 256-258.

[48] 盛力伟, 李剑. 车库式干发酵产沼技术在农业废弃物资源化利用领域的参数分析[J]. 农业工程, 2018, 8(7): 54-58.

[49] 王磊, 高春雨, 毕于运, 等. 大型秸秆沼气集中供气工程温室气体减排估算[J]. 农业工程学报, 2017, 33(14): 223-228.

[50] 李砚飞, 厚汝丽, 潘洪战, 等. 秸秆沼气产业化综合利用模式的探讨——以青县模式为例[J]. 食品与发酵工业, 2018,

44（6）：277-280.

[51] Negri C, Ricci M, Zilio M, et al. Anaerobic digestion of food waste for bio-energy production in China and Southeast Asia: A review[J]. Renewable & Sustainable Energy Reviews, 2020, 133: 110138.

[52] Yu M, Wu C, Wang Q, et al. Ethanol prefermentation of food waste in sequencing batch methane fermentation for improved buffering capacity and microbial community analysis[J]. Bioresource Technology, 2018, 248: 187-193.

[53] Xu Z, Zhao M, Miao H, et al. *In situ* volatile fatty acids influence biogas generation from kitchen wastes by anaerobic digestion[J]. Bioresource Technology, 2014, 163: 186-192.

[54] 夏旻，邰俊，余召辉. 上海市分类后家庭厨余垃圾理化特性分析[J]. 安徽农业科学，2015, 43（7）：276-278.

[55] Peng X, Zhang S, Li L, et al. Long-term high-solids anaerobic digestion of food waste: Effects of ammonia on process performance and microbial community[J]. Bioresource Technology, 2018, 262: 148-158.

[56] Zhang W, Wang X, Xing W, et al. Links between synergistic effects and microbial community characteristics of anaerobic co-digestion of food waste, cattle manure and corn straw[J]. Bioresource Technology, 2021, 329: 124919.

[57] 徐栋. 泔脚垃圾特性调查及其厌氧发酵的优化研究[D]. 杭州：浙江工商大学，2011.

[58] Duan Y, Chen H, Liu T, et al. Chapter 15—Food waste biorefinery: Case study in China for enhancing the emerging bioeconomy[M]//Bhaskar T, Varjani S, Pandey A, et al. Waste Biorefinery. Amsterdam: Elsevier. 2021: 421-438.

[59] 安晓霞，金文涛. 杭州天子岭厨余垃圾处理工程实例分析[J]. 绿色科技，2019, 8: 125-128.

[60] Martin-Ryals A, Schideman L, Li P, et al. Improving anaerobic digestion of a cellulosic waste via routine bioaugmentation with cellulolytic microorganisms[J]. Bioresource Technology, 2015, 189: 62-70.

[61] El Fantroussi S, Agathos S N. Is bioaugmentation a feasible strategy for pollutant removal and site remediation[J]. Current Opinion in Microbiology, 2005, 8（3）: 268-275.

[62] 李建安，陈乐，左然然，等. 生物强化技术在生物质沼气制备过程中的应用及研究进展[J]. 微生物学通报，2018, 45（7）：1588-1596.

[63] 徐俊，朱雯喆，谢丽. 生物强化技术对厌氧消化特性影响研究进展[J]. 化学进展，2019, 38（9）：4227-4237.

[64] 吴树彪，李颖，董仁杰，等. 生物强化在厌氧发酵过程中的应用进展[J]. 农业机械学报，2014, 45（5）：145-154.

[65] 张杰，陆雅海. 互营氧化产甲烷微生物种间电子传递研究进展[J]. 微生物学通报，2015, 42（5）：920-927.

[66] Stams A J M, Plugge C M. Electron transfer in syntrophic communities of anaerobic bacteria and archaea[J]. Nature Reviews Microbiology, 2009, 7（8）: 568-577.

[67] Rotaru A E, Shrestha P M, Liu F, et al. A new model for electron flow during anaerobic digestion: Direct interspecies electron transfer to *Methanosaeta* for the reduction of carbon dioxide to methane[J]. Energy & Environmental Science, 2014, 7（1）: 408-415.

[68] 高心怡，夏天，徐向阳，等. 碳材料促进废水厌氧处理中直接种间电子传递的研究进展[J]. 化工环保，2017, 37（3）：270-275.

[69] Lee J Y, Lee S H, Park H D. Enrichment of specific electro-active microorganisms and enhancement of methane production by adding granular activated carbon in anaerobic reactors[J]. Bioresource Technology, 2016, 205: 205-212.

[70] Tian T, Qiao S, Li X, et al. Nano-graphene induced positive effects on methanogenesis in anaerobic digestion[J]. Bioresource Technology, 2017, 224: 41-47.

[71] Pan X, Lv N, Li C, et al. Impact of nano zero valent iron on tetracycline degradation and microbial community succession during anaerobic digestion[J]. Chemical Engineering Journal, 2019, 359: 662-671.

[72] Kato S, Hashimoto K, Watanabe K. Microbial interspecies electron transfer via electric currents through conductive minerals[J]. Proceedings of the National Academy of Sciences of the United States of America, 2012, 109（25）: 10042-10046.

[73] Córdova M E H, de Castro e Silva H L, Barros R M, et al. Analysis of viable biogas production from anaerobic digestion of swine manure with the magnetite powder addition[J]. Environmental Technology & Innovation, 2022, 25: 102207.

[74] Dębowski M, Zielinski M, Kisielewska M, et al. Effect of constant magnetic field on anaerobic digestion of algal biomass[J]. Environmental Technology, 2016, 37（13）: 1656-1663.

[75] Zhao B, Sha H, Li J, et al. Static magnetic field enhanced methane production via stimulating the growth and composition of microbial community[J]. Journal of Cleaner Production, 2020, 271: 122664.

[76] Anukam A, Mohammadi A, Naqvi M, et al. A review of the chemistry of anaerobic digestion: Methods of accelerating and optimizing process efficiency[J]. Processes, 2019, 7(8): 504.

[77] Li W, Yu H. Advances in energy-producing anaerobic biotechnologies for municipal wastewater treatment[J]. Engineering, 2016, 2(4): 438-446.

[78] Zabranska J, Pokorna D. Bioconversion of carbon dioxide to methane using hydrogen and hydrogenotrophic methanogens[J]. Biotechnology Advances, 2018, 36(3): 707-720.

[79] Zhu X, Chen L, Chen Y, et al. Effect of H_2 addition on the microbial community structure of a mesophilic anaerobic digestion system[J]. Energy, 2020, 198: 117368.

[80] Can M, Armstrong F A, Ragsdale S W. Structure, function, and mechanism of the nickel metalloenzymes, CO dehydrogenase, and acetyl-CoA synthase[J]. Chemical Reviews, 2014, 114(8): 4149-4174.

[81] Sravan J S, Sarkar O, Mohan S V. Electron-regulated flux towards biogas upgradation-triggering catabolism for an augmented methanogenic activity[J]. Sustainable Energy & Fuels, 2020, 4(2): 700-712.

[82] Luo G, Johansson S, Boe K, et al. Simultaneous hydrogen utilization and *in situ* biogas upgrading in an anaerobic reactor[J]. Biotechnology and Bioengineering, 2012, 109(4): 1088-1094.

[83] Muñoz R, Meier L, Diaz I, et al. A review on the state-of-the-art of physical/chemical and biological technologies for biogas upgrading[J]. Reviews in Environmental Science and Bio/Technology, 2015, 14(4): 727-759.

[84] Omar B, Abou-Shanab R, El-Gammal M, et al. Simultaneous biogas upgrading and biochemicals production using anaerobic bacterial mixed cultures[J]. Water Research, 2018, 142: 86-95.

[85] Angelidaki I, Treu L, Tsapekos P, et al. Biogas upgrading and utilization: Current status and perspectives[J]. Biotechnology Advances, 2018, 36(2): 452.

[86] Fu S, Angelidaki I, Zhang Y. *In situ* Biogas upgrading by CO_2-to-CH_4 bioconversion[J]. Trends Biotechnol, 2021, 39(4): 336-347.

[87] Kim S, Choi K, Chung J. Reduction in carbon dioxide and production of methane by biological reaction in the electronics industry[J]. International Journal of Hydrogen Energy, 2013, 38(8): 3488-3496.

[88] Luo G, Angelidaki I. Co-digestion of manure and whey for *in situ* biogas upgrading by the addition of H_2: Process performance and microbial insights[J]. Applied Microbiology and Biotechnology, 2013, 97(3): 1373-1381.

[89] Bassani I, Kougias P G, Angelidaki I. *In-situ* biogas upgrading in thermophilic granular UASB reactor: Key factors affecting the hydrogen mass transfer rate[J]. Bioresource Technology, 2016, 221: 485-491.

[90] Zhao J, Hou T, Lei Z, et al. Effect of biogas recirculation strategy on biogas upgrading and process stability of anaerobic digestion of sewage sludge under slightly alkaline condition[J]. Bioresource Technology, 2020, 308: 123293.

[91] Lindeboom R E, Fermoso F G, Weijma J, et al. Autogenerative high pressure digestion: Anaerobic digestion and biogas upgrading in a single step reactor system[J]. Water Science and Technology, 2011, 64(3): 647-653.

[92] Diaz I, Perez C, Alfaro N, et al. A feasibility study on the bioconversion of CO_2 and H_2 to biomethane by gas sparging through polymeric membranes[J]. Bioresource Technology, 2015, 185: 246-253.

[93] Khan M U, Lee J T E, Bashir M A, et al. Current status of biogas upgrading for direct biomethane use: A review[J]. Renewable and Sustainable Energy Reviews, 2021, 149: 111343.

[94] 孙驰贺. 生物质水热水解及厌氧发酵制氢烷过程转化特性与强化方法[D]. 重庆: 重庆大学, 2020.

[95] Soam S, Borjesson P, Sharma P K, et al. Life cycle assessment of rice straw utilization practices in India[J]. Bioresource Technology, 2017, 228: 89-98.

[96] The Global Methane Initiative. Methane's Role in Global Warming[EB/OL]. [2022-08-30]. https://www.globalmethane.org/methane/.

[97] Cremiato R, Mastellone M L, Tagliaferri C, et al. Environmental impact of municipal solid waste management using Life Cycle

Assessment: The effect of anaerobic digestion, materials recovery and secondary fuels production[J]. Renewable Energy, 2018, 124: 180-188.

[98] Ruiz D, San Miguel G, Corona B, et al. Environmental and economic analysis of power generation in a thermophilic biogas plant[J]. Science of the Total Environment, 2018, 633: 1418-1428.

[99] Li Y, Manandhar A, Li G, et al. Life cycle assessment of integrated solid state anaerobic digestion and composting for on-farm organic residues treatment[J]. Waste Management, 2018, 76: 294-305.

[100] Ramírez-Arpide F R, Demirer G N, Gallegos-Vázquez C, et al. Life cycle assessment of biogas production through anaerobic co-digestion of nopal cladodes and dairy cow manure[J]. Journal of Cleaner Production, 2018, 172: 2313-2322.

第 7 章

木质纤维素糖化和液体生物燃料

7.1 木质纤维素生物转化策略

木质纤维素是植物中除了淀粉、蛋白质和脂质之外的主要成分，占植物干物质的一半左右。地球上每年的木质纤维素生物质产量大约为 2000 亿 t，是最丰富的可再生资源之一。我国的主要可利用生物质资源年产量约 35 亿 t，其中木质纤维素生物质秸秆和林业废弃物分别为 8.3 亿 t 和 3.5 亿 t，且处于平稳上涨趋势[1]。生物质能是公认的可再生零碳能源，而且生物质可通过化学或生物转化方法转变为各类化学品和材料，替代依赖于化石能源生产过程的各种化工产品，是可再生能源中唯一同时具有能源和物质双重属性的能源形式，在未来碳中和条件下是能源和化学品供给的主要来源之一。目前我国木质纤维素生物质的能源化利用率不足 10%[1]，仍然具有极大的开拓发展空间。木质纤维素的高效转化利用对于我国实现"双碳"目标、振兴乡村经济和保护农业环境具有重要意义。

木质纤维素是由六碳糖、五碳糖和酚类化合物聚合形成的高分子聚合物。木质纤维素主要来源于植物的细胞壁，是植物抵抗外部侵害、保护自身的主要工具，因而具有坚韧难以降解的特性。木质纤维素的转化过程就是克服降解屏障将这些高聚物解聚降解成为小分子量的化合物，进而通过后续的生物或化学反应转变成生物燃料和化学品。基于使用的主要技术方法，木质纤维素转化可以分为化学转化和生物转化，生物转化方法又可再根据产品类型分为沼气和液体生物燃料生产，其中化学转化方法和沼气生产方法将在其他篇章中详述，本章主要讨论生物转化方法生产液体生物燃料的过程。

7.1.1 生物转化的基本原理与过程

纤维素、半纤维素和木质素通过复杂的相互作用交织结合在一起形成了致密的木质纤维素（图 7.1）。木质纤维素生物质主要包括三种成分：纤维素（35%～55%）、半纤维素（25%～35%）和木质素（15%～25%），比例约为 4∶3∶3，以及少量可抽提物和灰分。不同植物来源的木质纤维素中各个组分的比例具有较大差异，特别是半纤维素和木质素的占比差别较大。纤维素是由 D-葡萄糖通过 β-1,4-糖苷键形成的链状聚合物，聚合度可以从几百到上万。多条纤维素链通过氢键和范德华相互作用以平行取向结合形成微纤丝，微纤丝进一步聚合形成纤丝，并进一步缠绕形成更高级的结构。微纤丝之间填充由半纤维素和木质素形成的网状聚合物。半纤维素是带有支链的木糖、阿拉伯糖、半乳糖、甘

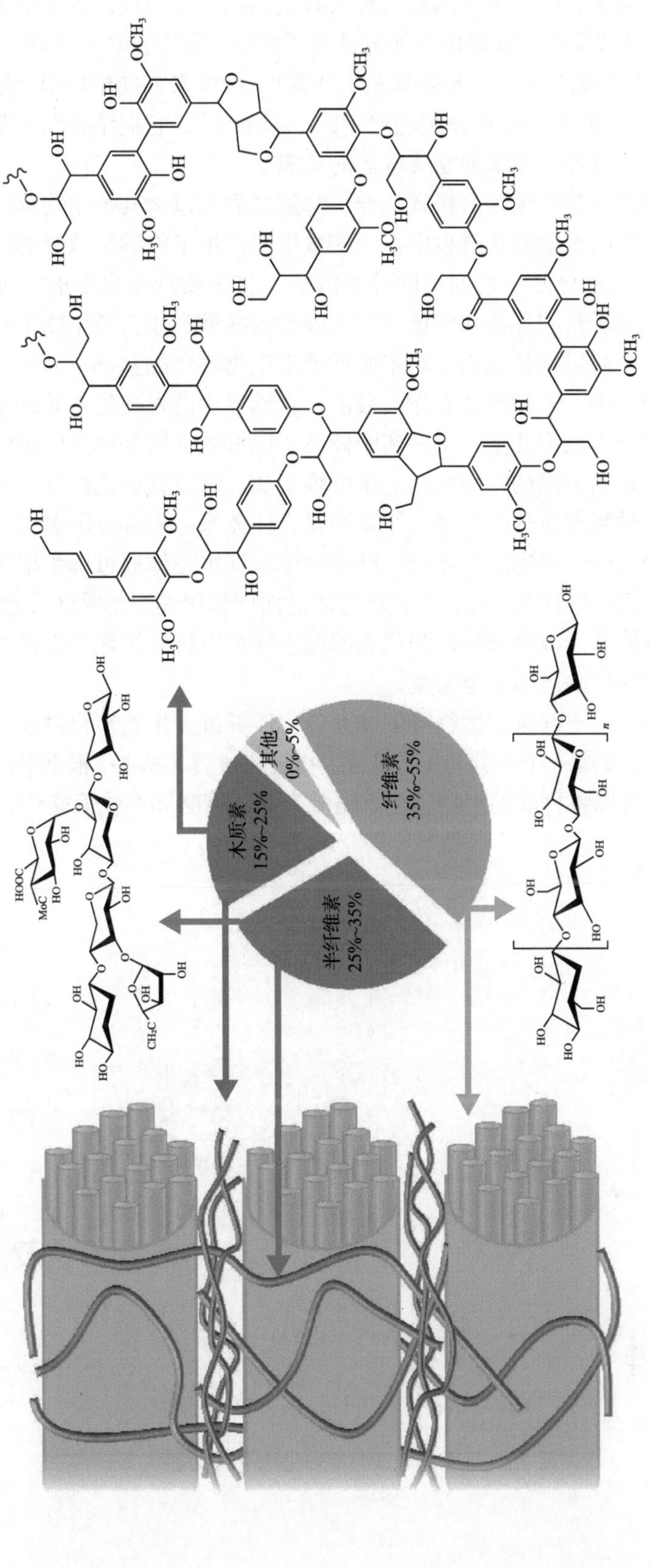

图7.1　木质纤维素的结构与组分[2, 3]

露糖和糖醛酸形成的聚合物。木质素是一种具有复杂结构和组成的天然酚类聚合物，其作用主要是提高细胞壁强度，其单体单元包括芥子醇(S, 紫丁香基木质素)、松柏醇(G, 愈创木基木质素)和香豆醇(H, 对羟基苯基木质素)。纤维素如同植物细胞壁的"钢筋骨架"，而半纤维素和木质素则是植物细胞壁中的"混凝土"，它们结合在一起为植物提供了枝干形貌、韧性、抗侵袭和辅助物质输运的功能。

木质纤维素中富含葡萄糖等有机碳成分，降解之后可以为其他生物提供能量和营养来源，因此在自然界的长期进化过程中，一些微生物产生了能够高效降解植物细胞壁的能力。这些微生物通过分泌一系列不同种类的酶，将木质纤维素中的各种成分解聚，并将糖类分解成小分子量的寡糖和单糖，进而吸收这些糖类作为微生物生长和代谢的能量和营养来源。这些微生物是我们实现木质纤维素生物转化的基础，而微生物的多样性则为生物转化过程提供了丰富的资源库。目前，自然界中已发现的木质纤维素的生物降解转化体系主要可分为以下几类：①游离酶体系。以好氧真菌和部分厌氧细菌为代表的微生物可以分泌一系列不同的纤维素酶、半纤维素酶、木质素氧化酶等，每一种酶可以独立完成针对某一种特定成分的降解。②多酶复合体体系。以部分厌氧细菌为代表的微生物可以分泌一种大分子多酶复合体——纤维小体，纤维小体通过脚手架蛋白将各种不同的木质纤维素降解酶组装在一起，通过酶之间的协同作用实现木质纤维素的高效降解。③细胞辅助的降解体系。以哈氏细菌为代表的微生物可以将纤维素链直接吞入细胞并完成降解，但其具体的机制还不完全清楚。

基于目前已知的木质纤维素生物降解体系，木质纤维素生物转化过程一般包括预处理、酶解糖化和产品发酵三个部分。由于酶是生物转化过程的核心，根据酶的生产方式、使用方式和类型，可以将目前的生物转化策略分为离线策略和在线策略(图 7.2)[4]。离线

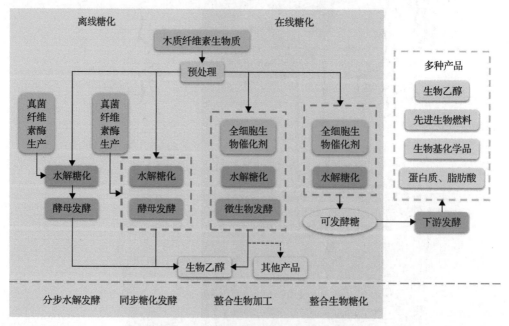

图 7.2　木质纤维素生物转化的不同策略[4]

策略中糖化过程使用的酶是单独生产制备的，产酶过程不依赖生物转化过程。比较有代表性的离线策略有分步水解发酵(SHF)、同步糖化发酵(SSF)、同步糖化共发酵(SSCF)等。在线策略是指在木质纤维素生物转化过程中同时进行酶的生产，酶的生产过程依赖于整个生物转化过程。代表性的在线策略有整合生物加工(CBP)和整合生物糖化(CBS)。不同策略的设计主要是考虑到现有技术成熟度、成本、菌株特性、原料来源、开发的难易度、产品类型等多种因素。无论采用哪种策略，生物转化过程基本上都需要预处理、产酶、水解糖化、发酵等几个步骤。不同策略通过组合不同的步骤实现降低过程成本和提高转化率的目的。以下将对几种主流的木质纤维素生物转化策略分别进行阐述。

7.1.2　同步糖化发酵策略

在较早设计的分步水解发酵(SHF)策略中，木质纤维素转化的各个步骤都是分别进行的，工艺中存在一些问题。首先是在水解糖化阶段酶会受到显著的产物反馈抑制；其次由于整个过程步骤较多，设备复杂，中间过程易污染。针对这些问题，在 20 世纪 70 年代提出了将糖化过程和下游发酵过程整合起来的策略，称为同步糖化发酵(SSF)[5, 6]。SSF在发酵过程中将糖化产生的糖利用，从而解除了糖对糖化酶的反馈抑制，可以减少酶的用量并提高糖化效率，同时也减少了设备的数目和过程污染的可能性。因此，SSF 很快被广泛接受并得到了大量的研究和开发，建成了中试和产业化示范装置，至今仍是木质纤维素生物转化的主要工业化策略。

实现 SSF 要求酶解糖化过程和下游生物燃料发酵过程尽可能匹配。对各种来源的纤维素酶的研究表明，以里氏木霉(*Trichoderma reesei*)为代表的真菌所生产的纤维素酶是目前最高产和高效的纤维素酶体系，已有多种商业化产品生产，比较有代表性的如诺维信公司(Novozyme)的 *CTec3*、杜邦(DuPont)公司的 Accellerase Trio 等。多年的研究表明，这些纤维素酶进行酶解的最佳温度在 50℃左右，而酿酒酵母的最佳发酵温度通常为30℃左右，两者的温度条件不一致是 SSF 首先需要解决的问题。由于降低温度会导致酶的活性下降，同时酶解糖化过程又是纤维素降解的主要限速步骤，因此从技术经济性上来说筛选耐高温且在高温下可高产乙醇的酵母是最佳的选择。虽然已有许多耐高温酵母筛选的研究报道，但由于成熟度不高，目前 SSF 工业化装置的实现温度大多仍然采用37～38℃的折中方案[7]。筛选高温、高产乙醇、高耐受的酵母及其与纤维素酶的匹配性仍然是目前 SSF 研究的重点方向。除了温度的问题，在 SSF 中由于酶解糖化和发酵过程在同一个体系中，酶解过程和发酵过程之间可能会产生相互抑制，如酶制剂中的杂质可能会抑制酵母发酵、酵母及其代谢产物以及发酵过程 pH 的变化可能会导致纤维素酶的活性下降和降解等，因此 SSF 开发过程中纤维素酶体系和下游发酵菌株的选择与匹配至关重要。

通常酿酒酵母不能利用木糖，同时 SSF 过程中产生的木糖会对糖化和发酵过程产生显著的抑制作用。为了解决这一问题，研究者提出了同步糖化共发酵(SSCF)策略，能够同时利用糖化产生的己糖和戊糖，从而解除戊糖的抑制作用[8]。SSCF 的实现方法有两种，一种是改造已有酵母菌或其他微生物使其具备同时发酵己糖和戊糖的能力，另一种是同时使用两种不同的菌株来发酵己糖和戊糖。目前报道的 SSCF 菌株有酿酒酵母、毕赤酵母、运动发酵单胞菌、大肠杆菌等。需要注意的是，在 SSCF 中，菌株不仅需要能够同时利用五碳糖和六碳糖，还需要同时具备较高的产乙醇能力和高浓度乙醇耐受性，这对许多模式微生物都是巨大的挑战。

在对 SHF、SSF、SSCF 等策略工艺开发中，虽然预处理、产酶、糖化和发酵等工艺过程最初都是被单独开发和优化的，但实际上这些过程之间存在复杂的相互影响。由于木质纤维素体系的高度复杂性和生物转化过程中成本的高度敏感性，各个工艺过程必须相互匹配才能使整个过程得到最大程度的优化，从而尽可能地降低最终产品的成本。因此，底物、酶和下游发酵微生物之间的互作关系和适配性非常重要，是未来需要特别注意和研究的问题[9]。

SSF 从提出至今已有近半个世纪的发展，虽然目前已有多个商业化装置建成和运行的报道，但仍没有能够实现真正的规模产业化。除去化石能源价格的波动导致生物燃料乙醇在市场上不具备竞争优势的因素，SSF 自身还存在内在的局限性，其中最主要的一个因素仍然是酶的成本过高问题。真菌纤维素酶的生产在过去的几十年中得到了巨大的发展，其成本已经降至每千克蛋白质 10 美元左右，然而在此情况下以理论转化率计算，生产每吨葡萄糖就需要约 250 美元的用酶成本。另外，从理论上考虑纤维素乙醇的生产过程，如果使用的葡萄糖的每吨生产成本超过 100 美元，产生的纤维素乙醇将很难具备经济性。由于纤维素酶的活性和生产过程已经得到近乎极限的优化，要想在目前成本的基础上再大幅降低是非常困难的。因此，要真正实现木质纤维素生物转化工艺的技术经济性，需要不同于 SSF 的变革性策略和工艺。

7.1.3 整合生物加工策略

在经过对 SSF 的数十年研究之后，人们发现纤维素酶的成本是制约其产业化技术经济性的关键。鉴于纤维素酶的生产本身也是生物发酵过程，美国达特茅斯学院的 Lynd 等受到 SSF 通过整合 SHF 的步骤来降低成本的启发，提出了将产酶过程和糖化发酵过程完全整合到一个生物系统中的思路，即整合生物加工(consolidated bioprocessing, CBP)[10]。在 CBP 中，预处理后的底物通过一个生物体系直接实现产酶、糖化、发酵产乙醇的整个过程，不再进行酶的分离与纯化，同时酶的生产也是利用木质纤维素底物完成的，产酶和用酶的成本大大降低，从而在理论上可以实现技术经济性。需要注意的是，CBP 需要在一个体系中完成从产酶到乙醇生产的全过程，而自然界中的天然菌株尚未发现一个既能高产纤维素酶又能高产乙醇的菌株，因此 CBP 的实现需要对现有菌株进行系统的改造，或者利用两个或多个菌株的共培养来实现。CBP 提出的时间正是基因组测序技术日臻完善、大量微生物基因组得到测序的时期，海量的基因组数据为菌株改造提供了丰富的资源库；同时，基因编辑技术也在飞速发展，合成生物学等变革性技术被提出并迅速发展，为构建 CBP 工程菌株提供了技术基础。因此 CBP 提出之后得到了研究者的广泛关注和认可，是最近二十年来迅速发展的木质纤维素生物转化策略，并被推广到其他生物加工过程。

由于 CBP 需要对菌株进行系统改造，初始菌株的选择就需要同时考虑菌株本身的性能和遗传改造的难易程度。CBP 工程菌株需要同时具备高产纤维素酶(也即高效降解纤维素)和高产乙醇(或其他生物燃料)的能力。大肠杆菌、枯草芽孢杆菌等模式菌株的遗传操作工具相对比较成熟,遗传背景和生理代谢分子机制相对比较清晰,但 CBP 工程菌株所需要的两种能力都不具备,因此需要工程化改造的程度非常高。而对于具备高产纤维素酶或高产乙醇能力的菌株,大多遗传操作工具相对匮乏,对遗传背景和生理代谢分子机制的了解非常有限,但通常只需改造使其增加另一种能力即可实现。此外,自然界通过进化产生的木质纤维素高效降解菌株,其高效产酶和降解木质纤维素的能力与其自身的诸多生理特性是密切关联的,但目前对这种关联机制的理解还非常有限,因此如果要在一个不能降解纤维素的菌株中改造来实现自然界数万亿年进化产生的优质性能是非常困难的。从这一点考虑,选择自然界中能够高效产生纤维素酶和降解纤维素的菌株作为出发菌株,对其进行 CBP 工程的改造可能是最为现实和有效的路径。

虽然自然界中尚未发现能够同时高效降解木质纤维素和高产乙醇的微生物,但是在一些高效降解木质纤维素的厌氧微生物中,存在产生乙醇的代谢通路,天然就已具备一定的乙醇生产能力,这些菌株自然而然成为最具潜力的 CBP 候选菌株。其中比较有代表性的菌株包括嗜热的热纤梭菌(*Clostridium thermocellum*)和极端嗜热的热解纤维素菌(*Caldicellulosiruptor bescii*)等。热纤梭菌和热解纤维素菌产生的纤维素酶各具特色。热纤梭菌主要是产生一种称为纤维小体的纤维素酶多酶复合体,这种复合体是通过不具催化能力的脚手架蛋白将多种纤维素酶组装到一起,通过酶之间的协同作用高效降解纤维素。热解纤维素菌的特色则是产生多功能纤维素酶,即产生的酶是直接由多种纤维素酶模块串联在一起形成的。经过多年的研究和开发,这两种微生物都已经具备可以使用的遗传操作工具,从而可以通过改造增强其乙醇生产能力和耐受能力。需要注意的是,在基因组测序之后,菌株的代谢通路相对比较清晰,结合代谢流分析可以理性地设计和改造其代谢通路,使其乙醇的产量能够得到较大提升;但是乙醇的耐受性涉及的因素相对比较复杂,与细胞的膜通透性、各种蛋白质机器的耐受性等都有密切关系,难以通过理性改造得到较大提升,往往通过实验室定向进化等手段才能得到比较好的效果。此外,乙醇的生产性能和耐受性能在达到一定的高度之后需要同时进行优化。之前已有研究发现,仅仅在乙醇压力下进行乙醇耐受性的筛选,得到的乙醇耐受菌株往往是其乙醇代谢通路发生了逆反应增强,使其能够消耗乙醇而表现出更好的耐受性,并非是我们所需要的真正耐受乙醇的菌株[11]。

美国达特茅斯学院的 Lynd 课题组在提出 CBP 策略之后,一直主要以热纤梭菌为底盘进行 CBP 工程菌株开发,探索了代谢通路理性改造、实验室定向进化、菌株共培养等多种方法。在 2020 年发表于 *Biotechnology for Biofuels* 上的一篇论文中,Lynd 课题组在之前获得的关键基因突变株的基础上,结合实验室定向进化,获得的最优菌株在以 120g/L 纤维素为底物的载量下,最终发酵达到的最高醇类产物滴度为 29.9g/L 的乙醇和 5.1g/L 的异丁醇[12]。这一浓度虽然已经接近进行工业蒸馏提纯乙醇所需的浓度,但其产率仍然低于理论最大产率的 50%,同时使用的底物是比天然木质纤维素底物更易降解的纯的结晶纤维素。因此,对热纤梭菌的 CBP 工程改造离实现真正的产业化仍有很长的路要走。

CBP 策略整合了木质纤维素转化为生物燃料过程中的所有生物过程，但仍需要使用经过预处理的底物。预处理通常是一个物理或化学过程，也是木质纤维素生物转化过程中的主要成本瓶颈之一。Lynd 课题组提出了将 CBP 过程与高温条件下的强力机械研磨底物相结合的方案，称为整合生物加工联合处理（CBP-CT）。他们构建了一个特定的生物反应器，其中包含用于研磨的挡板和 4.8mm 不锈钢球，发现热纤梭菌能够在强力球磨的情况下进行细胞生长和乙醇生产，而酿酒酵母的发酵则完全停止，说明具有较大尺寸的酵母细胞更容易受到机械铣削的影响，而热纤梭菌受到的影响较小[13]。他们发现 CT 策略可以增强底物的溶解，并且可以显著降低资本成本和投资回收期对资本规模的依赖性。然而，CBP-CT 的能源消耗较大，尤其是在规模扩大的情况下，可能会影响运营成本。

除了使用热纤梭菌等高效降解木质纤维素的菌株作为出发菌株，CBP 策略也可以采用其他的出发菌株，其中研究最多的是酿酒酵母，主要的原因是其具有较强的乙醇生产能力以及相对成熟的遗传操作工具。由于酿酒酵母本身并不具有纤维素降解能力，使用酵母菌株实现 CBP 的首要工作就是要让酵母分泌表达各种纤维素酶类。已有大量研究进行了这方面的工作，包括分泌游离的纤维素酶、将纤维素酶展示到细胞表面以及以类似纤维小体的方式将多个酶组装起来展示到细胞表面。这些 CBP 菌株都获得了一定程度的纤维素降解能力，从而可以发酵纤维素生产乙醇。然而，CBP 策略的实际应用要求菌株具有非常强的纤维素酶生产能力、乙醇发酵能力、耐受底物和产物中的抑制物等。目前酵母的 CBP 菌株，除了乙醇生产之外，其他能力都有明显的不足，导致目前报道的 CBP 酵母菌株的乙醇生产滴度大多都在 10g/L 以下。此外，酵母通常存在碳代谢抑制，会优先利用葡萄糖，再利用五碳糖，为了同时高效转化木质纤维素中的半纤维素成分，需要对酿酒酵母的碳代谢途径进行系统改造。和 SSF 一样，由于纤维素酶的最佳酶解温度在 50℃ 以上，使用酿酒酵母进行 CBP 开发存在酶解糖化过程和乙醇生产过程的温度匹配问题。总的来说，使用酿酒酵母作为 CBP 菌株虽然在理论上是可行的，但仍有大量的问题需要研究和克服，目前的开发程度离产业化应用还比较遥远[14, 15]。

总的来说，CBP 策略提供了一种有效降低过程成本的方法，对生物质能源的开发具有非常重要的指导意义。但同时，CBP 策略生产生物乙醇或者其他生物燃料，仍然处在早期的研究阶段。如何实现有效的底盘菌株细胞改造，使其同时具备 CBP 过程中所需的多种性能，如高产纤维素酶、高产乙醇或其他生物燃料、高耐受底物及产物中的抑制物、高效同时利用纤维素和半纤维素等，仍然是 CBP 开发中需要持续研究的问题。

7.1.4 整合生物糖化策略

在同步糖化发酵策略和整合生物加工策略中，都面临同一个问题：高效降解木质纤维素的条件和高效发酵生产生物燃料的条件不匹配。这导致要么整个过程无法实现每个阶段的最优化（即采用牺牲某些性能的折中方案），要么需要对菌株进行非常复杂繁重的工程改造，从目前已有的菌株改造效果来看并不理想。因此，中国科学院青岛生物能源与过程研究所崔球研究员带领的研究团队提出了一种新的策略：整合生物糖化（consolidated bio-saccharification，CBS）[4]。这一策略将木质纤维素的降解（即糖化）与糖的发酵生产生物燃料的过程分离开，从而可以在两个阶段分别以最优的条件进行，克服上述不匹配的问题；同时，这一策略仍然将产酶和糖化过程整合，因而保留了整合生物加工策略中降低纤维素酶生产和使用成本的优势。此外，CBS 以可发酵糖作为产品，下游可以对接不同的发酵过程，可以充分利用现有发酵菌株的最优条件，实现转化率的最大化。

CBS 策略将发酵生产生物燃料的过程从整合生物加工中剥离出来，其核心就是实现木质纤维素的高效糖化过程。由于以可发酵糖为产品，需要糖化后积累高浓度的单糖或寡糖，其最主要的瓶颈在于产物对纤维素酶的反馈抑制。幸运的是，这一问题在之前多年的纤维素酶研究中已经有了解决方案：使用 β-葡萄糖苷酶(BGL)将寡糖降解为葡萄糖，而葡萄糖对于 BGL 的反馈抑制程度要低得多，且文献中已报道有大量的高葡萄糖耐受的 BGL。因此，实现 CBS 策略的方案就是选择高效的木质纤维素降解体系，同时引入具有高葡萄糖耐受的 BGL，将纤维素直接高效降解为葡萄糖。崔球研究团队选择热纤梭菌这一高效降解木质纤维素的菌株，在 2017 年成功通过融合表达的方式实现了在其中分泌表达一个外源的高活性 BGL，首次获得了可以高效进行木质纤维素糖化的全细胞催化剂[16]。2019 年，通过优化 BGL 融合蛋白的位置，进一步提升了糖化的效率，并正式将这种把可发酵糖作为产品的策略命名为"整合生物糖化"[17]。2021 年，通过优化质粒表达方式，在热纤梭菌中成功获得了单独的 BGL 外泌表达，并研究了不同比例的 BGL 与热纤梭菌纤维小体的匹配关系，实现了不影响纤维小体表达情况下的 BGL 最优化表达。通过这一系统，可以在 5 天左右实现 5%的预处理玉米芯超过 80%的糖化转化率[18]。通过这三代菌株的连续开发，崔球研究团队成功开发了 CBS 策略的工程菌株，为木质纤维素的生物转化提供了一种全新的方案。

这些研究经过三代整合生物糖化菌株的开发，解决了热纤梭菌纤维小体产物反馈抑制问题，并且探索了 BGL 引入的方式和配比关系，实现了 CBS 最核心的纤维素糖化步骤。然而需要注意的是，细菌之所以进化出高效降解木质纤维素的系统(如纤维小体)是因为这些系统有助于其从环境中摄取营养，并非是为了积累我们所需要的糖类，因而菌株的许多性质和调控都可能存在不足或者抑制，目前的工程菌株仍然有很大的提升空间。例如，细菌天然条件下面对的底物和工业条件下的预处理底物在性质和组分上都有差异；细菌在环境中很少会遇到高浓度的葡萄糖，高浓度糖对纤维小体和细菌都可能存在一定的影响；细菌在环境中会存在共生细菌来共同降解底物、相互支撑营养成分、消耗不利的代谢产物，但在工业条件下，需要增强工程菌降解底物中所有成分的能力，并通过一定的工艺和手段消除代谢产物可能带来的不利影响。

CBS 策略将发酵步骤分离出来，虽从理论上可以衔接任何的发酵过程，但需要注意的是糖化过程实际上产生的是包括培养基、菌体和代谢产物的组分复杂的混合物。如果增加糖的纯化与分离过程，对整个 CBS 过程的经济性是不利的，因此下游过程应当尽可能地能够直接使用 CBS 产生的糖化液。由于 CBS 过程本身就是一个生物发酵过程，糖化液对于下游发酵过程的整体兼容性是比较好的，通过适当调整发酵工艺和营养配比，可以替代大多数微生物发酵的培养基，实现低成本糖化液的高效转化利用。从这一点来说，CBS 下游偶联的发酵工艺应当是培养基成本敏感的、大宗的产品，如生物燃料、生物饲料、部分可发酵生产的化学品等。

7.2 预 处 理

7.2.1 预处理的目的

植物在长期的进化过程中形成了复杂的致密结构，以提升植物的物质运输、接受阳光的能力，并能够抵抗外部侵袭。植物形成的致密结构难以被微生物或酶类降解，称为植物生物质的抗降解屏障。在相当长的一段历史时期中，人类的生产生活中大量利用植物的这种抗降解屏障，制造各种可以长期使用的容器、工具、建筑等。植物生物质主要由可以燃烧的碳水化合物和芳香类化合物组成，也是人类历史上的重要燃料来源。在现代工业条件下，植物的直接燃烧效率较低，并产生大量污染环境的粉尘和气体，因而将其降解转化为更高效和清洁的生物燃料是未来植物生物质利用的主要方式之一。天然的植物生物质降解转化过程效率低，要实现大规模的转化，需要开发新的高效生物转化工艺。预处理过程就是去除或削弱木质纤维素的抗降解屏障的过程，从而能够为生物转化提供良好的底物，提升后续生物转化过程的转化率和转化效率。

针对植物抗降解屏障的来源和生物转化过程的需求，预处理主要从几个方面提升植物生物质的可降解性(图 7.3)[19]。第一是提升底物对酶的可及性。植物的表层通常有一层表皮系统，主要是难以降解的角质和蜡质，可以通过预处理去除；木质纤维素作为固体，酶的可及表面积不大，通过预处理使底物颗粒变小或变得疏松多孔，增加酶的可及性。第二是去除木质纤维素中一些不可降解的组分和抑制物，如木质素及其分解产生的酚类化合物，以及植物的次级代谢物如蜡、脂质、单宁、萜烯、生物碱和树脂等。第三是减少底物的结晶度和内部氢键，降低纤维素酶等降解底物的难度。此外，多数预处理过程

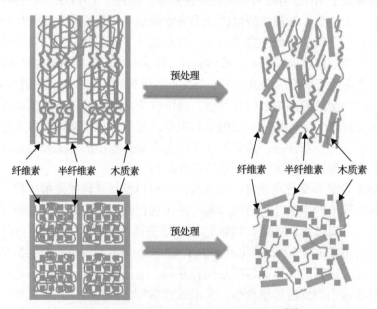

图 7.3 预处理对木质纤维素结构的影响[19]

比较剧烈，可能会导致木质纤维素中的一些成分发生化学反应，产生一些对纤维素酶或下游发酵具有抑制作用的化合物，这也是预处理过程优化中需要特别注意的。

有助于去除或削弱木质纤维素的抗降解屏障的处理过程都可以开发为预处理方法。早期的预处理方法通常较少考虑环境问题，往往以单一组分的利用为目标进行开发。近年来的发展表明，木质纤维素的全组分综合利用以及预处理的环保性能对于其实现技术经济性非常关键，因此多种绿色技术的联合多级预处理以及与下游生物转化方案密切耦合是新兴预处理方案的主要特点[20]。预处理方法的技术经济性取决于它的以下能力[21]：①在尽量不改变天然木质素结构的情况下脱除木质素；②能耗低；③操作成本低；④减少纤维素的结晶度指数；⑤减小木质纤维素生物质的粒径以增加表面积；⑥适合于不同类型的生物质原料；⑦避免酶抑制剂的产生；⑧使用环保的化学品；⑨预处理和下游的衔接性。目前已知的比较有效的预处理方法可以分为物理方法、化学方法和物理化学方法，此外在特定环境下的生物预处理也具有应用的可能性。不同的生物转化方案和策略对预处理后生物质底物的各种性质的要求或抑制物敏感程度并不相同，预处理的方法设计和效果评价需要与下游的糖化过程和全组分利用方案相匹配。

7.2.2　物理方法

物理方法预处理主要是通过物理手段降低木质纤维素生物质的粒度，或者破坏木质纤维素内部结构。在物理方法预处理过程中通常使用机械工具或者辐射技术，如铣削、研磨、螺旋挤压、紫外线或微波辐射等。

(1)研磨预处理。研磨是一种常用于减小生物质粒度的预处理技术，包括碾磨、球磨、粉碎、切削等多种不同的处理方法。颗粒的最终尺寸取决于所采用方法类型，如生物质的碾磨或球磨产生的颗粒粒径为 0.2～2mm，而切削产生的颗粒在 10～30mm。研磨预处理方法的主要优点是可以增加酶水解的可用表面并降低纤维素聚合程度，同时粒径的减小会改善传质。研磨技术的主要缺点是能耗高，并且在过程中未去除生物质中的木质素和其他抑制物成分。

(2)螺旋挤出预处理。螺旋挤出预处理是使用螺旋挤出机对生物质进行热机械剪切的处理过程。挤出机的紧密机筒中安装有挤出机螺杆(单螺杆或双螺杆)，在将生物质装入挤出机后，由于挤出机螺杆的旋转作用，在螺杆、生物质和机筒之间产生高剪切力。沿挤出机产生的剪切力会产生高压和高温，改变生物质的物理结构和化学结构，从而增加表面积并提高酶的可及性。螺杆的类型、螺杆的旋转速度、温度、湿度等，是在加工过程中决定预处理效果的重要因素。增加转速可以提升对结构改变的效果，但同时也会导致温度的升高，而过高的温度可能会导致碳化和其他不利化学反应的发生。保持一定的湿度有助于减少摩擦和产热，在一定范围内可以改善预处理效果。

(3)辐射预处理。高能量的辐射(微波、超声波、γ 射线、电子束、脉冲电场等)可以降低纤维素聚合度、改变纤维素结晶度和微观结构等。微波是非电离电磁辐射，在材料中的颗粒内引起爆炸，从而促进生物质内部结构的破坏。微波具有多种优势——反应时间短、加热快速均匀、反应活化能低、产品收率高、副产物少、高效、环保等，但也存在高能源消耗、高资本投资、高运行成本等缺陷。超声波在任何介质中的传播都会产生声空化，进而引发微泡的自发形成，当这些微泡破裂时，会产生冲击波或局部热点，释放出约 5000℃的高温和约 50MPa 的压力，从而导致固体颗粒的晶体结构被破坏。γ 辐射和电子束也可以破坏木质纤维素中的结构，降低聚合度并使结构松散。辐射预处理虽然具有诸多优点，但它们的成本都比较高，难以在实际应用中大规模推广。

7.2.3　化学方法

在制浆造纸行业中，具有成熟的酸碱等预处理方法用于去除植物生物质中的大部分木质素和半纤维素，只保留其中的纤维素。生物能源生产中的化学预处理方法最初借鉴制浆造纸行业中的酸碱预处理，之后根据生物能源生产的需要进行了大量的发展和改进。化学预处理方法根据使用的化学试剂的不同，可以大致分为酸预处理、碱预处理、有机溶剂预处理，以及其他化学预处理方法。

7.2.3.1　酸预处理

酸性试剂可以破坏木质纤维素中的糖苷键，主要用于去除半纤维素，并提高酶对纤维素的可及性。预处理中最常用的酸是硫酸、乙酸和磷酸。酸预处理可以通过两种不同的方式进行——稀酸（0.1%）在较高温度（＞200℃）预处理和浓酸（30%～70%）在相对较低温度（＜50℃）预处理。两种酸预处理方法都有各自的优点和缺点。稀酸预处理酸消耗量较低，但由于温度较高，整个过程所需的能量较高。浓酸预处理由于反应温度较低而降低了能源消耗，但较高的酸度会导致发酵抑制物（如糠醛、5-羟甲基糠醛等）的产生，对后续发酵过程的微生物和酶的活性有严重影响，并导致糖损失。酸具有腐蚀性，容易造成设备腐蚀损坏，因此需要使用昂贵的耐腐蚀反应器。此外，在进一步加工之前需要将过量的酸进行中和，如果不能回收还可能存在一定的环境问题。

7.2.3.2　碱预处理

碱预处理方法包括使用钾、钠、铵、钙等的氢氧化物对生物质进行预处理。在碱预处理过程中，酯键、芳基-醚键、烷基-芳基键等发生断裂，即木质素碳水化合物复合物（LCC）发生皂化和溶剂化反应，随后还会发生半纤维素中乙酰基和糖醛酸基团的去除。碱预处理的典型操作条件包括在 100～200℃下短时间（10～90min）高碱浓度（2%～7%）处理，或在 50～100℃下长时间（几小时）低碱浓度（小于 2%）处理。碱预处理方法通常可以较好地去除木质素，并可以去除部分半纤维素，产生的抑制物较少，同时碱对设备的腐蚀较小，能量投入也比较低。碱预处理工艺的主要缺点包括中和浆料所涉及的后预处理成本较高、停留时间较长以及对具有高木质素含量的生物质原料（如软木）的效果较差。

7.2.3.3　有机溶剂预处理

有机溶剂可以打断木质纤维素中的 α-O-芳基、β-O-芳基键和 4-O-甲基葡萄糖醛酸酯键，实现木质素和半纤维素的降解，从而促进酶对纤维素的水解。常用的有机溶剂有甲醇、乙醇、四氢呋喃、乙二醇、丙酮等，一些有机酸也可用作有机溶剂预处理的试剂。

有机溶剂预处理通常在 150～220℃的范围内进行，更低的温度可能会导致较低的木质素去除效率。不同有机溶剂的组合使用会产生更好的效果。尽管有机溶剂作为一种有效的预处理工艺已经使用了许多年，但它也存在一些明显的缺点，如成本高、易挥发、易燃和难以回收等，从而使整个工艺能耗和成本较高，且存在较大的潜在环境污染风险。

7.2.3.4 　其他化学预处理方法

过氧化氢和臭氧作为氧化剂可以对木质纤维素进行氧化预处理。过氧化氢(H_2O_2)可以产生过氧氢阴离子(HOO^-)、羟基自由基($\cdot OH$)和超氧阴离子自由基($O_2^-\cdot$)，它们会攻击木质素中含有羧基的结构，产生可溶性的木质素片段。臭氧自身会分解成自由基，自由基可以与木质素反应，还可以分解半纤维素，并很少产生抑制物。但是，氧化预处理费用比较昂贵，并存在一定的安全问题。

离子液体(ILs)是一种由阳离子和阴离子组成的熔融盐或液体电解质，在室温下呈液态。大多数离子液体采用咪唑、吡啶或胆碱作为阳离子，氯离子和乙酸根是常用的阴离子。因为离子液体易于获得、不形成危险化学品且回收效率高，它们被认为是有机溶剂的绿色替代品。离子液体预处理的机制是阴离子和阳离子的特定组合可以破坏 β-O-4 键，在木质素中形成离子-偶极键。这导致木质纤维素的结晶复合结构被破坏，木质素结构被分解，进而木质素和半纤维素从生物质中分离出来。

低共熔溶剂(DES)是新一代绿色有机溶剂，可作为离子液体的替代品。与传统溶剂和离子液体相比，DES 的合成过程简单，毒性较小，易于生物降解与回收，与酶和微生物的相容性更高。DES 的物理化学性质与离子液体极为相似，是一类由氢键供体(如脲、酰胺、醇、酸等)和氢键受体(如氯化胆碱、甜菜碱、丙氨酸等)组成的新型离子液体或离子液体类似物。氢键供体和氢键受体之间的相互作用会在碳水化合物和木质素中的羟基之间形成新的竞争性氢键，从而水解木质素-碳水化合物复合物(LCC)之间的化学键，或形成温和的酸碱催化溶液以破坏木质素和半纤维素之间的醚键。

7.2.4 　物理化学方法

7.2.4.1 　蒸汽爆破预处理

蒸汽爆破预处理通过在高压(0.5～5MPa)蒸汽和 160～250℃的温度下维持几秒到数分钟，之后迅速降低压力，从而产生类似爆破的反应。蒸汽爆破预处理会部分降解半纤维素和木质素，并破坏纤维素的结晶结构。蒸汽爆破需要的能量少于研磨等物理方法，但其工艺放大的可扩展性较低，会产生抑制性化合物(糠醛、芳香酸、醇和醛等)，并且需要严格的预处理条件。

7.2.4.2 　氨纤维爆破预处理

氨纤维爆破(AFEX)预处理方法是在中等反应温度(60～170℃)和高压(1.5～3.0MPa)下用无水液氨(1:1，质量比)处理木质纤维素 5～60min。AFEX 方法能够提高木质纤维素的表面积和酶的可及性，产生的抑制物很少，温度适中，停留时间短，同时能够高保留纤维素和半纤维素,使半纤维素脱乙酰化,并破坏木质素-碳水化合物复合物的结构。在 AFEX 过程中,纤维素纤维内的氢键发生重排,从而将结晶纤维素转化为无定形形式。在优化 AFEX 工艺的五个主要参数(温度、停留时间、压力、水含量和氨含量)之后可以获得较高的葡聚糖和木聚糖产量。AFEX 方法也有几个缺点:过程中涉及的高压导致设备的投资成本升高;氨的成本较高,氨回收的能源需求较大;AFEX 工艺对木质素含量高的生物质的预处理效果较差。

7.2.4.3 超临界流体

超临界流体(SCF)技术是具有可持续性和环境友好的木质纤维素预处理方法。SCF是一种作为均相存在并表现为介于液体和气体之间的中间状态。它们具有优异的物理化学性质,如高扩散性和低黏度,使这些无毒且成本相对较低的溶剂能够轻松穿透固体材料。与其他传统溶剂相比,SCF 组合了类似气体的扩散性和黏度以及类似液体的密度和溶剂化能力,从而具有更快的传质。由于低运营成本和高能效,SCF 在工业中的应用中不断增多,被称为未来的绿色溶剂。超临界二氧化碳($ScCO_2$)和超临界水(SCW)是两种常用的 SCF。$ScCO_2$ 和 SCW 不具有有机溶剂的毒性,不易燃且热力学稳定。这些新型流体可用作生物质预处理,并可以从生物质中有效提取增值产品。

$ScCO_2$ 具有较容易达到的临界温度(304.25K)和压力(7.36MPa),在木质纤维素预处理中得到了较多的研究。$ScCO_2$ 可以通过将二氧化碳溶解在水溶剂中来降低 pH,从而提高极性化合物在溶剂中的溶解度,有利于木质纤维素的水解。此外,$ScCO_2$ 预处理的高压显著增强了超临界流体与木质纤维素之间的相互作用,导致木质素与半纤维素之间化学键的断裂率增加。SCW 也有报道用于木质纤维素的预处理,但反应的时间较长,糖的产量较低。SCF 技术的发展为开发绿色预处理工艺提供了新的推动力,但仍然存在若干挑战,如高温和高压、抑制剂的形成、非常短的驻留时间等,在大规模工业应用中需要克服这些问题。

7.2.5 生物方法

生物预处理主要使用特定的微生物或酶来帮助降解木质纤维素中的木质素和半纤维素。与物理和化学预处理相比,生物预处理具有运行成本低、产生的抑制性副产物少等优点,但效率低是阻碍其应用的主要缺点。

按照使用的生物体的不同,生物预处理可以分为真菌预处理、细菌预处理和昆虫预处理。一些真菌包括白腐真菌、褐腐真菌、软腐真菌等,可分泌木质素过氧化物酶、锰过氧化物酶、漆酶等,可有效降解木质素。由于这一特性,真菌预处理可以显著改善生物燃料生产中单独水解和发酵过程中的木质纤维素水解。细菌也是酶的有效生产者,广泛分布于土壤中,可分泌纤维素酶和过氧化物酶,并相应地降解纤维素和木质素,在减少木质纤维素的聚合方面具有良好的潜力。相对于真菌,细菌的木质素降解被研究得较少,但正在逐渐得到科学界的重视,因为细菌中也广泛存在过氧化物酶、漆酶和 β-酯酶等,可以有效用于脱木质素。白蚁是地球上天然的木质纤维素分解生物之一。白蚁的肠道菌群中有多种木质纤维素分解微生物,可以分泌高效的木质纤维素降解酶。白蚁可以显著减小木材颗粒的大小并破坏木质纤维素的结构，实现较高的木质素降解率。然而，由于白蚁肠道微生物难以获得，白蚁预处理的应用仍然受到限制。

生物预处理相对于物理、化学及物理化学预处理来说条件更加温和，但同时也对一些处理过程中的因素更加敏感。由于微生物生长和酶的作用都需要一定的温度、水分、酸碱度等，好氧微生物和厌氧微生物对氧气的需求也完全不同，因而对木质纤维素的材质尺寸、通气等有着不同的需要，这些都是生物预处理需要特别考虑的。生物预处理除了效率较低、周期比较长等缺陷之外，生物体进行预处理的过程中同时会进行生长，这会导致显著的糖损失。这些缺陷使生物预处理很难在工业中大规模应用，但在某些特殊的条件和环境下可能具有一定的应用价值。同时，研究生物预处理过程中发挥作用的酶类，可以为后面的糖化过程和生物发酵过程提供新的酶资源。

7.2.6　多级/多阶段预处理

木质纤维素生物质的降解涉及许多环境和操作因素，单一的预处理方法可能不足以满足下游酶解和转化的需要。为了克服单阶段工艺的局限性，比较有效的方法是多阶段或组合预处理方法，减少预处理所需的能耗和成本，提升有效得率[19]。多阶段预处理涉及两种或多种前几节所述的预处理方法，可以是相同或不同类别的预处理方法的组合。

多阶段预处理方法中需要考虑如下因素：

(1) 使用的多种方法之间需要具有互补性。条件的优化和预处理方法是否能够使底物更加容易被水解产生更多的产物。

(2) 不同预处理方法对原材料性质的需求差异巨大，需要充分考虑不同的生物质原材料的性质与处理策略的匹配性。

(3) 当机械过程被组合到预处理中时，通常可以获得较高产率，但机械处理的能耗较高，组合方法需要能够显著降低能耗。

(4) 许多化学方法需要昂贵的试剂，如离子液体或臭氧，或者产生腐蚀性或有毒废物需要进一步后处理，这可能会显著增加成本并失去可持续性。这些方法需要组合物理或其他预处理方法，以减少溶剂消耗和有害废物的产生。

(5) 生物方法提供了十分吸引人的分解木质素的方案，但直接使用效率非常低。可以通过组合机械研磨等物理预处理方法，提高生物方法的效率。

(6) 由于生物质材料的不均一性和生长批次之间的不稳定性，预处理方案开发过程中其参数应当具有一定的弹性，工艺实现时应当易于调节，从而适应于不同时间、地域、种植方式等来源的生物质物料的结构差异。

(7) 预处理的成本在木质纤维素生物转化中占有非常高的比例，其成本来自能耗、试剂、设备、环保处理以及后预处理过程，因此在组合或分级使用不同的预处理方法时，需要能够有利于降低成本，避免高成本过程的叠加。

(8) 多级预处理需要充分考虑产品的出口，即木质纤维素中各种成分在预处理后能否有效充分分离，并且每种成分在后续的工艺中是否能够得到有效的利用。由于木质纤维素精炼过程对成本十分敏感，原料成分的充分利用对于降低成本、提高整个过程的技术经济性至关重要。

尽管有大量证据表明多阶段预处理可以产生更高的转化率，但受到木质纤维素生物质精炼产业未能有效发展的影响，这些预处理过程如何影响工厂设计和成本的研究仍相当缺乏。多级预处理方法在实验室研究中展现出来的优势需要在更大规模的中试和工业示范中进行进一步验证，以确定其在商业规模下的经济可行性。

7.2.7 木质纤维素成分结构分析技术

木质纤维素的预处理过程就是木质纤维素的物理和化学结构被破坏和变化的过程。为评价预处理效果并理解其中的结构变化机制，需要各种方法分析和评价木质纤维素中各种成分组成和微观结构。分析木质纤维素化学成分和结构的方法主要有色谱技术(气相色谱和高效液相色谱)、热重分析、高分辨率质谱、红外光谱和核磁共振等，分析形貌和物理结构的方法包括 X 射线衍射、光学和电子显微镜技术(共聚焦荧光显微镜、拉曼显微镜、原子力显微镜、透射电子显微镜和扫描电子显微镜)等。由于木质纤维素生物质的分子异质性和结构复杂性，这些方法都提供了有关木质纤维素生物质的分子和微观结构组成的某一方面的不同和互补的信息。同时，每种技术都有其固有局限性。因此，为了阐明木质纤维素的物理化学性质，必须始终同时使用几种不同的分析工具，从而在微观结构分子水平进行更稳健和精确的表征，提供对生物质结构和性质的全面理解[22]。

7.2.7.1 木质纤维素生物质成分分析

不同木质纤维素生物质的组成差异很大，对预处理工艺和后续生物转化过程有着巨大的影响。元素分析和组分分析等化学分析方法是最常用于生物质表征的方法。需要注意的是，定量化学分析方法的步骤中有许多细节，微小错误都会对结果造成显著的影响。来源于煤燃料研究的终极分析(ultimate analysis，有时也被称为元素分析)和近似分析(proximate analysis)是常用的两种分析方法。终极分析给出生物质中五种最丰富元素(C、H、N、S 和 O)的组成，通常使用元素分析仪通过在受控气氛中燃烧称量的生物质样品并随后分析其气体产物来进行。常见的木质纤维素生物质的 C 和 O 含量分别为 40%~60% 和 32%~55%。近似分析则可以确定水分、挥发物(VM)、固定碳(FC)和生物质灰分含量的质量分数。水分含量通过测定在烘箱中 105℃ 下干燥过夜后的质量损失来确定；挥发性物质是除了水分之外加热可挥发的物质，通过马弗炉中加热处理已干燥的生物质样品来确定；灰分含量由马弗炉中燃烧后残留物的质量来确定；固定碳的质量分数为生物质去除水分、挥发物和灰分之后的剩余质量分数。

生物质的热值定义为生物质燃烧后可以产生多少热量。常用的热值有两种，即高热值(HHV)和低热值(LHV)。HHV 定义为生物质中可用的热量总量，包括燃料和反应产物中水的蒸发潜热。LHV 不包括水的蒸发潜热。生物质的热值可以根据终极分析或近似分析得到的数值进行估算。国际能源署(IEA)推荐的基于终极分析计算干基生物质的 HHV 的经验方程为[23]

$$HHV = 0.3491 \times EC(C) + 1.1783 \times EC(H) + 0.1005 \times EC(S) - 0.0151 \times EC(N)$$
$$- 0.1034 \times EC(O) - 0.0211 \times A$$

式中，EC 为各元素成分的质量分数；A 为灰分的质量分数，计算结果的单位为 kJ/g。

确定木质纤维素原料中纤维素、半纤维素和木质素的相对含量的方法通常为湿化学分析方法，这些方法基于生物质的分馏和纯化，然后使用传统分析仪器进行量化。美国国家可再生能源实验室(NREL)开发了一套用于生物质分析的实验室分析规程(LAP)，是生物能源领域广泛采用的标准测定过程[24, 25]。该方法与美国材料与试验协会(ASTM)的标准 E1758-01 非常相似，核心是两步硫酸水解法。基本步骤包括：生物质首先使用 72% 的硫酸溶液进行水解，然后在密封容器中稀释混合物，在 120℃下使用 4% 的稀硫酸水解。水解后，用石灰中和混合物，并通过高效液相色谱(HPLC)测量释放的单糖。释放的乙酰基也可以通过 HPLC 检测。在该方法中，木质素分为酸不溶性(AIL)和酸溶性(ASL)部分。酸溶性木质素是具有低分子量并溶解在酸水解中的木质素部分，使用紫外-可见分光光度计测定。酸不溶性木质素(也称为 Klason 木质素)是在酸水解过程中不能溶解的高分子量木质素。这种类型的木质素是由酸水解后的材料经过过滤之后，在 105℃干燥，再在 575℃灰化确定的。详细操作过程可参考 NREL 发布的 LAP 文档。

7.2.7.2　色谱分析

碳水化合物单体可以通过气相色谱(GC)或 HPLC 进行分析。GC 主要是用来定性分析木质纤维素材料降解产生的单体成分，使用时碳水化合物单体必须先通过化学衍生化(如甲硅烷基化或糖醇乙酯化)转化为挥发性衍生物，然后才能进入 GC。衍生化非常耗时，通常需要与分离本身一样多或更多的时间，这是 GC 分析碳水化合物的一个缺点。对于碳水化合物衍生化，最常使用的是乙酰基、三氟乙酰基(TFA)和三甲基甲硅烷基(TMS)衍生物。由于分析木质纤维素材料中的碳水化合物所需的分析特异性，GC 经常与通用或选择性检测器相结合使用，如火焰离子化检测器和质谱检测器。

与 GC 相比，HPLC 擅长表征木质纤维素材料水解物中的非挥发性、不稳定以及高分子量的化合物。然而，由于色谱柱长度和所采用的其他分离条件的限制，分离度可能比 GC 差。液相色谱相对于气相色谱的优势之一是样品回收相对容易并可以定量，其中分离的部分很容易使用色谱柱末端的收集器收集。回收的样品成分可以进一步通过其他技术进行识别。

7.2.7.3　热重分析

热重分析(TG)是一种热分析技术，它跟踪温度逐渐升高过程中样品的质量(作为时间或温度的函数)，用于了解样品在没有氧气的情况下的分解曲线。DTG 是质量与时间函数的导数(dm/dt)，即 TG 的一阶导数。TG/DTG 是确定木质纤维素生物质的主要热分解事件的最常用技术。按照生物质中物质分解和挥发的顺序，通常会观察到三个不同区域。第一个区域通常属于水分蒸发，第二个区域是由于有机物分解，第三个区域是由于二次反应或成键的碳相关的反应。半纤维素通常在 100~250℃范围内分解，位于较低温度下曲线的肩部；纤维素在 300~500℃之间快速分解，形成 DTG 曲线中的转化速率峰值；木质素在 500~750℃的较高温度下在很宽的范围内分解，形成曲线较高温度下的平缓尾部。在灰分含量高的情况下会观察到更复杂的分解模式，可以导致在 DTG 曲线中观察到多个峰。通过 TG/DTG 方法，可以确定水分、挥发物和灰分含量，并对反应的热解事件进行动力学参数分析，从而进一步估算纤维素和半纤维素的含量，但在确定木质素含量时并不准确。将 TG 与标准的木质纤维素材料主要成分的化学分析结果进行比较，可以作为一种替代的、快速且易于实施的生物质成分分析方法。

7.2.7.4 高分辨率质谱

由于木质纤维素材料中木质素的结构复杂多变，其成分和结构分析一直是具有挑战性的课题。根据所使用的分离过程，分离出的木质素分子量可以达到 78 400。如此高的木质素分子量会带来一些分析限制。最近，质谱方法在称为"木质组学"的研究中展现出了巨大的作用。高分辨率飞行时间质谱仪(HR TOF-MS)结合电喷雾电离(ESI)源可以很好结合凝胶渗透色谱(GPC)，用于测定木质素的分子量。基质辅助激光解吸电离(MALDI)、激光解吸电离(LDI)、大气压光电离(APPI)和大气压化学电离(APCI)等电离源也被用于木质素分析。质谱技术和质谱数据处理方法的发展在木质素表征的前沿研究中具有重要的作用[26]。

7.2.7.5 红外光谱分析

傅里叶变换红外光谱(FTIR)提供了有关木质纤维素生物质的定性和定量信息，有助于阐明其结构化学成分、纤维素结晶度的变化和预处理过程的监测。红外光谱分析的主要优点是无须样品制备或样品制备简单、分析速度快、技术无损、成本相对较低。根据电磁辐射与样品之间的相互作用方式，红外光谱可以通过透射、漫反射、镜面反射和衰减全反射(ATR)的方式发生，其中透射和 ATR 方法由于样品制备简单，被广泛用于木质纤维素生物质分析。

红外光谱根据波数($1/\lambda$)可分为三个波段：波数在 12 800～4000cm^{-1} 的近红外(NIR)，波数在 4000～400cm^{-1} 的中红外(MIR)和波数在 400～10cm^{-1} 的远红外(FIR)。其中近红外和中红外波段都可用于木质纤维素生物质的分析，中红外波段能够提供基本振动模式的数据，而近红外波段提供振动和倍频、合频的数据，通常与化学计量学分析相关。FTIR 基于电磁辐射与物质相互作用的物理原理，产生分子的激发振动和旋转状态，物质中每个官能团在红外光谱中呈现特定的特征峰。通过归属每个组分(纤维素、半纤维素和木质素)的官能团特征峰并对比不同样品的光谱，可以确定材料在预处理过程中发生的变化。

7.2.7.6 核磁共振分析

核磁共振(NMR)波谱是木质纤维素生物质成分结构解析的重要分析工具，尤其是对木质素。核磁共振可以用于研究木质纤维素的多种结构和机制信息，如分析不同预处理所涉及的去木质素化机制、测定木质素的紫丁香基(S)和愈创木基(G)的比值(S/G)、探测木质素-碳水化合物复合物(LCC)的存在、测定纤维素结晶度指数(CI)和纤维素超微结构等。

一维 ^{1}H NMR 光谱具有很高的信噪比，但对于像木质纤维素这样的复杂聚合物，重叠信号使谱图分析变得非常困难。^{13}C NMR 光谱中谱峰分布更宽，可以分辨的信号更多，提供了有关分子内所有碳结构的信息，特别是木质素中丙烯酸醚、缩合和非缩合芳香族和脂肪族碳的存在，并可用于监测预处理所造成的生物质的变化。使用 ^{13}C NMR 技术的局限性在于 ^{13}C 核的丰度低，导致灵敏度低和采集时间长，需要大量样本来缓解这个问题。二维 NMR 谱图可以提供更加丰富和准确的结构信息。二维 ^{1}H-^{13}C HSQC 谱图可以建立氢和碳之间的化学键相关性，从而在结构分析方面比仅观察孤立的氢或碳更能说明问题。该技术对于确定不同成分的主要结构、新的木质素亚单元、木质素-碳水化合物复合物和 S/G 单元的相对丰度至关重要。然而，HSQC 中交叉峰与样品中化学基团的浓度不完全成正比，不适合定量分析，因此通常使用该方法进行样本之间的比较。为了解决定量问题，文献中最近报道了一种称为 HSQC$_0$ 的二维 NMR 方法[27]，通过解决先前方法中的弛豫问题，改进对低聚混合物中不同结构的同时识别和量化。此外，通过使用磷试剂衍生木质素，可以测定 ^{31}P NMR 进行定量分析。

上述液体核磁共振技术需要样品溶解在溶液中，主要适合于分析化学组成成分等信息。对于木质纤维素固体中的结构信息，可以使用固体核磁共振技术分析。固体核磁共振谱仪的普遍性不如液体核磁共振，谱峰的分散和线宽相比于液体要更差，数据的分析也会更加困难，是研究木质纤维素原位结构信息的前沿领域。

7.2.7.7　X 射线衍射

X 射线衍射(XRD)是研究纤维素晶体结构时使用最广泛的技术，主要用于分析预处理后生物质中发生的结晶度变化。结晶成分的百分比也称为结晶度指数，它与纤维素有关，因为纤维素是具有结晶部分的生物质成分，而半纤维素和木质素基本上是无定形的。然而，木质纤维素材料相当复杂，无定形材料具有较强的背景信号，与来自结晶成分的清晰信号叠加在一起，使精确分析比较困难。通常使用三种主要方法来确定结晶度：峰高(Segal 方法)、峰去卷积和无定形减法。测量木质纤维素生物质结晶度时，峰高法是最常用的方法。在该方法中，结晶度指数 $CI = (I_{002} - I_{AM})/I_{002} \times 100\%$，其中 I_{002} 为 (002) 取向的结晶峰强度，I_{AM} 为不含纤维素的背景信号。衍射峰之间的区域被认为是无定形结构的贡献。该方法的局限性是它高估了结晶的比例，但它可以定性地比较在同一研究中给定的样品是否比另一个样品具有更高的结晶度。需要注意的是，木质纤维素的结晶度指数与酶解性能之间的关系不仅要考虑预处理导致的纤维素本身的结构变化，还需要考虑结晶度指数受到无定形成分去除和重新分布的影响。

7.2.7.8　光学和电子显微镜技术

成像技术对于理解木质纤维素生物质的结构非常重要。显微镜分析可以揭示生物质的形态和表面结构，以确定木质纤维素材料的组成变化、表面特性、脱木素和原纤化程度等。前面的成分分析技术可以提供预处理对每种成分(纤维素、半纤维素和木质素)的提取量，但不能确定提取发生的位置。通过显微技术能够帮助确定提取(或修饰)的位置，可以更好地理解每种处理所呈现的反应机制及其对最终产品性质的影响。

共聚焦荧光显微镜是用于木质纤维素生物质的分析方法之一。因为木质纤维素是自发荧光的、含有内源性荧光基团，如单木质醇、阿魏酸和肉桂酸等。尽管由于来自焦平面上方不同层的波之间的光学干涉，它的穿透力有限（达到 50μm），但与传统的宽视场相比，该技术仍具有更高的分辨率、灵敏度和三维图像分析能力。结合自发荧光和特殊的荧光标记技术，共聚焦荧光显微镜可以揭示出木质纤维素不同组分的空间分布及其随预处理过程的变化。

拉曼显微镜是传统光学显微镜和拉曼光谱化学鉴定的结合技术，提供了对较小目标物（>0.5μm）进行化学检查的可能性，从而将光谱信息与空间信息联系起来。拉曼成像技术，如共焦、受激拉曼散射（SRS）和相干反斯托克斯拉曼散射（CARS）等，可以用于评估经不同的预处理策略之后植物生物质的形态和化学成分的实时变化。

扫描探针显微镜（SPM），通常是原子力显微镜（AFM），可用于测量样品表面的物理或形貌特性以及一些化学特性。AFM 技术可以准确测量纤维素微纤丝的直径，从而能更好地理解细胞壁薄片中的微纤丝排列，并有助于研究纤维素微纤丝在原代细胞壁中的纳米级运动。AFM 技术的缺点是存在伪影和误导性的光学图像，并具有非常低的扫描速率和复杂的图像。

电子显微镜能够以原子分辨率观察物质。扫描电子显微镜（SEM）使用电子束扫描样品表面以获得高分辨率图像，通常可低至 15nm，呈现三维的形貌和微观结构的信息。SEM 的样品准备过程需要注意：SEM 样品必须是导电的，通常需要涂有汽化金属（如金或银）或碳，这使得分析成本更加昂贵，并且可能产生由于涂层引起的形态变化。此外，制样过程中的干燥和切割过程也可能会改变其形态，收集数据过程中的电子束也可能会破坏生物质结构。在透射电子显微镜（TEM）中，发射的电子束从样品中穿过并发生散射，通常用于观察样品的内部结构。TEM 技术的局限性是样品需要制作成超薄切片，并且在某些情况下需要对其进行标记和着色以提高有机物对比度。总的来说，电子显微镜提供了超高的分辨率，是分析木质纤维素精细结构的利器，但样品制备过程复杂，可能会对结果产生一定的影响，在分析中需要特别留意。

7.3 糖 化 过 程

7.3.1 生物质中的糖分子

生物质的三种主要成分中，纤维素和半纤维素都是聚糖，木质素则是酚类的聚合物。纤维素是 D-葡萄糖以 β-1,4-糖苷键连接形成的高分子，通常聚合度在 3500～10 000，棉花纤维中甚至更高，可以达到 15 000 以上。纤维素链之间可以形成氢键，进而形成规则的排列，即结晶相。研究表明木质纤维素中的纤维素以结晶相和非结晶相交错排列形成。其中天然的纤维素晶体多为 I 型，其分子链之间平行排列并以氢键结合形成薄层，薄层之间通过疏水作用结合，晶面间距为 0.395nm。Ⅰ型结晶纤维素又可再分为 I_α 和 I_β，其中 I_α 为三斜晶系，是细菌和微藻产生的纤维素的主要结构类型；I_β 为单斜晶系，是高等植物产生的纤维素的主要结构类型。经过溶解再生之后纤维素可以形成分子链之间平行排列、晶面间距为 0.341nm 的Ⅱ型结晶纤维素。Ⅰ型和Ⅱ型结晶纤维素经过液氨处理后，可转变为分子链之间反向平行排列、晶面间距为 0.424nm 的纤维素Ⅲ，再在甘油中经过热处理转化为纤维素Ⅳ。木质纤维素由于来源于植物，其中的结晶纤维素主要是 I_β 型结晶纤维素，但在经过一些剧烈的预处理之后，可能发生晶型的转变。

半纤维素中糖的种类比较复杂多样，同时包含戊糖和己糖，通常主要成分有木糖、阿拉伯糖、葡萄糖、甘露糖、半乳糖、鼠李糖、果糖等。不同于纤维素的单一链状结构，半纤维素的糖基之间的连接方式复杂多样，存在大量的分支结构[28]。半纤维素中最普遍存在的是木聚糖，由 β-1,4-糖苷键连接的 D-吡喃木糖基单元组成。木聚糖主链可以被各种侧链修饰，包括通过 α-1,2-糖苷键与木糖单元连接的 4-O-甲基-D-葡萄糖醛酸、在 O-2 或 O-3 位置酯化木糖单元的乙酸、通过 α-1,2-和/或 α-1,3-糖苷键与木糖单元连接的 1-阿拉伯呋喃糖残基等。在禾本科植物中，阿拉伯呋喃糖上可以存在香豆酸和阿魏酸的酚类取代修饰。木聚糖上取代基团的丰度和连接类型在不同植物中会有所不同。除了木聚糖，β-甘露聚糖也是半纤维素的主要成分。它们的骨架由 β-1,4-连接的甘露糖残基或随机分布的甘露糖和葡萄糖残基连接形成。半乳糖葡甘露聚糖则含有 α-1,6-连接的半乳糖侧链，同时甘露糖单元的 O-2 和 O-3 可以被乙酸酯基团取代。阿拉伯聚糖和阿拉伯半乳聚糖通常也被归类为半纤维素，它们大多来源于半乳糖醛酸的"多毛"部分或细胞壁糖蛋白。阿拉伯聚糖包含由 α-1,5-连接的 1-阿拉伯呋喃糖基单元组成的骨架，这些单元进一步被 α-1,2-和 α-1,3-连接的 1-阿拉伯呋喃糖苷修饰。阿拉伯半乳聚糖的骨架由 β-1,3-连接的半乳糖残基组成，这些残基被 β-1,6-连接的半乳糖单元和 α-1,3-连接的 L-阿拉伯呋喃糖基或阿拉伯聚糖侧链取代。

果胶也是生物质中常见的多糖，但在用于生物能源生产的大部分木质纤维素生物质中含量较低[29]。果胶富含半乳糖醛酸（GlaA，约 70%），主要包括高半乳糖醛酸（HG）、木糖半乳糖醛酸（XGA）、鼠李糖半乳糖醛酸Ⅰ（RG-Ⅰ）和鼠李糖半乳糖醛酸Ⅱ（RG-Ⅱ）。HG、RG-Ⅱ和 XGA 的主链由 α-1,4-连接的 GalA 残基组成，这些残基可以在 C-6 羧基处甲基酯化和/或在 O-2 或 O-3 处乙酰化。RG-Ⅰ由交替的鼠李糖和 GalA 残基组成。XGA 是 HG 添加了 β-1,3-连接的木糖侧链。RG-Ⅰ包含结构多样的侧链，主要由阿拉伯糖和半乳糖以及其他糖组成。RG-Ⅱ的侧链更复杂，可以包含至少 12 种不同类型的糖。大部分果胶具有水溶性并容易分解，在比较剧烈的预处理过程中容易损失掉，因而在生物能源生产中得到的关注度相对较低，只有在处理果蔬废弃生物质（如水果加工的果皮等）时才被重点考虑。但果胶对植物的生长、植物形态的发育、植物的防御系统具有至关重要的作用，影响生物质的产量和最终组成，因而在能源植物的研究和开发中非常重要。此外，如果采用较为温和的预处理方法，果胶可能成为影响其他木质纤维素成分对酶的可及性的重要因素。

7.3.2 糖化过程中的酶

糖化过程就是木质纤维素中的糖类高分子解聚成为可溶的、微生物可直接代谢的单糖或寡糖的过程。在生物转化过程中，糖化过程是通过多种酶的催化完成的。由于生物质中的碳水化合物种类和结构都很复杂，自然界中存在的分解木质纤维素的酶也复杂多样[30]。依据它们催化机制的不同，可以将催化碳水化合物分解酶分为糖苷水解酶（GHs）、多糖裂解酶（PLs）、辅助活性酶（AAs）和碳水化合物酯酶（CEs）。前三种分别采用水解反应、消除反应和氧化还原反应来实现糖苷键的切割，而碳水化合物酯酶主要水解糖基上乙酸或阿魏酸侧链基团。其中 GHs 是最常见、已知种类也最多的碳水化合物分解酶，它们通过反转或保留催化机制水解糖苷键。保留机制是连接糖苷键的异头碳在酶切之后构型不变，而反转机制中异头碳的构型发生了反转。根据酶催化底物类型的不同，这些酶又可以划分为纤维素酶、半纤维素酶、果胶酶等（图 7.4）。

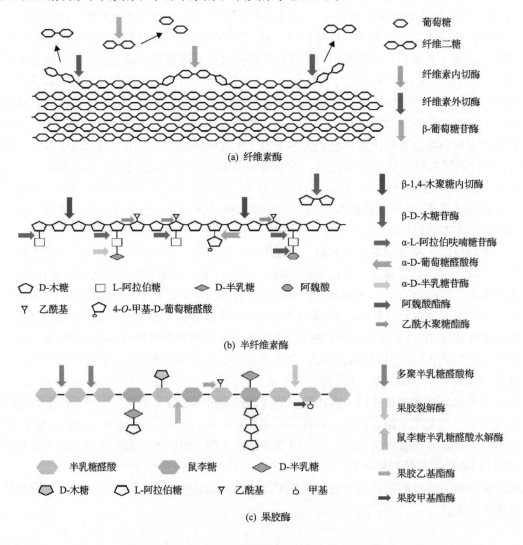

(a) 纤维素酶

(b) 半纤维素酶

(c) 果胶酶

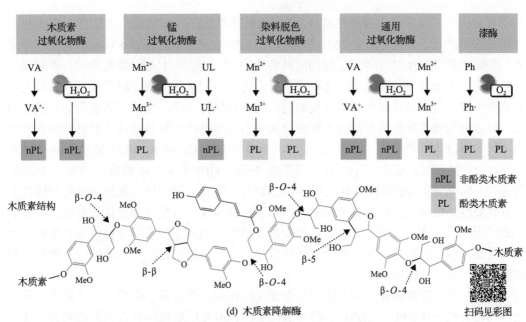

(d) 木质素降解酶

扫码见彩图

图 7.4　糖化过程中不同种类酶的作用[3, 31, 32]

纤维素酶可以将纤维素水解为较短链的寡糖，如纤维糊精(纤维寡糖)和纤维二糖，并最终转化为葡萄糖单体。纤维素酶根据其功能又可进一步分为三种类型：内切葡聚糖酶，随机攻击纤维素链的无定形区域，从纤维素链的内部水解糖苷键产生新的末端；外切葡聚糖酶，也称为纤维二糖水解酶，从还原端或非还原端作用于纤维素长链寡糖，从一端沿纤维素链单向和连续地移动，因此也被称为进行性纤维素酶，产物通常主要是纤维二糖；β-葡萄糖苷酶，可以将纤维二糖进一步水解成葡萄糖。通常情况下，三种酶需要协同作用，才能够高效地降解木质纤维素中的纤维素成分。

由于半纤维素中糖基的种类、糖基间连接方式以及糖基修饰方式的多样性，半纤维素酶的种类更加复杂多样[28]。木聚糖酶水解木聚糖主链中的 β-1,4 键，产生短的低聚木糖。低聚木糖可以进一步被 β-木糖苷酶水解成单个木糖。β-甘露聚糖酶水解基于甘露糖的半纤维素并释放出短的 β-1,4-甘露寡糖，甘露寡糖会被 β-甘露糖苷酶进一步水解为甘露糖。α-L-阿拉伯呋喃糖苷酶和 α-L-阿拉伯聚糖酶水解含阿拉伯呋喃糖基的半纤维素，其中一些酶表现出广泛底物特异性，可以作用于阿拉伯呋喃糖苷在 O-5、O-2 或 O-3 单取代的以及 O-2 和 O-3 双取代的木聚糖、木聚寡糖和阿拉伯聚糖。α-D-葡萄糖醛酸酶切割木聚糖上以 α-1,2-糖苷键相连的 4-O-甲基-D-葡萄糖醛酸侧链。半纤维素分解酯酶包括水解木糖部分羟基上乙酰基取代的乙酰木聚糖酯酶，以及水解阿拉伯糖和阿魏酸之间酯键的阿魏酸酯酶，后面这种酯键参与半纤维素与木质素的交联。

果胶酶根据它们对果胶分子的半乳糖醛酸部分的攻击方式分为原果胶酶、酯酶和解聚酶[33]。根据它们作用的底物，又可分为聚甲基半乳糖醛酸酶(PMG)、多聚半乳糖醛酸酶(PG)、果胶裂解酶(PL)、多聚半乳糖醛酸裂解酶(PGL)、果胶甲酯酶(PME)等。

上述酶的分类主要基于它们的功能和底物特异性，与酶的序列进化关系和结构特征并不直接相关。碳水化合物活性酶(CAZy)数据库根据序列和结构的相似性对碳水化合物相关的酶进行了分类。截至 2022 年 3 月，CAZy 数据库中的糖苷水解酶分为 173 个家族，多糖裂解酶分为 42 个家族，辅助活性酶分为 17 个家族。CAZy 数据库的分类表明，这些酶的产生既存在趋同进化，也存在趋异进化。不同家族的酶之间在序列和结构上可能完全不同，但可以具有相同或者类似的活性和底物特异性，这是趋同进化的结果。例如，具有内切葡聚糖酶活性的纤维素酶分布于不同的糖苷水解酶家族，并且可以具有完全不同的蛋白质折叠结构，包括(β/α)₈桶状折叠(GH5、GH44 和 GH51 家族)、β-果冻卷折叠(GH7 和 GH12 家族)、(α/α)₆桶状折叠(GH8、GH9 和 GH48 家族)、7 倍 β 螺旋桨折叠(GH74 家族)和超螺旋折叠(GH124 家族)等。同时，同一家族的酶在序列和结构上具有相似性，但可以具有多种不同的活性和底物特异性，这是趋异进化的结果。例如，GH5 家族的酶虽然都是保守的(β/α)₈桶状折叠结构，但该家族成员已被证明对多种底物具有活性，包括结晶纤维素、羧甲基纤维素(CMC)、β-葡聚糖、木葡聚糖、木聚糖、葡甘露聚糖、半乳甘露聚糖等。

　　碳水化合物降解酶在结构上除了包含催化结构域，很多酶还会带有一个或多个碳水化合物结合模块(CBM)。CBM 不具有催化活性，但可以增强酶对底物的亲和力，从而增强酶的活性。CAZy 数据库中的 CBM 目前分为 89 个家族，具有不同的结构和底物特异性。CBM 可以位于催化结构域的 N 端或 C 端，同时结构域间的柔性连接区域对结构域之间的协同作用也存在影响，柔性连接区上的丝氨酸或苏氨酸还可以存在糖基化修饰，进一步调节酶与底物的亲和力及活性。

　　此外，木质素降解的酶对于糖化过程也可以有显著的促进作用。木质素本身虽然不包含糖类，但对生物质中的纤维素和半纤维素的降解会产生显著的影响。通过酶降解木质素可以减少对纤维素和半纤维素的屏蔽和抑制，从而增加糖化的效率和产率[34]。降解木质素的酶来自真菌和细菌，通常真菌酶的活性比细菌来源的酶的活性更高，但细菌来源的酶具有更好的环境适应性和工程化潜力。木质素降解酶主要包括漆酶、木质素过氧化物酶、锰过氧化物酶、多功能过氧化物酶、β-醚酶、联苯键断裂酶等，这些酶大多需要在有氧的条件下发挥作用。

7.3.3　真菌酶系

　　丝状真菌是研究最多的植物生物质降解微生物，在自然界中广泛存在，其中一些具有强大的纤维素酶和半纤维素酶分泌能力，已被开发为工业纤维素酶制剂的主要生产菌株。根据真菌降解木材过程中引起的宏观视觉变化，传统上将可降解木质纤维素的真菌分为软腐真菌、褐腐真菌和白腐真菌。这些真菌基本上属于双核菌亚界的子囊菌门和担子菌门，其中软腐真菌主要属于子囊菌门，白腐真菌和褐腐真菌主要属于担子菌门。需要注意的是，随着测序技术的发展，更多的真菌基因组得到测序，结果表明存在一些可降解木质纤维素的真菌物种，它们不能简单归属于褐腐真菌、白腐真菌或软腐真菌的任何一种，说明天然真菌中的分解植物生物质的机制非常多样化。不仅如此，真菌门之间甚至同一门内的纤维素分解 GHs 家族的分布和丰度也存在很大差异。基因组测序的结果还表明，在子囊菌门和担子菌门之外还存在一些进化树上早期发散的分支中不同的纤维素降解真菌，包括在动物瘤胃中存在的厌氧真菌和在环境中存在的好氧壶菌等。

大多数软腐真菌属于子囊菌门，植物细胞壁会出现空洞和腐烂。尽管许多软腐子囊菌拥有丰富的纤维素酶、半纤维素酶和果胶酶，但它们的木质素降解能力非常有限，因为它们缺乏用于木质素降解的关键过氧化物酶。已测序的子囊菌的基因组序列显示，座囊菌纲、粪壳菌纲和散囊菌目通常包含 GH5、GH6、GH7、GH12 的多个拷贝以及少量的 GH51。最著名的丝状软腐子囊菌包括黑曲霉和里氏木霉，这两种纤维素分解微生物在酶和生物精炼工业中具有广泛的应用，得到了最广泛的研究。黑曲霉和里氏木霉参与木质纤维素降解的分泌酶包括经典的 GH7 和 GH6 纤维二糖水解酶、GH5 内切葡聚糖酶、β-葡萄糖苷酶和一些其他的靶向植物细胞壁成分的酶。这两种真菌在不同碳源上生长时，其分泌酶的组成差异很大。

白腐真菌和褐腐真菌属于担子菌门，其中超过 90%的可降解木材担子菌是白腐真菌。白腐真菌是一个能够降解植物细胞壁中所有聚合物的大型异质菌群，优先攻击木质素而不是纤维素和半纤维素，留下颜色被漂白和具有纤维质地的多糖。白腐担子菌具有两个酶系统，包括用于纤维素降解的水解酶系统（主要是 GH5 和分散分布的其他 GHs）和用于木质素降解的氧化酶系统（漆酶和各种过氧化物酶）。一些白腐真菌会产生纤维二糖脱氢酶，可氧化纤维二糖并还原不溶性锰以形成强木质素氧化剂。与白腐真菌和软腐真菌不同，褐腐真菌利用螯合剂介导的芬顿反应，产生羟基自由基并通过氧化反应分解生物质，之后再利用酶对纤维素进行水解。尽管它们的纤维二糖水解酶和木质素降解酶在进化过程中已经丢失，但采用这种替代策略的褐腐真菌几乎可以完全降解多糖基质中的纤维素和半纤维素，留下改性的富含木质素的残留物，其颜色为棕色，褐腐真菌因此而得名。褐腐真菌约占可降解木材担子菌的 7%，最常见于针叶生态系统中。

除了大多数生物质降解真菌所属的担子菌门伞菌亚门和子囊菌门盘菌亚门之外，近年来鉴定出两组位于进化树上早期发散的分支中不同的纤维素降解真菌，分别属于厌氧的新丽鞭菌门（Neocallimastigomycota）和好氧的壶菌门（Chytridiomycota）。新丽鞭菌门的纤维素降解真菌为厌氧瘤胃真菌，栖息于食草动物的消化道，代表了游动真菌最早的分支。尽管它们仅占肠道微生物群的约 8%，但它们是负责一半未经处理的生物质降解的主要分解者，并且这些真菌分泌物中的纤维素酶活性可与商业化的曲霉和木霉酶制剂相媲美。这些瘤胃真菌的代表菌株包括加州新丽鞭菌（Neocallimastix californiae）、粗壮厌氧鞭菌（Anaeromyces robustus）和芬兰梨囊鞭菌（Piromyces finnis）。它们的基因组编码大量碳水化合物酶，特别是富含 GH5、GH6、GH9、GH45 和 GH48。结合基因组学和蛋白质组学方法，研究者认为这些真菌中的纤维素酶组装成类似细菌纤维小体的多酶复合体，但它们的对接模块和脚手架蛋白在序列水平上与细菌纤维小体相比没有相似性。在好氧壶菌门中发现的另一组纤维素降解真菌以陆生的玫瑰根霉（Rhizophlyctis rosea）和水生的层出节水霉（Gonapodya prolifera）为代表。玫瑰根霉的培养上清液表现出很强的纤维素分解和木聚糖分解活性，其基因组中存在大量的纤维素酶和半纤维素酶编码基因。相比之下，层出节水霉具有更丰富的果胶分解酶谱。对这些在进化树早期分支上的纤维素降解真菌的研究仍然处在一个初步的阶段，它们包含的新型酶库有待进一步开发和利用。

7.3.4 细菌酶系

尽管目前大多数商业纤维素酶来源于真菌，但由于细菌酶系统的高比活性和异源生产效率，新型木质纤维素分解酶的分离和表征已逐渐转向细菌来源。越来越多的具有植物生物质降解潜力的细菌菌株已从不同的环境中分离出来，如土壤、污泥、生物反应器、堆肥、温泉和动物消化道等。大多数能够降解纤维素的分离细菌菌株属于放线菌门、厚壁菌门、变形菌门和拟杆菌门。但大量的细菌基因组的序列揭示，几乎所有主要细菌门都有存在纤维素酶基因的类群。

厚壁菌门常见于各种环境中，更重要的是它和拟杆菌门一起在消化道中占主导地位，其中位于芽孢杆菌纲和梭菌纲中的几个属含有高效的纤维素降解菌株。一些芽孢杆菌属和类芽孢杆菌属的成员表现出很强的纤维素分解能力，这与其基因组中广泛存在大量的GHs 相关。不同于好氧真菌的胞外游离酶系统，梭菌的一些厌氧成员可以产生附着在细菌细胞外表面的纤维小体。纤维小体是由多种 GHs 组装而成的超分子复合体(图 7.5)，通过酶和酶之间的协同作用、酶与底物的协同作用以及酶与细胞的协同作用提升降解效率[35]。纤维小体在 20 世纪 80 年代从厌氧嗜热菌热纤梭菌中首次被发现，随后在各种生态系统中鉴定出了多种嗜中温和嗜热的产纤维小体细菌。许多产纤维小体细菌的全基因组测序已完成，纤维小体的关键酶和脚手架蛋白成分也已使用蛋白质组学方法进行了表征，包括纤维素梭菌(*Clostridium cellulovorans*)、淡黄梭菌(*Clostridium clariflavum*)、热纤梭菌(*Clostridium thermocellum*)、解纤维梭菌(*Clostridium cellulolyticum*)、白蚁梭菌(*Clostridium termitidis*)、香槟瘤胃球菌(*Ruminococcus champanellensis*)和黄瘤胃球菌(*Ruminococcus flavefaciens*)等。尽管来自不同细菌的纤维小体可以简单或复杂，但纤维小体中最主要的

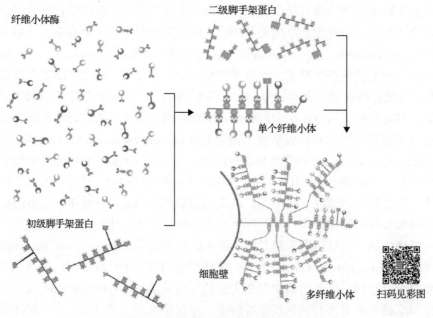

图 7.5　热纤梭菌纤维小体的组装示意图

酶通常来自相似的 GHs，主要包括 GH48、GH9 和 GH5。多种组学分析表明，产纤维小体细菌的纤维小体表达量在纤维素底物中显著上调，其中 GH48 和 GH9 纤维素外切葡聚糖酶的表达最为丰富。

放线菌广泛存在于各种自然环境中，目前研究较多的木质纤维素降解放线菌主要有粪碱纤维单胞菌(*Cellulomonas fimi*)、双孢小双孢菌(*Microbispora bispora*)和褐色嗜热裂孢菌(*Thermobifida fusca*)等。它们都是好氧细菌，分泌游离的纤维素酶和半纤维素酶，其中一些放线菌能耐高温和酸碱环境，具有良好的工业化应用潜力。

除了纤维小体和游离酶系统，还有一些纤维素降解细菌采用了一种中间策略，将两个或多个催化结构域串联组成多功能酶，并带有至少一个 CBM。热解纤维素菌(*Caldicellulosiruptor*)属的细菌是产多模块纤维素酶的典型代表，它们通常是从温泉中分离出来的厌氧嗜热细菌，其降解纤维素的能力与含有两个催化结构域(GH9 和 GH48)的双功能酶 CelA 有关，CelA 对 Avicel 的糖化优于商业内切葡聚糖酶和外切葡聚糖酶的混合物。组成型表达 CelA 的热解纤维素菌(*Caldicellulosiruptor bescii*)能够在 78℃下以高浓度的结晶纤维素或未经预处理的柳枝稷作为底物生长，是极具潜力的木质纤维素生物炼制菌株。

拟杆菌栖息在不同的生态系统中，包括动物的消化道、土壤、海洋和淡水。具有降解纤维素能力的拟杆菌属于好氧滑行细菌，具有特殊的纤维素降解方式。代表性的菌株包括黏球生孢噬纤维菌(*Sporocytophaga myxococcoides*)和哈氏噬纤维菌(*Cytophaga hutchinsonii*)等。它们分泌的纤维素酶通常结合于细胞膜上，细胞能够将纤维素链直接吞入周质空间，然后进行降解和利用，但它们的纤维素分解机制仍不十分清楚。

来自丝状杆菌门的肠道微生物具有另一种独特的纤维素降解机制，以从食草动物瘤胃中分离出的厌氧革兰氏阴性菌产琥珀酸丝状杆菌 *Fibrobacter succinogenes* S85 为代表。产琥珀酸丝状杆菌不产生纤维小体，也不分泌游离纤维素酶，它们通过外膜囊泡结合的复合体附着在纤维素上，这一复合体由纤维黏液蛋白、四肽重复(TPR)结构域蛋白和外膜蛋白 A(OmpA)组成。在这个复合体中，TPR 结构域蛋白作为支架，将各种 GHs 和纤维黏液蛋白组装成复合物，其中纤维黏液蛋白介导与底物的结合，OmpA 家族蛋白帮助复合物锚定到细胞的肽聚糖上。部分水解的纤维素链通过外膜运输到周质空间然后被降解和吸收。

7.3.5　古菌酶系

古菌被认为是生命的一个独特领域，通常存在于广泛的生态位中，许多古菌成员可以适应不同的极端条件，并产生在极端温度、pH 和盐浓度下具有稳定活性的酶。在生物质向生物燃料的转化中，木质纤维素生物质在高温和碱性/酸性条件下的酶解是限速步骤，糖产率低且水解不完全。在这种情况下，源自古菌的纤维素酶表现出非凡的物理化学特性，可耐受恶劣的工业条件。与真菌和细菌相比，古菌的纤维素利用机制和纤维素酶系统的研究仍然较少，具有巨大的开发潜力。

与真菌和细菌相比，古菌基因组显示出的纤维素分解 GHs 家族不太丰富，主要包括 GH5、GH9、GH12、GH44 和 GH51 等，分布在几个主要的门中，其中嗜盐古菌中检测到的潜在纤维素酶占 60% 以上。虽然古菌基因组一般不富含纤维素酶编码基因，但源自古菌的 GHs 显示出令人印象深刻的生化特征。火球菌是进行纤维素酶相关研究最多的古菌群之一。来自激烈火球菌的 GH12 内切葡聚糖酶基因 *eglA* 能够在 100℃的最佳温度和 6.0 的最佳 pH 下水解 β-1,4-糖苷键。除了火球菌之外,还发现其他几个古菌成员硫磺矿硫化叶菌(*Sulfolobus solfataricus*)、嗜盐碱古细菌(*Haloarcula* sp.)、小宝岛热球菌(*Thermococcus kodakarensis*)等具有纤维素酶。作为能够在恶劣的工业条件下起作用的新型酶库,嗜极古菌显示出越来越大的生物技术意义。

7.3.6 糖化过程中酶的抑制因素及其解除

无论使用哪种生物转化策略,糖化过程本质上都是酶催化的聚糖水解为单糖的过程,存在多种因素可以影响酶的效率。在使用纤维素酶对木质纤维素的水解过程中,可以观察到纤维素水解的速率最初很高,然后随着时间的推移而降低。在这个过程中,包括底物的类型、酶的量、反应条件都对水解效率和转化率有着复杂的影响。

木质纤维素底物中纤维素的结晶度和聚合度、半纤维素和木质素含量、预处理的方式都会对酶的效率产生巨大的影响。高结晶度的底物通常更加难以降解,因此预处理后底物的疏松程度对酶的可及性和效率有着显著的影响。预处理过程通常不能完全去除木质素,纤维素酶会吸附于底物中残余的木质素上而失去作用。酶解过程中半纤维素的降解产物也可能会抑制部分纤维素酶的活性。因此,预处理过程与糖化过程的匹配性非常关键。优化预处理过程,最大程度减少底物中可能对酶产生无效吸附和抑制成分,使酶能够最大限度地发挥效力,是提升糖化酶作用效率最重要的手段。

增加酶的载量可以提升木质纤维素的糖化效率。然而,由于酶的成本在木质纤维素生产生物燃料的成本中占有非常大的比例,增加酶的载量可能会导致成本的显著增加,因此在使用酶制剂进行糖化的工艺中,酶的载量需要进行优化,在效率和成本之间取得一定的平衡。

另一个对酶解过程会产生抑制的是降解产物的反馈抑制。纤维寡糖对纤维素酶通常具有非常强烈的反馈抑制,但葡萄糖对 β-葡萄糖苷酶的反馈抑制相对较弱,因此通常在糖化过程中使用 β-葡萄糖苷酶将纤维寡糖转化为葡萄糖,可以显著提升糖化的效率。β-葡萄糖苷酶对葡萄糖的耐受性也有较多的研究,包括筛选高葡萄糖耐受的酶、通过蛋白质工程改造提升葡萄糖耐受性等。解除反馈抑制的方式是将糖通过过滤等技术分离或通过发酵等技术进一步转化。同步糖化发酵和整合生物加工策略通过同时进行糖化和发酵,不再积累高浓度的糖,因而也就不存在纤维寡糖或葡萄糖的反馈抑制问题。但和发酵整合的糖化过程,可能存在发酵过程中溶液条件发生变化偏离糖化酶最适条件、发酵产物和代谢产物对糖化酶产生抑制甚至降解等问题,进而影响整个工艺的效率和转化率。

总的来说,糖化过程作为一个酶催化的反应过程,上游的预处理过程、糖化过程中酶的种类和协同性以及发酵整合策略中的发酵过程都存在可能的抑制性因素。因此,木质纤维素生物燃料的生产工艺的设计和优化需要充分考虑上下游的匹配性,以实现最大化的转化效率、最高得率和最小化工艺成本的优选方案。

7.3.7 针对糖化过程的分子改造与遗传改造

由于用于木质纤维素糖化的酶和微生物的性能存在不同程度的不足或缺陷,难以满足工业生产的需求，通常需要对酶和微生物进行系统的改造，提升其催化性能、抗逆性能、生产性能或协同作用能力，增加糖化的效率和产率，进而提升工艺的技术经济性。

7.3.7.1　酶的改造

蛋白质工程是对酶进行改造从而提升性能的有效方法，可以分为定向进化、计算机指导下的理性设计和半理性设计[36]。定向进化是通过随机诱变使蛋白质序列发生改变，它不依赖于对蛋白质结构和功能的详细了解，而是通过迭代的诱变产生大量突变库，并通过高通量筛选鉴定出性能改进的突变体。定向进化的常用方法包括易错 PCR、一致性突变、DNA 改组、家族改组、合成改组以及这些方法的组合。定向进化可用于增强纤维素酶的底物亲和力、活性和热稳定性，甚至改变它们的酶特性（如最佳 pH 等）。此外，定向进化获得的突变体对于分析酶结构和活性之间的关系也非常有用。对于定向进化方法，建立灵敏、高效的筛选系统非常重要。除了传统的简单筛选、随机筛选和连续培养策略外，近年来许多高效的筛选系统被应用于纤维素酶的定向进化，如基于体外流式细胞仪的筛选平台、基于培养皿的双层高通量筛选系统和基于液滴微流控的高通量筛选系统等。理性设计是一种基于蛋白质结构的蛋白质工程方法，通过预测由理性设计产生的蛋白质结构、性质和功能的变化，改变酶的一些关键残基和结构域以增强酶的性能。理性设计需要对蛋白质及其底物进行深入分析：催化相关的信息越详细，可以做出的选择就越好。在理性设计中，嵌合酶的设计、共表达、通过定点突变改变活性位点附近残基、二硫键设计和电荷工程是比较有效的方法。计算机辅助设计有助于降低实验成本并缩短开发周期。在已有酶结构的基础上，多种计算方法可以计算蛋白质与底物的亲和力、蛋白质的稳定性，从而直接计算出哪些突变体可以产生更好的性能。大规模的基因组测序已获得大量的纤维素酶序列，同时大量纤维素酶的结构和催化机制被清晰阐明，这些海量的数据为纤维素酶的理性设计提供了基础。随着计算机技术的提升，机器学习等人工智能方法也开始应用于纤维素酶的蛋白质工程。半理性设计将定向进化的优势与计算分析相结合，平衡了文库大小、筛选通量和理性设计的预测结果。实践中糖化酶的分子改造策略的选择取决于几个因素，如酶的类型、是否存在高分辨率晶体结构、结构-功能关系的知识是否清晰、使用底物的复杂性以及是否具有稳健的高通量筛选方法等。

7.3.7.2　产酶真菌的改造

虽然许多真菌产生复杂的多糖降解酶类来降解木质纤维素，但通常野生型菌株不能以工业规模合成所需的酶或化学品，因此需要代谢和遗传学技术来改造这些真菌以适应工业规模生产中的需求[37]。转座子介导的基因突变技术是早期开发的遗传操作工具，可以用于诱导基因突变，在黑曲霉和青霉中都已得到成功应用。虽然该方法可以在不同真菌中互换使用并产生高效的转化率，但它无法实现外源基因的靶向整合。稳健且受控的启动子元件是任何宿主中进行异源蛋白质生产所必需的，真菌中的启动子工程研究已获得许多以某种糖类诱导表达的诱导型启动子。所有这些启动子都受碳分解代谢物抑制（CCR）的调节，由于真菌生长阶段会合成葡萄糖，对重组蛋白的合成会产生负面影响。

工业丝状真菌的启动子工程获得了针对 CCR 的突变启动子,可以在葡萄糖存在下合成纤维素酶。真菌产生的纤维素酶大多为外泌酶,因此真菌的蛋白质外泌系统得到了详尽的研究,并被进一步改造以提高外泌酶的产量。对丝状真菌中的蛋白质质量控制系统进行改造,如分别对促进蛋白质折叠的分子伴侣以及蛋白质降解系统进行过表达和敲除,可以显著提升纤维素酶的外泌和产量。虽然真菌的遗传改造取得了诸多进展,但在真菌中使用遗传方法可获得转化子的数量以及可以使用的筛选标记非常有限,因此实现真菌多基因的改变虽然很常规但也非常费力。科学家已经建立了几种提高转化子数量的技术来解决这个问题,但由于真菌的遗传变异性,大多数方法仅能用于一种真菌,而不适用于其他的丝状真菌。真菌的基因组测序和已有的不同组学数据为建立更广泛的基因操作工具提供了新的可能性。

7.3.7.3　木质纤维素降解细菌的改造

细菌的遗传改造工具通常比真菌更加有效和成熟,特别是对于模式生物来说有大量高效和成熟的工具。然而,生物燃料生产中所需要的工业特性,如低 pH 的耐受性、对高盐的耐受性或在高温下生长的能力等,大多是由多基因控制的复杂表型,所以很难或几乎不可能通过工程化改造模式生物来实现[38]。非模式生物往往具有更接近于生物燃料和化学品实际生产条件的生理特性,几乎所有的高效纤维素降解细菌和生物燃料生产细菌都是非模式生物。但同时,没有一种已知的天然微生物可以直接利用木质纤维素产生大量的生物燃料,遗传改造和代谢工程是使它们具备符合工业生产要求的能力和效率的最有可能实现的方案。非模式细菌的遗传操作仍然非常具有挑战性,主要的障碍是缺乏遗传工具和非常有限的关于特定微生物生理学的知识。对细菌的生理生化的表征耗时且费力,但现在由于测序技术和各种组学技术的兴起和成本的大幅下降,基因组学、转录组学和蛋白质组学等工具可以直接应用于新微生物,利用多组学数据构建微生物的生理和代谢模型变得更加有效,从而能够全面了解微生物的代谢途径和通量。在这种情况下,非模式微生物的工业化开发的主要障碍是缺乏有效的遗传工具。遗传工具的开发需要能够有效地将 DNA 转化进入目标生物体,细菌的成功转化有四个主要挑战:使外源 DNA 进入细菌细胞、规避细菌中降解外源 DNA 的天然免疫系统、筛选转化子以及维持外源 DNA 在宿主细菌中的稳定。

第一个挑战是如何将 DNA 引入细胞中。DNA 需要穿过一个或两个膜,以及其他物理屏障,如肽聚糖,才能到达细胞质。根据生物体的不同,常用的方法有电穿孔、接合转移、原生质体转化和自然感受态转化。电穿孔在各种生物中可以广泛使用,包括多种细菌、真核生物和古菌,因此通常是研究人员试图转化新生物体的首选方法。

第二个挑战是突破细菌的宿主防御系统,其中最主要的宿主防御系统是限制性修饰(RM)系统。细菌能够通过 RM 系统识别和降解甲基化模式与其自身 DNA 不同的 DNA,这种系统几乎在 90% 的原核生物中都存在,而且大多数细菌编码两个或更多个 RM 系统。为了规避 RM 系统,第一步是识别细胞内的甲基化基序,这可以通过甲基化组分析或者根据基因组预测。一旦识别出甲基化基序,就可以使用几种方法来规避相应的 RM 系统。

一种方法是转化缺少识别基序的 DNA，或使 DNA 突变以使其不再包含基序。克服 RM 系统的另一种方法是在转化前以与目标宿主相同的方式对感兴趣的 DNA 进行甲基化，最常见方法是在大肠杆菌中表达目标生物的限制性甲基转移酶，或者通过体外甲基化酶进行适当的甲基化。实验室常用的大肠杆菌菌株编码两种主要的 DNA 甲基化酶 dam 和 dcm，分别靶向 $G(m^6A)TC$ 和 $C(m^5C)WGG$。因此需要确定待转化的目标菌株是否编码 dam 和 dcm，选择适当遗传背景的大肠杆菌，使其产生的 DNA 甲基化和目标菌株一致，以防止被目标菌株中的Ⅳ型 RM 系统降解。需要注意的是，RM 系统经常通过水平基因转移获得，即使是密切相关的同一物种的菌株，它们的 RM 系统可能也是不同的，必须为每个宿主进行甲基化组分析和规避 RM 系统。

　　第三个挑战是筛选标记，因为必须选择出已转化的细胞并消除未转化的细胞。最常见的阳性选择标记是抗生素抗性基因，需要确定宿主细菌对该抗生素敏感，并测定最小抑制浓度，且需要有能够在宿主细菌中表达的抗性基因。此外，在使用嗜热菌时需要注意选择在较高温度下更稳定的抗生素，如甲砜霉素和卡那霉素，并使用耐热的抗性基因标记。另一种筛选标记是营养选择。通过诱变或基因敲除导致宿主菌中吸收或代谢某种营养物质的基因发生缺失，获得营养缺陷型菌株，然后使用编码缺失基因的质粒进行转化，在缺乏该营养物质的培养基上选择，只有那些成功转化了缺失基因的细胞才能在该培养基上生长，从而实现转化子的筛选。

　　第四个挑战是如何维持进入细胞的外源 DNA 的遗传稳定，即在细胞分裂过程中得到维持。这通常有两种方式，一种是自主复制，另一种是整合到染色体上随着染色体的遗传复制。基于质粒的自主复制通常是实现新微生物最高转化效率的最佳方法，也是实现新微生物初始转化的最常用方法。但对于代谢工程来说，基于质粒的基因表达存在质粒拷贝数不稳定、需要连续进行抗生素选择和高代谢负担等问题。染色体整合相对更加困难，但不存在上述质粒表达的缺点，因此工业化应用菌株的开发大多最终使用染色体整合的方式。最基本的染色体整合方式是同源重组。同源重组是细菌 DNA 修复所必需的一种自然发生的机制，最常用的方法是使用基于非复制质粒的技术来创建无疤痕突变。同源重组可以进行基因删除或引入外源基因的表达，在存在筛选标记和反向筛选标记的情况下可以实现无疤痕的定点突变。基于同源重组的遗传工具已被用于各种非模式生物，通过删除竞争途径和插入异源基因来增加产量或实现代谢，利用其原本不能利用的碳源。由于同源重组效率较低，重组工程方法通过引入异源的高效重组酶来增加重组效率，从而可以使用短至几十个 bp 的同源区来实现同源重组。除了同源重组之外，基于转座子的随机 DNA 插入也是常用的遗传改造工具，主要用于创建可以筛选特定表型的插入基因阻断库，然后通过识别插入位点将这些表型与基因型相关联。CRISPR-Cas 系统是近年来发展成熟并广泛使用的基因组编辑工具，可以在基因组中引入无疤痕定点突变、插入和缺失。最广泛使用的 CRISPR 核酸酶是 spCas9，因为与许多其他 Cas 蛋白不同，它是一种单一的酶，只需要引入 gRNA 和 Cas9 核酸酶即可进行基因组编辑。Cas9 在多种宿主中可能是有毒的，可以通过将基因置于诱导型启动子下来克服毒性，使其仅在需要时表达，但这仅在已开发出诱导型启动子的生物体中才有可能应用。嗜热 Cas9 酶已被鉴定并与用于工程嗜热菌的嗜热重组机制一起实施基因操作。原生 CRISPR 系统也被开发用于基因组编辑。此外，可以通过使用无催化活性的 Cas9(dCas9)沉默或激活转录来进行基因调控，即 CRISPR 干扰(CRISPRi)。dCas9 也可用于通过与转录激活因子融合，增加基因的转录，即 CRISPR 激活(CRISPRa)。

在非模式细菌中的遗传操作除了需要克服上述关键瓶颈，还需要测试或优化多种基因表达元件。基因转录和翻译水平由几种不同的成分控制，包括启动子、核糖开关、核糖体结合位点(RBS)和终止子。基因可以组成型表达，其中蛋白质产生水平主要由启动子和 RBS 的强度决定；基因也可以使用可调节的方式表达，其表达通过诱导型启动子和核糖开关"打开"或"关闭"来实现。常用的诱导型启动子的诱导剂包括乳糖、阿拉伯糖、四环素、木糖和乳链菌肽等。报告基因可用于分析基因的表达水平，并可开发用于检测和控制生物转化过程中代谢物水平的生物传感器。常用的报告基因可分为酶(如 lacZ 和 gusA 等)，以及荧光蛋白(如绿色荧光蛋白 GFP 和红色荧光蛋白 mCherry)。GFP 等荧光报告基因需要 O_2 来生成荧光发色团，因此无法在厌氧细菌中使用。黄素结合荧光蛋白(FbFP)不需要 O_2 来发出荧光，这使其成为厌氧菌的潜在应用工具。FbFP 包括 iLOV、BsFbFP、PpFbFP 和 EcFbFP，它们已在包括梭菌在内的多种生物体中得到证实，但它们的荧光性能和 GFP 相比仍有较大的差距。最近开发的荧光激活和吸收转移标签(FAST)蛋白通过结合一种外源添加的配体发出荧光，产生类似于 GFP 的荧光信号。

虽然已有大量的纤维素降解菌被分离和鉴定，但多数仅作为一种酶资源被开发，而对菌株的改造比较有限，特别是针对它们的木质纤维素降解能力的改造非常少。这一方面是受限于缺乏非模式菌株的遗传操作工具，另一方面是由于对如何提升细菌的纤维素降解能力缺乏系统有效的方案。基于不同的木质纤维素生物转化策略，对于糖化过程的改造需求并不相同。对采用酶制剂的同步糖化发酵来说，主要是针对产酶微生物，目前主要是丝状真菌的改造和纤维素酶的改造，以提升其产酶量和酶的性能。对于整合生物加工来说，如果使用高效降解木质纤维素的底盘细胞，如热纤梭菌(*Clostridium thermocellum*)和热解纤维素菌(*Caldicellulosiruptor bescii*)，其遗传改造的重点是如何高产生物燃料，对于进一步优化其糖化过程的研究相对较少。对于使用非纤维素降解菌作为底盘细胞的情况，如何在基因组中导入大量的木质纤维素降解酶并实现高效的表达、外泌和协同调控，是一个非常大的挑战。对于整合生物糖化策略，由于使用高效降解木质纤维素的底盘细胞，改造的首要任务是解除或降低糖化产物对酶的反馈抑制。同时，对酶的改造还应当尽量不影响细菌原有的高效降解木质纤维素的酶系统的表达和作用。中国科学院青岛生物能源与过程研究所崔球研究组通过遗传改造开发了三代基于热纤梭菌纤维小体的整合生物糖化全菌催化剂，引入外源 BGL 以解除产物的反馈抑制，并通过多种方案逐步减少引入的外源 BGL 对纤维小体表达的影响，通过分析不同表达量的 BGL 与纤维小体的匹配关系，获得了最优的高效糖化菌株[18]。

综上所述，无论采用哪种木质纤维素生物转化策略，糖化过程相关的改造都是非常富有挑战性的课题。酶的改造、产酶微生物的改造、糖化过程的改造，都涉及木质纤维素降解过程中复杂多样的酶系，阐明不同的酶之间以及产酶过程与微生物生理生化之间的复杂协同和偶联关系，将为糖化过程的改造提供科学基础，而开发先进高效的遗传改造和分子改造工具将为实现新的高效糖化过程提供技术支撑。

7.4　液体燃料生产

7.4.1　木质纤维素液体生物燃料

　　木质纤维素经过糖化之后，通过微生物发酵可以转化为多种液体生物燃料[39]。由于许多微生物都可以在发酵过程中产生较高浓度的乙醇，生物乙醇是研究得最多的生物燃料。采用的木质纤维素生物转化策略不同，燃料生产的方式也不相同：对于存在可发酵糖的工艺策略（如同步糖化发酵、整合生物糖化），可以使用已知的高产乙醇的微生物如酿酒酵母进行乙醇的发酵生产；对于整合生物加工策略，需要通过代谢工程赋予工程菌株生产乙醇的能力。无论采用哪种策略，木质纤维素水解糖化产生的可发酵糖通常都是包含了多种单糖（其中最多的是葡萄糖和木糖）的混合物，同时还存在预处理或糖化过程中产生的其他一些化合物或代谢产物。虽然一代生物乙醇使用基于淀粉或葡萄糖的发酵技术已比较成熟，在以木质纤维素糖化产生的可发酵糖进行发酵时，仍然需要对发酵菌株和工艺进行系统研发，以克服混合糖和抑制物带来的转化率低、转化效率低等问题。对发酵菌株的代谢工程改造，是解决这些问题的主要方法[40, 41]。

　　木质纤维素经过水解糖化之后的产物，可以直接被大多数微生物利用的是各种单糖，其中主要是葡萄糖（60%～70%）和木糖（30%～40%）。葡萄糖和木糖可以通过微生物细胞工厂的中心碳代谢途径转化产生核心中间体，如 3-磷酸甘油醛、丙酮酸和乙酰辅酶 A。这些中间体作为基本模块被微生物转化为燃料和化学品，如聚酮化合物、萜类化合物、酮酸、醇和脂肪酸衍生物等（图 7.6）[42]。通过对这些代谢途径的工程化改造，微生物在从糖到目标燃料或化学品的转化过程中，最大化地利用木质纤维素水解液中的各种糖类、提高代谢通量、改善能量平衡，同时耐受水解液中的抑制物和发酵产生的高浓度燃料或化学品。理想的菌株应当具备如下性质：在木质纤维素的水解产物中获得高生物生长量和高生物燃料生产率；能够利用各种戊糖和己糖；承受高温和低 pH；对抑制物和最终产物具有良好耐受性；具有高代谢通量且主要合成单一发酵产物；具有快速和无限制的糖转运通路。在开发最适合大规模生产生物燃料的微生物时，必须考虑所有这些属性实现的可能性。

　　作为能源产品的生物燃料，其成本需要与化石能源来源的燃料相当或者更低，才有可能具有工业生产的经济性。因此，尽可能提升木质纤维素中的糖组分到液体生物燃料的转化率，即最大化地利用和转化碳源，是生物转化工艺与菌株开发的重要研究内容。

　　葡萄糖是木质纤维素糖化产生的可发酵糖中的最主要成分，在微生物发酵进行生物燃料生产的过程中应尽可能避免产生二氧化碳或其他的碳损失，提升葡萄糖到目标产品的转化率。微生物体内的葡萄糖代谢途径有多种，其碳的转化率也不相同。大多数微生物通过糖酵解中心碳代谢来利用葡萄糖，细胞以 ATP 的形式产生能量，同时将葡萄糖转

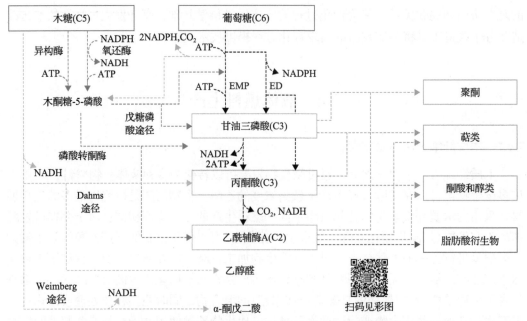

图 7.6 微生物中己糖(葡萄糖)和戊糖(木糖)利用的总体分解代谢途径[42]
橙线和红线分别表示非磷酸化和戊糖磷酸途径；黑线显示糖酵解途径；辅因子、产生的能量和碳损失分别以
蓝色、绿色和红色字符显示

化为丙酮酸，然后通过柠檬酸循环或发酵进一步转化产生更多能量。当 1mol 葡萄糖通过
EMP(Embden-Meyerhof-Parnas)糖酵解途径转化为乙酰辅酶 A(即通过糖酵解生产燃料和
化学品的核心中间体)时，三分之一的碳会以 CO_2 的形式被释放而损失，并产生 2mol ATP
和 4mol NADH。当目标产物的生物合成需要 NADPH 时，可以修改 EMP 途径以包含
$NADP^+$依赖的 3-磷酸甘油醛脱氢酶。部分葡萄糖也可以重新定向至 ED(Entner-Doudoroff)
糖酵解或戊糖磷酸(PP)途径，这时每摩尔葡萄糖中可分别获得 1mol 或 2mol NADPH 以
产生乙酰辅酶 A，但需要消耗能量或存在碳损失。通过 ED 糖酵解途径的葡萄糖转化在
革兰氏阴性细菌和古细菌中占主导地位，并且由于与 EMP 糖酵解途径相比其生化反应
相对简单，因此具有快速糖周转和低酶合成成本的额外好处。基于磷酸转酮酶途径(PK
途径)的非氧化糖酵解提供了另一种可以改变碳流并最大化碳转化率的途径。Lin 等通过
使用非氧化糖酵解途径替换大肠杆菌中的 EMP 途径，在厌氧发酵中实现了从葡萄糖到乙
酰辅酶 A 几乎 100%的碳转化率[43]。

为了最大限度地利用碳，除了葡萄糖之外还需要将木质纤维素糖化产生的戊糖(主要
是木糖)尽可能多地转化为目标生物燃料。在细菌中，木糖通过基于异构酶的途径转化为
5-磷酸木酮糖，然后通过 PP 或 PK 途径进一步代谢。在酵母中，使用基于氧化还原酶的
途径将木糖或阿拉伯糖转化为木酮糖-5-磷酸。基于异构酶的途径是辅因子中性的，但基
于氧化还原酶的戊糖转化途径需要将部分糖转化为副产物以补偿辅因子失衡，从而导致
碳损失。因此通过构建基于异构酶的途径转化木糖可以提高碳转化率达到理论最大值。
通过非磷酸化途径(Dhams 或 Weimberg 途径)的木糖转化产生没有碳损失的糖醛、丙酮

酸或 α-酮戊二酸，以及 NADH 形式的还原力。该途径的可能缺点是存在有毒中间体木糖酸，并在葡萄糖存在时存在 CCR 效应。此外，通过碳守恒非磷酸化途径在木糖转化过程中不会产生 ATP 可能是一项缺陷，尤其是在缺乏氧气供应的一些工业发酵环境中，细胞会缺乏生长和维持所需的能量。

除了碳转化率的因素，细菌和酵母分别由于 CCR 效应和缺乏木糖代谢途径，木糖转化效率受到限制。经过过去几十年的代谢工程努力，通过破坏 cAMP 受体蛋白和磷酸烯醇丙酮酸转移酶系统，促进了葡萄糖/木糖共发酵过程中细菌菌株中木糖的利用。工程酵母菌株中也实现了木糖随着葡萄糖共同转化为乙醇。葡萄糖和木糖的共同转化不仅提高了木质纤维素生物精炼中单位生物量的整体产品产量，还通过生物合成途径为所需目标产品提供了碳通量和能量。

细胞对糖的利用除了与胞内代谢通路密切相关，还与糖的摄取——糖的跨膜转运密切相关。细胞通常具有高效和大量转运葡萄糖的转运蛋白，但由于对戊糖分解代谢的需求很少，木糖和阿拉伯糖等的天然糖转运蛋白的亲和力很低，或者会受到糖摄取调节机制的限制。转运蛋白工程可以改善细胞内的碳通量，更好地支持赋予的戊糖分解代谢途径，而不会损失葡萄糖摄取的效率。通过对木糖转运蛋白的亲和力改造、过表达、引入异源转运蛋白等，可以实现木糖消耗速率的显著提升。此外，通过将天然的木糖转运蛋白和异源木糖异构酶(XI)进行融合表达，细胞表现出显著的木糖消耗和乙醇产率的提升。XI 的异源表达使酿酒酵母中辅因子中性的木糖转化成为可能。基于新发现的 XI 以及定向进化等蛋白质工程，来自多种菌株的 XI 已被改造并在酿酒酵母中赋予其木糖代谢能力。

除了最大化利用底物中的碳源，另一个在代谢工程中需要仔细考虑的是糖分解代谢中的能量平衡。氧化还原载体中的非蛋白质类辅因子，如 $NAD^+/NADH$ 和 $NADP^+/NADPH$，在细胞分解代谢和合成代谢中起重要作用。平衡的细胞内氧化还原状态对于微生物控制碳通量和产物至关重要。代谢工程中，为获得更多产物或利用新底物，会增加或去除一些酶，这种重构途径很容易破坏氧化还原平衡。例如，木质纤维素生物精炼时，在酿酒酵母中引入异源的基于氧化还原的木糖分解代谢途径会导致辅因子失衡。因此，在代谢工程中需要做出许多努力来缓解和解决辅因子失衡。可以通过竞争途径失活来维持辅因子平衡；或者将碳通量转移到具有额外辅因子供应优势的替代途径；也可以通过辅因子再生系统将氧化还原反应分子提供给目标产物的生物合成途径。由于引入基于氧化还原酶的木糖利用途径引起的辅因子失衡已在酿酒酵母中通过表达来自乳酸乳球菌的 NADH氧化酶(noxE)得到解决，在酿酒酵母发酵木糖时实现了高滴度的 2,3-丁二醇(96.8g/L)生产[44]。

7.4.2 二代生物乙醇

生物乙醇是和化石来源的乙醇相对而言的。传统上大量的乙醇来自石油，通过乙烯水合生产得到。生物乙醇是由现有或可再生的生物质通过生物发酵生产的，是可再生的生物燃料。石油衍生乙醇和生物乙醇的化学成分相同，但它们在同位素含量上有所不同。生物乙醇含有 ^{14}C，其比例与其在原料中的比例相同，而石油由于是远古时代的生物质，^{14}C 随时间衰减而消失，石油衍生乙醇几乎不含有 ^{14}C。生物乙醇目前可分为三代：第一代生物乙醇使用甘蔗、玉米和甜菜等可食用农作物作为原料；第二代生物乙醇使用秸秆、木屑等农林废弃物作为原料；第三代生物乙醇使用光合微藻等作为原料[45]。第一代生物乙醇已在世界范围内生产，它们是通过以糖为基础的可食用原料(如甘蔗汁)或淀粉类生物质(如马铃薯、玉米、谷物和种子)发酵获得的。由于将可食用农作物用作原料，会产生与人争粮争地的问题，第一代生物乙醇只在一些不存在粮食和土地资源问题的地方适用。第二代生物乙醇主要利用不可食用的农业和工业木质纤维素废料，如稻壳、小麦秸秆、玉米秸秆、橄榄渣、甘蔗渣、椰子壳、纸浆工业废料、果皮等。如前面章节所述，木质纤维素具有复杂的结构和抗降解屏障，导致需要预处理、高活性的糖化酶、高抗逆和五碳糖、六碳糖共利用的发酵菌株，使得木质纤维素生产生物乙醇的过程复杂，成本居高不下，至今仍未形成规模化的产业。然而，木质纤维素作为可再生的资源，将其转化为生物乙醇等燃料是未来解决能源危机和实现循环经济的重要组成部分，也是实现碳中和的重要路径，同时经过数十年的研究已经表明其科学和技术上的可行性，因而是当前极具开发前景的生物能源技术。第三代生物乙醇从微藻生物质生产生物乙醇的过程与纤维素材料类似，包括生物质的预处理、水解、发酵和产品回收。但光合微藻本身生长较为缓慢，生物量低，导致生产成本较高，同时由于微藻生物质具有较高的附加值，如用于生物肥料、动物饲料、营养保健品等，在技术经济性上缺乏将其转化为乙醇的必要动力，目前仍主要处在实验室研究阶段。

就二代生物乙醇生产技术而言，除了原料采集困难、收储困难外，还存在三大核心技术困难。第一个技术难点是环保、低成本、低能耗的原料预处理技术，它可以有效提高以纤维素为底物的酶的酶解性能，最大限度地减少抑制酶解、发酵或造成环境污染的有害物质的产生。目前主流的预处理方法在 7.2 节进行了详细阐述，目前并没有单一的预处理技术可以达到上述要求，因此需要根据选择的木质纤维素生物转化策略进行预处理方案的设计和考察，开发最合适的折中预处理方案。第二个技术难点是需要一种高性能、低成本的纤维素降解酶系统。在采用酶制剂的木质纤维素生物乙醇生产中，纤维素酶的使用成本约占加工成本的 35%，是除原料外的最高环节。7.3 节中详细阐述了各种酶系统及其研究开发进展。目前，用于木质纤维素乙醇的商业化纤维素酶包括诺维信的 Cellic CTec、杜邦的 Accellerase 系列、皇家帝斯曼的 Cytolase CL 和山东大学生产的纤维素酶。最新的木质纤维素生物转化策略如整合生物加工和整合生物糖化主要使用细菌的高效降解木质纤维素的纤维小体系统，不再需要制备酶制剂，可以大大减少酶生产在最终生物乙醇生产成本中的比例。第三个技术难点是需要发酵生产乙醇的菌株能够耐受预处理产生或残留的抑制剂，并充分利用不可发酵糖(木糖、阿拉伯糖和各种纤维寡糖)生产高浓度乙醇。7.3 节中阐述了针对该技术难点对发酵菌株的主要代谢工程方法和进展。目前已有许多关于五碳糖、六碳糖共利用的工程改造酵母的研究报道，同时诺维信、皇家帝斯曼、科莱恩等公司也有戊糖/己糖共发酵的商业化酵母菌株。总的来说，由于木质纤维素生物质的生物降解复杂性，二代生物乙醇生产的一些问题仍未得到完全解决，整个生产过程的经济性仍无法与石油衍生乙醇和一代生物乙醇竞争。但相关的研究一直在持续推进，二代生物乙醇的技术难点正在被逐渐地攻破，人类社会可持续发展的客观需求仍在推动相关研究人员围绕这些核心技术进行深入研究并不断取得进展。

21 世纪以来，气候变化和减少碳排放成为人们高度关注的问题，许多国家在不同层面开展了试点研究，逐步完善了木质纤维素乙醇生产技术，美国、德国、巴西、意大利、中国等多个国家建立了木质纤维素乙醇生产的产业化项目，虽然其中的大多数以失败告终，但也极大地推动了相关的研发进展[46]。

美国是木质纤维素乙醇的主要生产国和用户，拥有强有力的资金和研究投资政策。美国至今已经建立了三个大型木质纤维素乙醇工厂。其中，杜邦公司于 2015 年建成的工厂产量最大；不幸的是，该工厂木质纤维素乙醇的生产成本高于粮食乙醇，该项目于 2017 年 11 月停产。美国另一家乙醇厂 Abengoa 于 2014 年 9 月尝试生产乙醇，但由于项目成本超支和扩大木质纤维素乙醇生产的技术问题，该公司于 2015 年底宣布破产并低价出售其纤维素乙醇工厂。2012 年，美国 POET 和荷兰皇家帝斯曼(DSM)联合成立 POET-DSM，以玉米秸秆和玉米芯为原料，采用稀酸蒸汽爆破预处理和戊糖/己糖共发酵技术的运营工厂，是美国的第一家商业化二代生物乙醇工厂。2017 年，公司开始建设就地产酶系统，宣布原料综合利用取得重大突破。然而到了 2019 年，受到美国国家环境保护局政策变化的影响，其工厂停止纤维素乙醇的商业规模生产，转变为研发设施。

巴西是生物乙醇的重要生产国。当地的甘蔗渣和甘蔗叶被用作生产木质纤维素乙醇的原料。GranBio 建设的木质纤维素乙醇工厂于 2014 年投产，2017 年开始出口二代生物乙醇至美国，目前是世界上最大的二代生物乙醇运营工厂。Raízen 公司于 2018 年投产了年产 3.2 万 t 乙醇的工厂，并宣布要建设第二条生产线。总体而言，由于原料优势和一代生物乙醇的技术积累，木质纤维素乙醇产业在巴西发展较为顺利。

在德国，科莱恩于 2012 年建立了以秸秆为原料的 1000t 纤维素乙醇中试工厂，经过多年的研发，建立了纤维素乙醇一体化生产技术 Sunliquid®，在无化学试剂预处理(蒸汽爆破)、就地产酶技术、可循环使用的戊糖/己糖共发酵酵母体系、乙醇节能净化方法、工厂能量自平衡等技术方面取得突破。2018 年 9 月，科莱恩公司开发的首个 Sunliquid® 纤维素乙醇技术项目在罗马尼亚波达里开工建设。2020 年 1 月和 2020 年 8 月分别与中国安徽国祯集团股份有限公司和保加利亚 EtaBio 公司签署 Sunliquid®技术许可协议，建立二代生物乙醇的示范工厂。

2013 年，意大利在北部的 Crescentino 建成第一座基于 PROESA™ 技术的木质纤维素乙醇工厂，以秸秆和芦笋为原料生产乙醇，剩余木质素用于发电。然而，醇电联产机组并没有实现稳定运行。2017 年宣布暂时停产。2018 年该工厂被 Eni 的化学公司 Versalis 收购，加大投资进行了翻修，并于 2022 年 2 月重新开始二代生物乙醇的生产。

中国自 2010 年之后也尝试建立了多个二代生物乙醇的生产示范项目和工厂[47]。2012 年，山东龙力生物科技有限公司建设了 5 万 t 纤维素燃料乙醇的工厂，但由于在生产成本方面缺乏优势，该装置目前处于停机状态。济南圣泉集团有限公司在 2012 年建立了年产 2 万 t 乙醇的纤维素乙醇生产装置，目前处于关闭状态。河南天冠集团于 2013 年建成年产 3 万 t 乙醇的气电联产机组，但由于多种原因并未投产。2014 年，中粮集团有限公司和诺维信(丹麦)在黑龙江省肇东市建立了 5 万 t/a 纤维素乙醇工业规模装置。2020 年 1 月 6 日，安徽国祯集团股份有限公司、康泰斯(上海)化学工程有限公司与德国科莱恩签署许可协议，在安徽省阜阳建立基于科莱恩的 Sunliquid®纤维素乙醇技术年产 10 万 t 纤维素乙醇及热电联产项目。尽管中国已经建立了一些纤维素乙醇中试或示范工厂，但都没有达到预期目标，尚未实现可持续的商业化运营。

这些工业装置的建设和试产表明，纤维素乙醇生产技术已基本成熟，但还需要加大投入来改进技术。2014 年下半年，国际油价和乙醇价格大幅下跌，使得纤维素乙醇的生产成本难以接受，产业化进程也跌至低点。从上述公司的后续运作来看，成本的影响一直延续到今天。纤维素乙醇生产工艺复杂，投资大(1 亿～2 亿元人民币/万吨乙醇产能)。产品价格低廉，实现投资回报困难。纤维素乙醇(二代生物乙醇)产业化的出路就是降低综合生产成本，使其达到淀粉原料乙醇(一代生物乙醇)的水平，首先实现对第一代生物乙醇的补充和替代，然后进一步替代石油基乙醇。

经过多年的探索和发展，人们已经认识到木质纤维素乙醇生产不能只针对一种成分的生物转化，而应当通过先进的生物炼制技术，充分利用原料中的纤维素、半纤维素和木质素三种主要成分，然后将其转化为不同的产品，最终实现原材料充分利用、产品价值最大化、土地利用效率最大化的目标，提高整个过程的经济可行性。此外，目前能够较长期运营的第二代生物乙醇工厂大多是同时进行第一代生物乙醇生产的企业。通过第一代和第二代生物乙醇生产的技术整合，共享部分产业基础设施，充分利用原料资源，并结合热电联产，从而降低运营成本和投资风险，实现二代生物乙醇生产技术的可持续性发展。

7.4.3　ABE 发酵与高级醇

生物乙醇已经在全球范围内建立了巨大的市场规模，但仍有可能被具有更好燃料特性的更先进的生物燃料所取代，如高级醇。其中丁醇是一种四碳醇，能量密度与汽油相似，热值比乙醇更高。可与汽油或柴油混合用于公路运输。由于其高能量密度，丁醇是比乙醇和生物柴油更好的混合组分，混入运输燃料可以获得更好的行驶里程。丁醇可以在没有助溶剂的情况下混入柴油燃料中，并且不会引起汽锁问题。与生物乙醇一样，生物丁醇可以通过对生物质原料衍生的糖进行发酵来生产，是一种基于生物质的可再生燃料。与生物柴油相比，丁醇含有更多的氧，具有较低的燃烧温度，从而进一步减少烟尘和 NO_x 排放。丁醇比乙醇更耐水污染，这有利于混合燃料的储存和分配。丁醇比乙醇的腐蚀性更小，因此更适合通过现有管道进行分配，而乙醇不适合管道运输。丁醇具有较高的黏度，与柴油燃料相当，不会对柴油发动机造成潜在的磨损问题。

生物丁醇通常使用细菌(特别是梭菌)通过 ABE(丙酮-丁醇-乙醇)途径发酵生产[48, 49]。ABE 发酵具有悠久的历史，最早是在 20 世纪初第一次世界大战期间为解决对丙酮的需求而开发建立的，在 50 年代曾提供了世界上 66%的丁醇和 10%的丙酮。之后由于碳源价格上涨和石油来源的丁醇生产工艺的快速发展，ABE 发酵工业几乎停止，研究也大大减少。直到 70 年代发生了石油危机，具有可再生特性的 ABE 发酵再次引起了人们广泛的研究兴趣。90 年代随着基因工程技术的发展，对 ABE 菌株的代谢工程改造开始出现并发展。2001 年，丙酮丁醇梭菌的基因组得到测序，ABE 发酵的研究进入了组学时代。新的基因工程手段被不断地开发出来，包括最新的 CRISPR 技术等被应用于改进 ABE 菌株的性能[49]。

虽然 ABE 发酵已有一百多年的历史,该过程生产生物丁醇也存在一些显而易见的缺陷。第一个问题是丁醇等发酵产物对细菌有显著的毒性,这意味着当丁醇达到特定浓度后发酵就会停止。这会导致较低的产品浓度,大大增加了后续的分离成本。在工业规模上,通过糖发酵获得的丁醇最高浓度约为 20g/L。第二个问题是 ABE 发酵过程中会同时产生丙酮、乙醇和有机酸副产物,影响了丁醇的产量并增加了产品分离(如液-液萃取)的复杂性。第三个问题是梭菌的遗传操作比较困难,梭菌菌株的代谢工程相当具有挑战性。第四个问题是使用高浓度糖的原料成本过高,而 ABE 发酵梭菌通常不能直接利用木质纤维素等廉价的碳源。

针对这些问题和缺陷,研究者和企业开发了许多用于 ABE 发酵和生物丁醇生产的技术和工艺。针对产物的毒性,一方面通过菌株筛选和遗传改造,获得更高丁醇耐受性的菌株;另一方面通过开发原位回收发酵工艺,在发酵过程中将丁醇等产物分离提取出来,从而降低对菌株的毒性。在遗传工具开发方面,目前已有许多适用于 ABE 发酵梭菌的基于二类内含子、同源重组和 CRISPR 的基因组操作工具被开发出来,同时更多的产溶剂梭菌基因组数据以及新兴的合成生物学方法进一步促进了 ABE 菌株的代谢工程改造。在原料成本方面,和生物乙醇同样需要根据当地的生物质资源进行选择,而对于木质纤维素作为低成本原料的情况,需要和二代生物乙醇一样解决预处理和糖化的成本问题,目前在技术经济性上仍然具有较大的挑战性。

由于对生物丁醇的兴趣日益浓厚,多个国家都计划建设大型丁醇生产装置,目前有多家公司在积极参与 ABE 发酵装置的推广和开发,包括 Gevo Inc.、Butamax Advanced Biofuels LLC、DuPont、Chevron Oronite 和 Cobalt Technologies 等。然而,由于技术经济性问题,目前从木质纤维素生产生物丁醇尚未能以商业规模进行。

除了丁醇,也有一些研究探索生产更长链的高级醇,如脂肪醇。这些中长链脂肪醇可以通过反向 β-氧化途径和/或 ACP 依赖性 FAS 途径产生。例如,梭菌 1-丁醇生产途径被设计用于进一步碳延伸并在大肠杆菌中生产 1-己醇(六碳)。这一策略也被应用于工程克鲁维酵母,并成功生产己酸,展示了该系统在不同宿主中的普遍适用性。然而,该系统对于生产更高碳的产品(如 1-辛醇)效率相当低,主要是由于所涉及的酶对进一步链延长的活性较低。1-辛醇是一种八碳直链脂肪醇,具有与柴油相似的燃料特性,使其成为替代性的可再生燃料。为了生产 1-辛醇,需要通过引入有利于较长碳链底物的酶来改进上述 1-己醇途径。另一种生产 1-辛醇的策略是使用工程化 FAS 系统生产辛酸,然后通过羧酸还原酶(Car)和醛还原酶(Ahr)将辛酸转化为 1-辛醇。由于 Car 的多功能性,它已被最近的多项研究用于先进生物燃料生产的代谢工程。

除了直链醇,生物法生产支链醇也得到了较多的关注和研究。支链醇中异丁醇得到了较多的关注,因为它与 1-丁醇相比具有相似的能量含量和更高的辛烷值。支链醇的生物发酵生产通常使用 2-酮酸途径,从酮酸的脱羧开始。酮酸是亮氨酸、异亮氨酸、苏氨酸或缬氨酸等几种氨基酸的前体,脱羧后形成醛或酮,并进一步通过醇脱氢酶还原为支链醇[50]。因此,支链醇的生产高度依赖于醇脱氢酶的底物特异性。通过 2-酮酸途径的工程化，可以生产各种支链醇，包括异丙醇、异丁醇、2-甲基-1-丁醇、3-甲基-1-丁醇或 3-甲基-1-戊醇。这些途径的可行性已经在工程大肠杆菌和酵母中得到验证。谷氨酸棒状杆菌是一种高水平的氨基酸生产者，由于它能够以更高的通量提供氨基酸前体，因此也有研究分析其生产支链醇的能力。解纤维梭菌等木质纤维素降解菌由于可以直接利用廉价的废弃生物质碳源，也被改造用于支链醇的生产。

7.4.4 其他燃料与化学品

由于微生物所具有的复杂代谢途径可以产生几乎无限可能的化合物分子(图 7.7)，除了醇类燃料之外，研究者也对生物转化方法生产其他类型的液体生物燃料进行了研究，包括柴油、喷气燃料、汽油等[51, 52]。石油基的燃料是直链、支链和芳烃的混合物，生命系统中的几种碳氢化合物产生途径中可以产生类似于汽油、柴油和喷气燃料中的分子，包括类异戊二烯、脂肪酸和聚酮化合物。

石油基来源柴油的主要成分是碳链长度为 12~20 的长链烷烃、芳烃和烯烃。生物体中油脂的碳链长度和柴油类似，因而是用来生产生物柴油的主要途径。但是，生物油脂主要以甘油三酯的形式存在，其黏度和闪点与柴油差别很大，不适合于直接在柴油机中燃烧。因此，生物柴油的生产需要使用甲醇或乙醇对各种脂质原料进行化学酯交换，并副产甘油。目前商业化的生物柴油主要是通过废弃油脂(如地沟油)进行生产的，而通过产油微生物，特别是光合微藻生产生物柴油是研究的前沿方向。生物柴油生产中的酯交换过程会降低成本效益和整体生产效率，也有研究通过直接微生物发酵使微生物脂质转化为脂肪酸乙酯(FAEE)以及适用于柴油和喷气燃料的长链烷烃。蜡酯合成酶(WS)催化乙醇和脂肪酰基辅酶 A 缩合形成 FAEE，在 FAEE 的生物合成中发挥重要作用。然而，FAEE 的微生物生产效率仍然很低，限制了商业化的可能性。长链碳氢化合物可以使用微生物 FAS 系统并引入蓝藻烷烃生物合成途径来生产。此外，I 型模块化聚酮合酶(PKS)作为 FAS 途径的进化后代，在催化机制上具有相似性，可以开发用于合成所需的长链烯烃类生物燃料和其他化学品。类异戊二烯途径是生产类似柴油的碳氢燃料的另一种途径。可以通过使用甲羟戊酸(MEV)途径或 D-木酮糖-5-磷酸(DXP)途径生产类异戊二烯衍生燃料。大多数类异戊二烯生物燃料来自单萜(十碳)或倍半萜(十五碳)，基于萜烯的生物燃料性能接近于传统航空燃料。

汽油是 4~12 个碳的短链碳氢化合物，是使用最为广泛的交通燃料。由于缺乏天然代谢前体，在微生物中生产适合替代汽油的短链碳氢化合物比较困难，需要对酶和微生物进行复杂的改造。在微生物系统中，只有具有长脂肪族碳链的脂肪酸是天然合成的，微生物汽油生产的第一步是设计生产短链脂肪酸的能力。Lee 等报道了第一个成功利用微生物生产汽油范围碳氢化合物的研究[54]。通过改造大肠杆菌的 FAS 系统和脂肪酸降解系统，并引入具有短链酰基-ACP 增强活性的工程化脂肪酰基-ACP 硫酯酶(TesA)，成功生成了短链脂肪酸，然后利用大肠杆菌脂肪酰基辅酶 A 合酶(FadD)、丙酮丁醇梭菌酰基辅酶 A 还原酶(Acr)和拟南芥脂肪醛脱羧酶(CER1)将脂肪酸转化为烷烃。另一项研究使用大肠杆菌的 FAS 系统生产正庚烷(七碳)和正壬烷(九碳)，而异源反向 β-氧化途径被设计

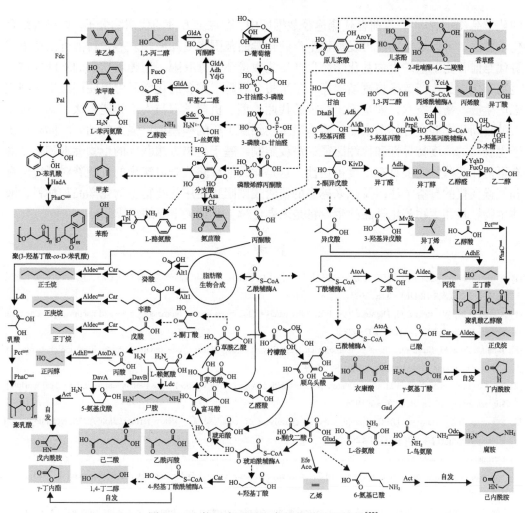

图 7.7 生物反应可以生产的化学品和材料[53]

浅青色背景的分子为重要的化学品和材料。实线和虚线箭头分别表示需要单个和多个反应步骤。反应中需要的酶以缩写标注于箭头上，蓝色代表具有单个底物特异性，红色代表具有广泛的底物范围。葡萄糖和木糖作为生产化学品和材料的主要代表性碳源。脂肪酸生物合成途径以圆圈代表，表示一系列的脂肪酸碳链延长反应。反应箭头上的酶的缩写：Aco. 氨基环丙羧酸氧化酶；Act. β-丙氨酸辅酶 A 转移酶；Adh. 乙醇脱氢酶；AdhE. 乙醇醛脱氢酶；Aldec. 乙醛脱羧酶；Aldh. 乙醛脱氢酶；Alt1. 乙酰-乙酰载体蛋白脱硫酯酶 I；AroY. 原儿茶酸脱羧酶；Asa. 氨茴酸合成酶；AtoA. 乙酸辅酶 A 转移酶；AtoDA. 乙酰辅酶 A:乙酰乙酰辅酶 A 合成酶；Cad. 顺乌头酸脱羧酶；Car. 羧酸还原酶；Cat. 4-羟基丁酸辅酶 A 转移酶；CL. 分支酸裂解酶；Crt. 3-羟基丁酰辅酶 A 脱水酶；DavA. δ-氨基戊酰胺水解酶；DavB. L-赖氨酸 2-单加氧酶；DhaB. 甘油脱水酶；Ech. 烯酰辅酶 A 水合酶；Efe. 2-酮戊二酸双加氧酶；Fdc. 阿魏酸脱羧酶；FucO. 乳醛酸还原酶；Gad. 谷氨酸脱羧酶；GldA. 甘油脱氢酶；Glud. 谷氨酸脱氢酶；HadA. 异己烯酰辅酶 A:2-羟基异己酸辅酶 A 转移酶；KivD. α-酮异戊酸脱羧酶；Ldc. L-赖氨酸脱羧酶；Ldh. 乳酸脱氢酶；Mv3k. 甲羟戊酸 3-激酶；Odc. 鸟氨酸脱羧酶；Pal. 苯丙氨酸解氨酶；Pct. 丙酸辅酶 A 转移酶；PhaC. 聚(3-羟基脂肪酸)聚合酶；PrpE. 丙酸-辅酶 A 连接酶；Sdc. 丝氨酸脱羧酶；Tpl. 酪氨酸苯酚裂解酶；YciA. 乙酰辅酶 A 硫脂水解酶；YdjG. 甲基乙二醛还原酶；YqhD. 乙醇醛还原酶

用于生产丙烷（三碳）、正丁烷（四碳）和正戊烷（五碳），实现了 3～9 个碳的短链碳氢化合物的微生物合成[55]。

事实上，除了上述交通燃料，利用微生物代谢的各种中间体转化可以生产各种特定

的化学品 (图 7.7)[53]。目前在代谢途径数据库中，存在上万种的代谢物分子。如果再结合化学方法，可以从生物质可发酵糖生产的化学品范围将更加广阔。尽管目前可以竞争或替代当前石化工艺的生物基化学品生产工艺数量还十分有限，但随着技术的不断推进，生物基化学品生产效率将逐渐提高，未来将会有越来越多的化学品可以使用微生物细胞工厂生产。新的技术，如基因组规模的代谢模型、机器学习与人工智能方法、基于机器人的自动化实验室等逐渐成熟，将为微生物细胞工厂的构建提供强大的动力。同时，由于生物酶的高度特异性和代谢路径的高度定制，基于生物方法获得的生物燃料和化学品有可能在某些性质上具有高度可控性，这是化石能源路线难以实现的。随着对环境问题和气候变化的日益关注以及越来越多的监管规则阻止使用化石衍生的化学品和材料，液体生物燃料和生物基化学品的生产将是未来化学工业至关重要的组成部分。

参 考 文 献

[1] 中国产业发展促进会生物质能产业分会，德国国际合作机构(GIZ)，生态环境部环境工程评估中心，等. 3060 零碳生物质能发展潜力蓝皮书[R/OL]. 北京, 2021.

[2] Alonso D M, Wettstein S G, Dumesic J A. Bimetallic catalysts for upgrading of biomass to fuels and chemicals[J]. Chemical Society Reviews, 2012, 41(24): 8075-8098.

[3] Taha M, Foda M, Shahsavari E, et al. Commercial feasibility of lignocellulose biodegradation: Possibilities and challenges[J]. Current Opinion in Biotechnology, 2016, 38: 190-197.

[4] Liu Y-J, Li B, Feng Y G, et al. Consolidated bio-saccharification: Leading lignocellulose bioconversion into the real world[J]. Biotechnology Advances, 2020, 40: 107535.

[5] Savarese J J, Young S D. Combined enzyme hydrolysis of cellulose and yeast fermentation[J]. Biotechnology and Bioengineering, 1978, 20(8): 1291-1293.

[6] Deshpande V, Sivaraman H, Rao M. Simultaneous saccharification and fermentation of cellulose to ethanol using *Penicillium funiculosum* cellulase and free or immobilized *Saccharomyces uvarum* cells[J]. Biotechnology and Bioengineering, 1983, 25(6): 1679-1684.

[7] Toor M, Kumar S S, Malyan S K, et al. An overview on bioethanol production from lignocellulosic feedstocks[J]. Chemosphere, 2020, 242: 125080.

[8] Chandrakant P, Bisaria V S. Simultaneous bioconversion of cellulose and hemicellulose to ethanol[J]. Critical Reviews in Biotechnology, 1998, 18(4): 295-331.

[9] Bertacchi S, Jayaprakash P, Morrissey J P, et al. Interdependence between lignocellulosic biomasses, enzymatic hydrolysis and yeast cell factories in biorefineries[J]. Microbial Biotechnology, 2022, 15(3): 985-995.

[10] Lynd L R, Elander R T, Wyman C E. Likely features and costs of mature biomass ethanol technology[J]. Applied Biochemistry and Biotechnology, 1996, 57(1): 741-761.

[11] Brown S D, Guss A M, Karpinets T V, et al. Mutant alcohol dehydrogenase leads to improved ethanol tolerance in *Clostridium thermocellum*[J]. Proceedings of the National Academy of Sciences of the United States of America, 2011, 108(33): 13752-13757.

[12] Holwerda E K, Olson D G, Ruppertsberger N M, et al. Metabolic and evolutionary responses of *Clostridium thermocellum* to genetic interventions aimed at improving ethanol production[J]. Biotechnology for Biofuels, 2020, 13(1): 40.

[13] Balch M L, Holwerda E K, Davis M F, et al. Lignocellulose fermentation and residual solids characterization for senescent switchgrass fermentation by *Clostridium thermocellum* in the presence and absence of continuous *in situ* ball-milling[J]. Energy & Environmental Science, 2017, 10(5): 1252-1261.

[14] Sharma J, Kumar V, Prasad R, et al. Engineering of *Saccharomyces cerevisiae* as a consolidated bioprocessing host to produce

cellulosic ethanol: Recent advancements and current challenges[J]. Biotechnology Advances, 2022, 56: 107925.

[15] Cripwell R A, Favaro L, Viljoen-Bloom M, et al. Consolidated bioprocessing of raw starch to ethanol by *Saccharomyces cerevisiae*: Achievements and challenges[J]. Biotechnology Advances, 2020, 42: 107579.

[16] Zhang J, Liu S Y, Li R M, et al. Efficient whole-cell-catalyzing cellulose saccharification using engineered *Clostridium thermocellum*[J]. Biotechnology for Biofuels, 2017, 10: 124.

[17] Liu S Y, Liu Y J, Feng Y G, et al. Construction of consolidated bio-saccharification biocatalyst and process optimization for highly efficient lignocellulose solubilization[J]. Biotechnology for Biofuels, 2019, 12: 35.

[18] Qi K, Chen C, Yan F, et al. Coordinated β-glucosidase activity with the cellulosome is effective for enhanced lignocellulose saccharification[J]. Bioresource Technology, 2021, 337: 125441.

[19] Zhao X B, Zhang L H, Liu D H. Biomass recalcitrance. Part Ⅱ: Fundamentals of different pre-treatments to increase the enzymatic digestibility of lignocellulose[J]. Biofuels Bioproducts & Biorefining, 2012, 6(5): 561-579.

[20] Wagle A, Angove M J, Mahara A, et al. Multi-stage pre-treatment of lignocellulosic biomass for multi-product biorefinery: A review[J]. Sustainable Energy Technologies and Assessments, 2022, 49: 101702.

[21] Mankar A R, Pandey A, Modak A, et al. Pretreatment of lignocellulosic biomass: A review on recent advances[J]. Bioresource Technology, 2021, 334: 125235.

[22] Rodrigues R C L B, Rodrigues B G, Canettieri E V, et al. Comprehensive approach of methods for microstructural analysis and analytical tools in lignocellulosic biomass assessment: A review[J]. Bioresource Technology, 2022, 348: 126627.

[23] Cai J M, He Y F, Yu X, et al. Review of physicochemical properties and analytical characterization of lignocellulosic biomass[J]. Renewable & Sustainable Energy Reviews, 2017, 76: 309-322.

[24] Sluiter J B, Ruiz R O, Scarlata C J, et al. Compositional analysis of lignocellulosic feedstocks. 1. Review and description of methods[J]. Journal of Agricultural and Food Chemistry, 2010, 58(16): 9043-9053.

[25] Templeton D W, Scarlata C J, Sluiter J B, et al. Compositional analysis of lignocellulosic feedstocks. 2. Method uncertainties[J]. Journal of Agricultural and Food Chemistry, 2010, 58(16): 9054-9062.

[26] Letourneau D R, Volmer D A. Mass spectrometry-based methods for the advanced characterization and structural analysis of lignin: A review[J]. Mass Spectrometry Reviews, 2021. DOI:10.1002/mas.21716.

[27] Amiri M T, Bertella S, Questell-Santiago Y M, et al. Establishing lignin structure-upgradeability relationships using quantitative ^{1}H-^{13}C heteronuclear single quantum coherence nuclear magnetic resonance (HSQC-NMR) spectroscopy[J]. Chemical Science, 2019, 10(35): 8135-8142.

[28] Shallom D, Shoham Y. Microbial hemicellulases[J]. Current Opinion in Microbiology, 2003, 6(3): 219-228.

[29] Xiao C W, Anderson C T. Roles of pectin in biomass yield and processing for biofuels[J]. Frontiers in Plant Science, 2013, 4: 67.

[30] Liu L R, Huang W C, Liu Y, et al. Diversity of cellulolytic microorganisms and microbial cellulases[J]. International Biodeterioration & Biodegradation, 2021, 163: 105277.

[31] Khan M, Nakkeeran E, Umesh-Kumar S. Potential application of pectinase in developing functional foods[J]. Annual Review of Food Science and Technology, 2013, 4: 21-34.

[32] Kamimura N, Sakamoto S, Mitsuda N, et al. Advances in microbial lignin degradation and its applications[J]. Current Opinion in Biotechnology, 2019, 56: 179-186.

[33] Sharma N, Rathore M, Sharma M. Microbial pectinase: Sources, characterization and applications[J]. Reviews in Environmental Science and Bio-Technology, 2013, 12(1): 45-60.

[34] Weng C H, Peng X W, Han Y J. Depolymerization and conversion of lignin to value-added bioproducts by microbial and enzymatic catalysis[J]. Biotechnology for Biofuels, 2021, 14(1): 84.

[35] 冯银刚, 刘亚君, 崔球. 纤维小体在合成生物学中的应用研究进展[J]. 合成生物学, 2022, 3(1): 138-154.

[36] Zhang R Q, Cao C H, Bi J H, et al. Fungal cellulases: Protein engineering and post-translational modifications[J]. Applied Microbiology and Biotechnology, 2022, 106(1): 1-24.

[37] Madhavan A, Arun K B, Sindhu R, et al. Engineering interventions in industrial filamentous fungal cell factories for biomass

valorization[J]. Bioresource Technology, 2022, 344: 126209.

[38] Riley L A, Guss A M. Approaches to genetic tool development for rapid domestication of non-model microorganisms[J]. Biotechnology for Biofuels, 2021, 14(1): 30.

[39] Adegboye M F, Ojuederie O B, Talia P M, et al. Bioprospecting of microbial strains for biofuel production: Metabolic engineering, applications, and challenges[J]. Biotechnology for Biofuels, 2021, 14(1): 5.

[40] Joshi A, Verma K K, Rajput V D, et al. Recent advances in metabolic engineering of microorganisms for advancing lignocellulose-derived biofuels[J]. Bioengineered, 2022, 13(4): 8135-8163.

[41] Panahi H K S, Dehhaghi M, Dehhaghi S, et al. Engineered bacteria for valorizing lignocellulosic biomass into bioethanol[J]. Bioresource Technology, 2022, 344: 126212.

[42] Kim J, Hwang S, Lee S M. Metabolic engineering for the utilization of carbohydrate portions of lignocellulosic biomass[J]. Metabolic Engineering, 2022, 71: 2-12.

[43] Lin P P, Jaeger A J, Wu T Y, et al. Construction and evolution of an *Escherichia coli* strain relying on nonoxidative glycolysis for sugar catabolism[J]. Proceedings of the National Academy of Sciences of the United States of America, 2018, 115(14): 3538-3546.

[44] Kim S J, Sim H J, Kim J W, et al. Enhanced production of 2, 3-butanediol from xylose by combinatorial engineering of xylose metabolic pathway and cofactor regeneration in pyruvate decarboxylase-deficient *Saccharomyces cerevisiae*[J]. Bioresource Technology, 2017, 245: 1551-1557.

[45] Melendez J R, Matyas B, Hena S, et al. Perspectives in the production of bioethanol: A review of sustainable methods, technologies, and bioprocesses[J]. Renewable & Sustainable Energy Reviews, 2022, 160: 112260.

[46] Wang L, Bilal M, Tan C, et al. Industrialization progress of lignocellulosic ethanol[J]. Systems Microbiology and Biomanufacturing, 2022, 2(2): 246-258.

[47] Wu B, Wang Y W, Dai Y H, et al. Current status and future prospective of bio-ethanol industry in China[J]. Renewable & Sustainable Energy Reviews, 2021, 145: 111079.

[48] Li Y Q, Tang W, Chen Y, et al. Potential of acetone-butanol-ethanol（ABE）as a biofuel[J]. Fuel, 2019, 242: 673-686.

[49] Moon H G, Jang Y S, Cho C, et al. One hundred years of clostridial butanol fermentation[J]. FEMS Microbiology Letters, 2016, 363(3): fnw001.

[50] Okoro V, Azimov U, Munoz J. Recent advances in production of bioenergy carrying molecules, microbial fuels, and fuel design: A review[J]. Fuel, 2022, 316: 123330.

[51] Cheon S, Kim H M, Gustavsson M, et al. Recent trends in metabolic engineering of microorganisms for the production of advanced biofuels[J]. Current Opinion in Chemical Biology, 2016, 35: 10-21.

[52] Keasling J, Martin H G, Lee T S, et al. Microbial production of advanced biofuels[J]. Nature Reviews Microbiology, 2021, 19(11): 701-715.

[53] Lee S Y, Kim H U, Chae T U, et al. A comprehensive metabolic map for production of bio-based chemicals[J]. Nature Catalysis, 2019, 2(1): 18-33.

[54] Choi Y J, Lee S Y. Microbial production of short-chain alkanes[J]. Nature, 2013, 502(7472): 571-574.

[55] Sheppard M J, Kunjapur A M, Prather K L J. Modular and selective biosynthesis of gasoline-range alkanes[J]. Metabolic Engineering, 2016, 33: 28-40.

第 8 章

生物质热化学转化

生物质是唯一含碳可再生资源，热化学转化是生物质能的主要利用方式之一，包括热解、气化和直接燃烧三种主要利用方式，是生物质在热的作用下直接转化为气、液、固三种能源产品或者能量的利用方式。木质纤维素生物质(lignocellulosic biomass)是由纤维素、半纤维素和木质素及少量的抽提物和无机矿物质组成的复杂有机网状大分子化合物，主要组成元素为碳(40%~46%)、氢(5%~7%)、氧(45%~50%)、氮和硫，碳的存在形式包括芳香碳、脂肪碳以及碳氧官能团；含氧官能团包含羟基(—OH)(醇、酚官能团)、醛基(—CHO)(醛官能团)、羰基($C=O$)(酮官能团)、羧基(—COOH)(羧酸酸性官能团)、硝基(—NO_2)。生物质在"热"的作用下，键能较低的化学键优先发生断裂，键能高的化学键在较高的反应温度下断裂或发生缩聚反应。生物质热解、气化和燃烧三种利用方式的本质区别在于参与反应的氧气量，通过控制反应温度和氧气量可以实现生物质热化学转化能量和价值最大化利用。生物质热化学转化副产生物炭或耦合碳捕集与封存技术(carbon capture and storage, CCS)可实现生物质零碳或负碳利用，助力国家"双碳"目标的实现。

8.1 概　　述

生物质热化学转化主要利用方式如图 8.1 所示，热解通常被认作热化学转化的前驱反应，是气化和燃烧重要的反应步骤，通常是指在无氧环境下，生物质被加热升温引起分子断裂生成焦炭、可冷凝液体和气体产物等低分子物质的热化学过程，热解研究对生物质热转化技术工艺开发和优化至关重要。可冷凝液体也被称为生物油，是生物质热解的主要产物，生物油可以通过加氢、FCC、分子筛催化等途径转化成低碳烯烃、二甲醚、化学品等高附加值产品。气化是生物质与空气中的氧气或含氧物作为气化剂发生部分氧化反应，它与常规燃烧的区别在于氧气量是否充足，气化反应只提供有限氧气，将生物质中化学能部分转化到合成气中(主要是 H_2、CO 和 CH_4)，气化过程也有热量的释放，产生的热量可以为气化反应提供高温条件。生物质化学链气化是新兴的气化方式，是以载氧体的晶格氧代替空气中的游离氧，通过合理控制载氧体供氧量，在燃料反应器适当引入气化介质(H_2O、H_2O/CO_2)将生物质转化为合成气或富氢气体。相对于常规生物质气化，载氧体的循环将氧化反应与还原反应相互分离，气化可以抑制焦油的产生，制备更高品质的合成气。CO 和 H_2 是生物质气化的主要目的产物，合成气通过催化转化可以制备低碳醇、低碳烯烃、生物汽油/柴油、航空煤油或化学品。

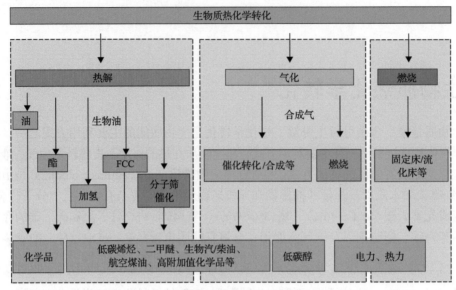

图 8.1　生物质热化学转化主要利用方式

生物质直接燃烧供热/发电一般在大型煤粉炉厂耦合燃煤利用，生物质耦合燃煤发电技术起源于 20 世纪 90 年代的欧美，并在 2002 年以来逐渐成为欧洲、北美、日韩等地生物质发电应用的主流技术。2010 年，全球最大生物燃料电厂英国 Drax 电厂建设 400MW（6×660MW×10%）秸秆耦合发电项目，连续 5 年秸秆发电量超过 100 亿 kW·h，2020 年 3 月实现零碳排放。国内秸秆耦合发电起步较晚，尤其是给料耦合方案需要引进国外成熟的技术，部分关键设备和技术服务从国外进口，专用设备由国外公司设计或制定技术规格，在国内生产制造。2021 年 9 月，日照电厂引进欧洲技术开工建设的生物质耦合发电项目是在 680MW 机组扩建 5%比例生物质给料耦合燃烧项目，该项目正在建设中。生物质直接燃烧供热/发电在国内外已有比较成熟的工艺和装备，本章不再赘述。

8.2　生物质热解技术

相比于煤、石油和天然气等常规的化石燃料，生物质硫、氮和重金属等成分含量低，被视为 21 世纪最有潜力的绿色燃料之一。热解是生物质能研究的前沿技术之一，该技术能以连续的工艺将生物质能转化为高品质的易储存、易运输、能量密度高且使用方便的液体燃料（生物油）、不可冷凝气（热解气）和固体半焦（生物炭），具有全组分利用、原料适应性广和能量转化效率高等优点。生物油不仅可以直接用于现有锅炉和燃气设备的燃烧，还可通过进一步催化转化作为柴油或汽油等常规动力燃料替代品，还可以从中提取具有商业价值的化工产品，提高生物质能利用的附加值；热解气主要包括 H_2、CO、CH_4 和 C_2、C_3 小分子可燃气体组分，可以直接用于供热和发电；生物炭是一种含碳量 80%～

95%的多孔碳材料，可用作改良土壤炭基肥、活性炭、电极炭等高附加值碳材料[1]。

8.2.1　生物质热解原理

　　生物质热解是一个复杂、连续的化学过程，包括大分子的化学键断裂、异构化和小分子的聚合等反应过程。加热速率通常用来表征将生物质颗粒从初始温度加热到反应温度(或接近反应温度)时颗粒的升温速率。根据反应温度和加热速率的不同，将生物质热解分为慢速、常规、快速、闪速或极快速热解等几种类型，主要特点如表 8.1 所示。生物质慢速热解是以得到炭为目的的碳化，是一种有着几千年历史的工艺，它在工艺上的应用可追溯到铁器时代，当时人类用烧制的木炭熔化矿石炼铁，低温和长时间的生物质慢速热解可以得到 30%的焦炭产量，约占 50%的总能量。在 20 世纪初，木材的慢速热解已成为生产乙酸、乙醛、乙醇等化学用品的木材化工业的基础。由于化工和能源领域中新型反应工艺的不断开发，人们通过改变生物质热解过程的温度、加热速率及停留时间等因素，可有效地获得最大化产量的气体或液体产物，并对所得产物进行相应的改性及优化后可用作多种用途。低于 600℃的中等温度及中等反应速率的常规热解可制取相同比例的气体、液体和固体产品；快速热解的升温速率可达到 1000℃/s，气相停留时间小于 5s；而闪速热解相比于快速热解的气相停留时间更短，通常小于 1s，并以 100～1000℃/s 的冷却速率对产物进行快速冷却，然而闪速热解与快速热解的操作条件并没有严格的区分，有些研究者将闪速热解也归到快速热解，极快速热解往往是指更高的反应温度，主要制取以 CO、H_2、CH_4 和 C_2、C_3 等小分子为主的气体产物。

表 8.1　生物质热解主要工艺类型

工艺类型		停留时间	升温速率	最高温度/℃	主要产物
慢速热解	碳化	数小时至数天	非常低	400～500	炭
	常规	5～30min	低	600	气、油、炭
快速热解	快速	0.5～5s	较高	650	油
	闪速(液体)	<1s	高	<650	油
	闪速(气体)	<10s	高	>650	气
	极快速	<0.5s	非常高	1000	气
	真空	2～30s	中	400	油
反应性热解	加氢热解	<10s	高	500	油
	甲烷热解	0.5～10s	高	1050	化学品

　　生物质通过热解转化为液体燃料后，能量密度大幅提高，可凝性挥发分被快速冷却成可流动的液体，称之为生物油。生物油为深棕色或深黑色，并具有刺激性的焦味。通过快速或闪速热解方式制得的生物油具有下列共同的物理特征：密度(约 1200kg/m³)、酸性(pH 为 2.8～3.8)、水分含量(15%～30%)、热值(14～18.5MJ/kg)。通过脱水、催化加氢脱氧等途径，经过改性后可直接作为内燃机燃料。

　　生物质的化学组成主要有纤维素(40%～45%)、半纤维素(20%～35%)和木质素

（15%～35%）及少量的抽提物和无机矿物质。纤维素、半纤维素和木质素相互之间穿插交织构成复杂的聚合物体系，生物质自身的组成特性对原料热解过程及产物分布有着重要的影响。对于不同种类的生物质，其成分差异较大，如树木类及草本作物虽然都是由纤维素、半纤维素及木质素组成，但是组成比例却并不相同，理化特性相差较大。抽提物通常是可被有机溶剂提取的游离化合物，包括蜡、脂肪、树脂、淀粉、色素和单宁酸等。无机物主要为二氧化硅、碱金属盐和碱土金属盐，生物质中钠、钾、钙、镁等无机碱金属元素虽然含量很小，但对生物质热解过程具有重要催化作用。

生物质的热解行为通常被认为是其各组分热解行为的综合表现（图8.2），生物质常规热解产物超过上百种有机化合物，根据产物分子结构的不同可分为酸、醛、酮、酚、呋喃、环酮和脱水糖类等，主要为含氧小分子化合物。由于不同生物质组分的复杂性，各组分在热解过程中的不同表现，以及热解特性的不同直接影响着各形态产物的产量及化学组成，只有对各个组分进行热解过程的深入研究，才能够更好地理解生物质热解的机理。

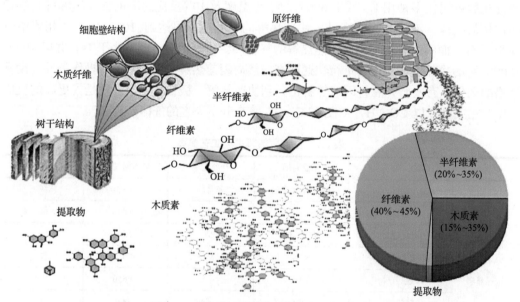

图 8.2　生物质组成结构及热解过程示意图

生物质三种典型组分纤维素、半纤维素和木质素的热失重曲线如图8.3所示。由图8.3(a) TG 曲线可以看出，纤维素、半纤维素和木质素的热解速率和热稳定性差异很大。半纤维素在 460K 最先开始分解，热稳定性最差；木质素表现出明显的热稳定性，热解过程温度跨度较大，主要分解温度范围为 450～850K，这是由于木质素结构最复杂，聚合度跨度大导致分子量分布宽；纤维素分解温度较窄，为 560～650K，当温度超过 700K 时，纤维素几乎完全分解，而此时木质素的固体残余量高达 69.4%。纤维素和半纤维素主要产生挥发性物质，当温度为 950K 时，两者所剩固体残余量较低，分别为 4.3%和26.0%；可以看出木质素产生焦炭的产率较高，950K 时所剩固体残余量仍高达 58.8%，可以推断生物质热解半焦主要来源于木质素含碳组分的热解缩聚。

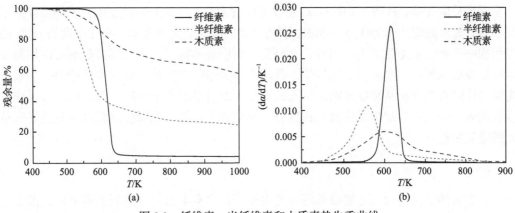

图 8.3 纤维素、半纤维素和木质素热失重曲线
(a) TG；(b) DTG

8.2.1.1 纤维素

纤维素是天然高分子糖类化合物，是木材结构中含量最大的一种有机组分，是构成植物骨架的主要成分。在木质生物质中，纤维素的含量可达 40%～45%。纤维素是由 D-吡喃葡萄糖酐 (1, 5) 作为基本单元，彼此以糖苷键连接而成的线形大分子聚合物，其分子聚合度一般在 10 000 以上，其分子式为 $(C_6H_{10}O_5)_n$。纤维素容易获得，又是木材组分中最主要的部分，所以在很大程度上体现了整体木材的热解规律。图 8.3 中微晶纤维素热解失重曲线只有一个 DTG 峰，峰高而窄，在 610K 处具有最大失重速率。纤维素结构单一，热性质较稳定，且失重温度范围较窄。

目前纤维素的热解机理被广泛接受的是改进后的 Broido-Shafizadeh 模型。根据该模型，纤维素首先转变为中间产物即活性纤维素，此后的反应分为两步平行竞争反应，其中一步是一部分活性纤维素在较低温度下发生脱水反应生成脱水纤维素，该阶段的失重量较低，仅为 2%；当温度高于 553K 时，脱水纤维素开始进一步反应生成小分子气体和焦炭。另外一步是活性纤维素通过解聚生成初级生物油 (主要为左旋葡聚糖)，所得挥发分的二次反应能够进一步生成气体产物以及二次焦炭。

8.2.1.2 半纤维素

半纤维素广泛存在于草本生物质中，占 20%～35%，其化学组成与纤维素较类似，它是一种复合聚糖的总称。半纤维素是由五碳糖和六碳糖通过氧桥键聚合而成，其聚合度一般为 150～200，组成主要有 D-木糖、D-甘露聚糖、D-葡萄糖、D-半乳糖、L-阿拉伯糖和 4-O-甲基-D-葡萄糖醛酸，还有少量的 L-鼠李糖和 L-岩藻糖。半纤维素是木材中一种较复杂的组分，具有较多的侧链，具有无定形结构，半纤维素是木材三组分中最不稳定的一种聚合物；也正因为如此，常规的分离手段使得提取出来的半纤维素结构发生了一定的改变，因此对半纤维素热解研究相当薄弱。目前，有关半纤维素热解机理的研究通常是选取一定的模型化合物。

半纤维素模型化合物为木聚糖，木聚糖是一种多聚五碳糖，由木糖苷键连接起来，并带有多种取代基。从图 8.3 中 DTG 曲线可以看出,半纤维素开始发生分解的温度低于纤维素,失重温度区间为 460～690K,并在 550K 达到最大失重率。半纤维素的 DTG 曲线呈现一个峰,但是除了主峰以外,在高温处有明显的拖尾。半纤维素热解可以用两步连续反应机制解释,第一步反应较快,伴随产生大量的挥发分与固体中间产物,在该反应阶段伴随有糖苷键断裂以及糖基单元的聚合;而当温度高于 540K 时,第二步反应发生,固体中间产物分解生成焦炭与挥发分,反应速率较慢,该阶段反应涉及其他解聚单元的断裂和重排。

8.2.1.3 木质素

木质素的结构复杂,主要以苯丙烷为主体,是含有丰富侧链的复杂多聚体,占生物质总量 15%～35%。根据分离方法的不同,可以得到不同结构的木质素,如碱木质素、有机溶剂木质素、水解木质素、磨木木质素、蒸汽爆破木质素以及酶分解木质素等,这些木质素的热解特性存在一定的差异。

图 8.3(b)中为碱性木质素 DTG 曲线,可以看出碱性木质素的 DTG 曲线矮且宽,失重温度范围为 450～850K,木质素是主要由苯基丙烷类结构单元通过 C—C 键和醚键连接形成的三维高度交联的芳香类化合物,且含有多种活性范围各不相同的活性官能团,热解过程的失重温度跨度较大。木质素所剩固体残余量高达 58.8%,这是由于木质素热解过程中容易发生缩聚碳化反应,这与木质素工业分析结果中较高的固定碳(32.55%)和灰分(18.64%)含量相对应。木质素的 DTG 曲线也只呈现一个主峰,但在 700～750K 范围内也有一个微弱的肩峰,在高温处有还伴随有明显的拖尾。木质素的热解机理比纤维素和半纤维素更为复杂,包括两步连续反应,即一次挥发分的分解以及小分子气体的释放。一般认为木质素在热解过程中存在两种竞争反应途径,其中一种是木质素在低温下直接分解生成焦炭以及小分子化合物,如 CO 和 CO_2 等,另外一种是在高温条件下分解或者缩合生成酚类和稠环芳烃等化合物,此过程涉及碳骨架的重排和气体产物的产生。

8.2.2 热解动力学

生物质热解动力学能够帮助研究者更好地预测生物燃料的实际热解行为,为工业规模反应器的设计和运行提供理论指导。热重分析通过在线实时监测样品的质量变化而广泛应用于生物质的热解动力学研究。热解动力学的研究能够定量表征热解反应过程,确定其遵循的最概然机理函数 $f(a)$,获得动力学参数 E 和 A,提出模拟热失重过程中反应速率(da/dT)的表达式,为生物质热解技术最佳生产工艺条件的确定、反应速率的定量描述以及反应机理的推导提供科学依据。

目前,生物质热解动力学模型主要有单一反应模型、双平行反应模型、三假组分模型以及分布活化能模型。分布活化能模型能更精确地描述生物质热解过程,被广泛应用。分布活化能模型有如下假设:

(1)整个固体燃料热分解过程由一系列平行且独立的反应组成。

(2)每个反应均有自己的活化能。

(3)反应的活化能呈现一定的分布(通常可用一个连续分布函数描述)。

　　董祝君研究了动力学参数(升温速率、频率因子、反应活化能和反应级数)对动力学模型数值解的影响,如图 8.4 所示[2]。随着升温速率和反应活化能的增加,α-T 和 dα/dT-T 曲线右移,达到同样反应进度时所需温度更高;而频率因子对反应进度的影响趋势恰好相反,频率因子增大,α-T 和 dα/dT-T 曲线左移,达到相应反应进度时温度要低。进一步分析可得,这符合化学动力学理论:

　　(1)升温速率增大,导致反应颗粒传质传热过程不充分,需要更高的温度,反应才能进行。

　　(2)反应活化能增加,意味着需要更多能量激发反应,相应地需要更高的温度。

　　(3)频率因子增加,单位时间内发生碰撞的次数增加,较低温度可以达到相应的反应进度。

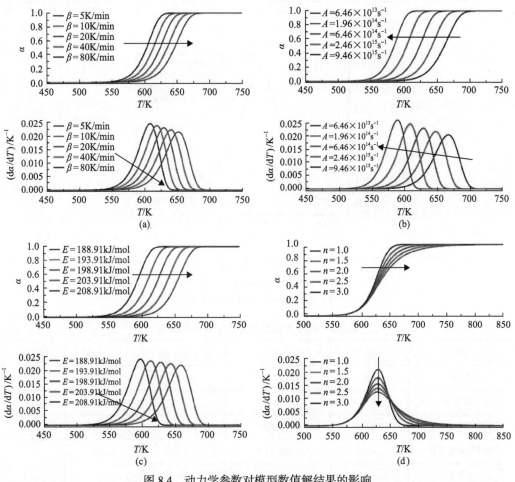

图 8.4　动力学参数对模型数值解结果的影响
(a)升温速率;(b)频率因子;(c)反应活化能;(d)反应级数

　　张金芝等基于高斯分峰分布活化能模型获得了生物质典型组分纤维素、半纤维素和木质素热解动力学参数[3],典型生物质组分热解模型如图 8.5 所示,纤维素热解符合典型高斯分布,半纤维素和木质素符合双高斯分布,可以将半纤维素和木质素热解反应看作两个分反应Ⅰ和Ⅱ，两个分反应平行且独立进行，每个反应均有自己的活化能，反应的活化能呈现高斯分布。典型生物质组分热解动力学参数如表8.2所示。

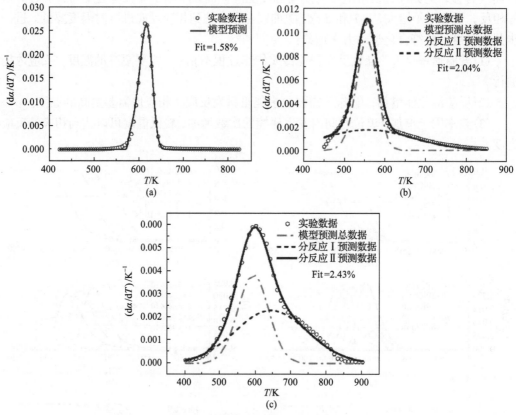

图 8.5　典型生物质组分热解模型

(a)纤维素；(b)半纤维素；(c)木质素

Fit 为拟合值与实验值偏差的平方差

表 8.2　典型生物质组分热解动力学参数

原料	c_j	A_j/s^{-1}	$E_{0,j}$/(kJ/mol)	σ_j/(kJ/mol)	Fit/%
纤维素	1.0	2.612×10^{18}	240.23	2.366	1.58
半纤维素	—	—	—	—	2.04
半纤维素反应Ⅰ	0.5983	6.501×10^{14}	180.00	6.650	—
半纤维素反应Ⅱ	0.4017	2.495×10^{8}	114.45	22.787	—
木质素	—	—	—	—	2.43
木质素反应Ⅰ	0.4179	5.559×10^{11}	159.59	10.448	—
木质素反应Ⅱ	0.5821	6.109×10^{11}	174.19	27.448	—

注：c_j 为第 j 种组分的比重；A_j 为频率因子；$E_{0,j}$ 为平均活化能；σ_j 为标准偏差。

蔡均猛等[4]研究了玉米秆、棉秆、棕榈壳、松木、红橡木、甘蔗渣、柳枝稷和麦秆八种典型生物质热解特性(图 8.6)，各种生物质热解反应区间是 420～910K，反应温度 596～640K 处有一个高而窄的 DTG 峰是纤维素失重峰，反应温度 543～582K 处有一个

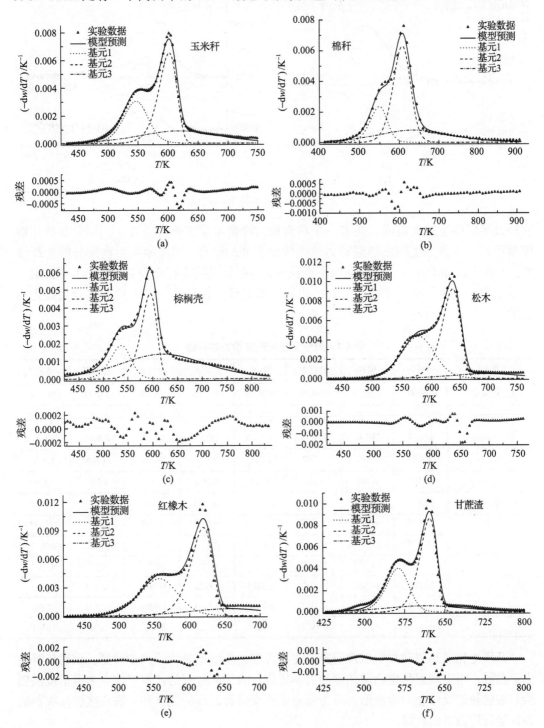

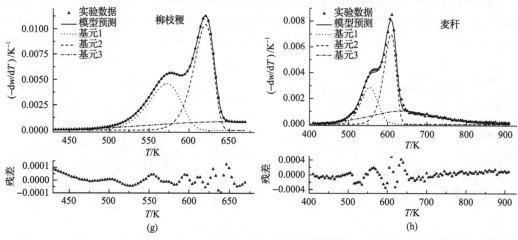

图 8.6 典型生物质高斯分峰模型

肩峰是半纤维素热失重峰，还有一个扁而长的峰是木质素热失重峰。采用分布活化能模型得到八种典型生物质热解动力学参数如表 8.3 所示，该模型将生物质分解为纤维素、半纤维素和木质素三种独立的平行反应，各组分之间不存在交互作用，半纤维素、纤维素和木质素的活化能依次升高，说明三者的稳定性依次提高，这和实验数据是吻合的。

表 8.3 典型生物质热解动力学参数

参数	玉米秆	棉秆	棕榈壳	松木	红橡木	甘蔗渣	柳枝稷	麦秆
$E_{01}/(\text{kJ/mol})$	179.60	178.19	169.71	186.70	183.11	184.75	186.78	175.51
$E_{02}/(\text{kJ/mol})$	207.38	205.29	199.97	214.36	209.58	212.48	212.06	204.24
$E_{03}/(\text{kJ/mol})$	239.34	239.46	236.11	271.76	242.15	234.76	260.95	240.61
$\sigma_1/(\text{kJ/mol})$	5.888	5.591	5.147	8.769	8.342	5.419	4.586	5.375
$\sigma_2/(\text{kJ/mol})$	1.174	1.789	1.313	1.126	0.706	1.339	1.361	1.130
$\sigma_3/(\text{kJ/mol})$	31.414	41.767	39.998	29.250	26.583	36.493	39.293	38.422
A_1/s^{-1}	$10^{13.007}$	$10^{13.132}$	$10^{12.699}$	$10^{13.006}$	$10^{13.007}$	$10^{13.007}$	$10^{13.007}$	$10^{12.700}$
A_2/s^{-1}	$10^{13.949}$	$10^{13.800}$	$10^{13.618}$	$10^{13.803}$	$10^{13.618}$	$10^{13.805}$	$10^{13.804}$	$10^{13.800}$
A_3/s^{-1}	$10^{16.003}$	$10^{15.738}$	$10^{15.953}$	$10^{16.399}$	$10^{15.006}$	$10^{15.769}$	$10^{16.536}$	$10^{15.812}$
c_1	0.1634	0.1300	0.1012	0.3215	0.2728	0.2201	0.2365	0.1592
c_2	0.2539	0.3582	0.3212	0.3856	0.3732	0.3504	0.3338	0.2803
c_3	0.1648	0.2001	0.1924	0.0841	0.1220	0.1229	0.2016	0.2341

开展生物质热解动力学机理研究，建立可靠的生物质热解动力学模型，获得热解动力学参数，可有效解析生物质热解动力学机理，为热解过程的计算流体力学模拟提供更为可靠的热解反应动力学模型，可为指导生物质热解过程的优化和生物质热解反应器的设计运行提供基础数据。

8.3　生物质快速热解制取生物油

生物质快速热解通常是将粉末粒度的原料输送到热解反应器中，生物质在高升温速率($10^3 \sim 10^5 ℃/s$)、短产物停留时间($0.5 \sim 2s$)和适中温度($450 \sim 550℃$)下反应，可最大限度得到液体产物。生物质快速热解得到的液体产物通常称为生物油、热解油或生物原油。由于流化床反应器条件容易控制、加热速率快、产物冷凝效果好、产物易于收集，通常快速热解反应可以通过热解流化床来实现。

8.3.1　生物质热解影响因素

生物质热解过程十分复杂，影响生物油产率、组成和品质，除了受物料特性影响还主要受化学和物理因素的影响。化学因素主要是反应路径，包括一次反应和二次反应；物理因素主要是一些工艺参数，包括物料特性、温度、升温速率、反应的停留时间和压力、催化剂等。

8.3.1.1　物料特性

生物质原料由于种类、形状、粒径、分子结构以及预处理方式的不同，热解行为本身及所产生的热解产物也会有所区别。不同物料制取生物油的理化特性差异较大，原料颗粒形状会影响自身传热速率而影响热解过程，粉末状颗粒达到热解温度所需时间较短，这有利于生物质快速热解反应。生物质中原子比值 O/C 越大，越有利于气相挥发分物质的生成，而原子比值 H/C 大，越有利于获得轻质芳香烃物质或气态烷烃物质。为了制取高品质生物油，可以采用物理法、化学法、生物法和物理化学法预处理生物质。其中粉碎、致密化、烘干等是物理法；酸处理、碱处理、爆破法、脱灰处理等属于化学法；木质素降解酶法、真菌法等为生物法；蒸汽爆破法、氨爆破法、烘焙预处理、水热预处理等是物理化学法。其中烘焙预处理、水热预处理、有机溶剂预处理对生物质性质和热解行为的影响比较显著。

8.3.1.2　温度

热解温度是生物质热解的主导因素，温度对产物的产率、组分和理化特性等都有明显的影响。一般情况下，低温条件($200 \sim 400℃$)主产物是炭，中温条件($450 \sim 600℃$)主产物是油，高温条件(大于 $600℃$)主产物是气。随着热解温度的升高，生物炭产率会降低，不可冷凝气产率会升高，而生物油产率最大可达 70%，温度区间一般为 $450 \sim 550℃$。在实验过程中，生物质发生热解的实际温度与反应器的设定温度会有差异，这是由于热量从反应器表面传递到颗粒表面和颗粒内部的传热速率不同，而反应热和挥发分所带走的热量也不同。对于生物质颗粒来说，颗粒自身的温度、反应速率和加热速率均会被热量传递或化学动力学等因素影响。

8.3.1.3　升温速率

升温速率直接影响生物质颗粒在温度场中的停留时间，随着升温速率的提高，生物质颗粒达到热解所需要的时间会缩短，这有利于热解进行，但生物质颗粒自身的内外温差加大会发生热滞后效应，影响生物质颗粒内部的热解反应。笔者考察了多种生物质在 5～1000℃/min 升温速率下的热特性，发现随着升温速率的提高，生物质热解特征温度向高温区移动。低升温速率条件下生物质发生炭化，生物油产率降低；过高的热解温度及过长的气相停留时间会增加二次反应的发生，也会降低生物油产率。提高升温速率，能减少物料处于低温的时间，降低其发生炭化及其他二次反应的概率，从而提高生物油的产率。但升温速率过快，会增大生物质原料内外温差，内部热解受传热滞后影响，导致生物油产率下降。快速热解物料的停留时间一般为 0.5～2s，生物质升温速率可达 10^3～10^5℃/s。

8.3.1.4　停留时间

在生物质热解反应中，停留时间是指气相停留时间，即由一次反应得到的气相产物在反应器内的停留时间。生物质热解一次反应产生的生物油在气相阶段能进一步裂解产生 H_2、CO、CH_4、CO_2 和 C_2～C_4 不可冷凝小分子气体，停留时间对生物质热解所产生生物油的二次裂解反应影响十分显著，停留时间越长，二次裂解反应就越多，导致生物油产率降低。

8.3.1.5　压力

热解反应的压力主要影响生物质的二次热解反应，压力较低则有利于液体产物的生成，此时压力会影响气相滞留时间，从而对可冷凝气体的二次裂解造成影响。热解压力的增加可以减少生物质裂解的活化能，提高反应速率。但如果压力过高，会造成气相滞留时间加长，使得二次裂解概率增加，导致生物油产量减少。

8.3.1.6　催化剂

在生物质热解过程中添加催化剂，可促使热解挥发分物质发生脱羰基、脱羟基、脱羧基等反应，使生物油中的 O 元素更多地以 H_2O、CO 和 CO_2 等形式脱除而获得具有更高热值的液体燃料，也可进一步通过裂解、重整、异构化、芳香化等反应实现目标产物定向转化，提升生物油的品质。生物质催化热解常用的催化剂主要为分子筛、金属氧化物和碱金属类催化剂等。

8.3.2　生物油特性分析

生物油为棕褐色黏性液体，呈酸性，具有刺激性气味，组成比较复杂，主要含碳、氢、氧三种元素。生物油比生物质原料的能量密度和热值高，具有易于储存和运输等优点，但是具有含氧量高、运动黏度高和稳定性差等缺点。近年来，国内外学者对于生物油的理化性质和化学组分进行了较为广泛的研究。

8.3.2.1　水分

生物油是水、焦及含氧有机化合物等组成的一种不稳定混合物，生物油含水量一般为 15%～30%，水分一方面来自原料(外水)，另一方面热解过程中羟基自由基和氢自由基会生成水(内水)。生物油中有机物大多为低沸点有机小分子化合物，水很难通过常规加热方法去除。采用多级冷凝的方法可以将水分尽可能在一级冷凝器分离出来，既可以降低分离水的成本，也提升了后续各级冷凝器生物油的品质[5]。采用多级冷凝系统收集生物油，使得生物油中所含的水分得到高效分离，生物油中有机小分子化合物根据凝点不同在各级冷凝器实现逐级有效分离，实现生物油水分和有机小分子化合物组分的高效分离，有效提升了生物质热解制取的生物油的品质，为高品质生物油的生产和应用奠定理论基础。

8.3.2.2　pH

生物油中有机酸含量较高，导致生物油呈酸性，pH 一般为 2～5。生物油的 pH 主要受热解过程中挥发性酸和水分溶解作用的影响，生物油中酸类物质会对收集及存储设备有腐蚀性，热解过程尽量减少挥发性酸的生成。

8.3.2.3　热值

作为一种液体燃料，生物油可用于燃油锅炉燃烧，然而生物油与传统锅炉燃料性质差异较大，受含水量及含氧量的限制，生物油的热值在 16～20MJ/kg，约为传统燃油的一半。生物油可以通过催化脱氧加氢制取高附加值燃油或化学品，提质油热值与化石燃油相当。

8.3.2.4　固含量

生物质热解半焦颗粒及固体热载体微尘在气流的作用下，随着热解气进入冷凝器，固体微尘的存在降低了生物油的品质，稳定性降低，容易发生"老化"。同时，还会对生物油后续利用中在锅炉、内燃机、燃气轮机等设备中的使用效能、污染物排放特性等带来不利的影响。

8.3.2.5　运动黏度

运动黏度表征一种油品的流动状态，生物油的运动黏度随温度的上升而呈现急剧下降趋势，生物油常温下运动黏度一般为 3～5mm²/s，比化石燃油高。生物油中的高含水量一方面会导致生物油品质较低，比较难燃烧，另一方面会导致生物油运动黏度较低，流动性较好。

8.3.2.6 碱金属

灰分中含有钠、钾、钙、镁等许多碱金属或其金属氧化物，这些金属氧化物的存在使得生物油在燃烧过程中形成结渣，造成燃烧器喷嘴和烟气管路堵塞，很难作为高品质的燃油使用。针对生物油碱金属和固含量高、二次挥发困难的难题，上海交通大学刘荣厚教授课题组[6,7]提出热蒸汽过滤系统提升生物油品质的新方法。采用耐高温陶瓷滤芯搭建热蒸汽过滤系统，配套开发新型生物质热解流化床反应器，解决了生物油灰分含量大、固含量高和稳定性低的难题，实现生物油品质和稳定性的提升。

生物质热解系统中热蒸汽过滤器的工作原理示意图见图8.7。工作原理如下：在过滤阶段[图8.7(a)]，脉冲电磁阀关闭，经旋风分离器顶部排气管排出的热蒸汽经单向阀沿切向进入热蒸汽过滤器，气体经过陶瓷滤芯时得到过滤；在反吹阶段[图8.7(b)]，根据采集到的旋风分离器和热蒸汽过滤器内的压力差数据，判断热蒸汽过滤器是否需要反吹。通过脉冲控制仪的压力模块输出开关信号控制脉冲电磁阀的继电器线圈通电与否。继电器线圈通电，产生的磁性克服继电器中弹簧的拉力，使常闭触点开启，从而使脉冲电磁阀接通，实现气流反吹，炭粉颗粒被反吹到热蒸汽过滤器底部，实现对陶瓷滤芯的清洗；继电器线圈失电，弹簧的拉力使常闭触点关闭，脉冲电磁阀关闭，停止反吹。

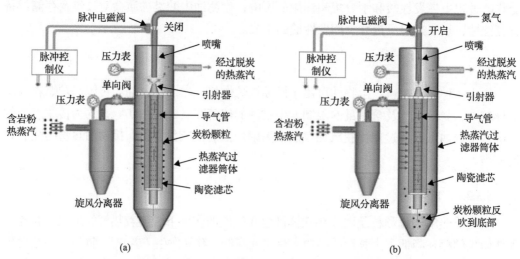

图 8.7　生物质热解系统中热蒸汽过滤器的工作原理示意图
(a)过滤阶段；(b)反吹阶段

8.3.2.7 组分

生物油的化学成分和性质与化石燃料截然不同，生物油检出的有机化合物种类超过400种，其主要成分为醇、醛、酚、酮和有机酸等含氧有机化合物。一般情况下，生物油中50%(质量分数)小分子有机化合物可以通过GC/MS检出，25%较大分子量化合物可以通过HPLC/MS检出，还有25%大分子木质素裂解低聚物很难检测出。由于生物油具有含水量高、酸性高、黏度大和热值低等特点，很难作为高品质燃油直接使用，可以通过催化转化提质作为燃油应用于燃烧炉和内燃机上。

8.3.3 热解反应器

生物质热解工艺中关键部分是热解反应器，其对生物油产率和品质具有重要影响。常用的生物质热解反应器主要有固定床反应器、流化床反应器、旋转锥反应器、烧蚀涡流反应器、真空热解反应器等(表 8.4)。

表 8.4 常见生物质热解反应器类型与特点

反应器类型	优点	缺点
固定床	结构简单，可进行热解-催化重整一步反应，催化剂无磨损	传热差，催化剂不好更换
流化床	连续进料，易放大，催化剂可循环再生使用	气固停留时间长，接触少，催化剂易流失
旋转锥	无须载气，结构紧凑，成本低；原料升温快，停留时间短	放大困难
烧蚀涡流	设备简单，加热速率快，生物油得率高；可以快速地清除残留炭，减少了热解产物的二次裂解	要求原料和高温壁面紧密接触；生物油的含氧量高，工艺实现比较困难
鼓泡流化床	结构运行简单，易放大和工业化应用	对颗粒粒径要求高；供热方式的选择较难
循环传输床	生物质的处理量大，可达 4000kg/h	系统操作复杂，能耗较大
循环流化床	传热速率更快，热量损失小	空气易进入反应器，降低目标产物得率；气体流量较大，成本较高
喷动床	传热传质速率快，可以很好地处理不规则颗粒，易放大	设备占地面积受限制，难以大型化设计
真空热解	不需载气；蒸气停留时间较长；能处理体积较大的物料；生物油中焦炭少	有真空设备，系统复杂，难以规模化生产
微波反应	不需外部热源，有效地阻止二次反应的发生；具有独特的传质传热规律和更好的加热均匀性，可以实现物料的内外同时加热，使加热更加快速、均匀	会产生热失控和最终加热媒质温度分布不均等问题，因此需要大量的先验知识

生物质快速热解制取生物油工艺系统包含原料干燥(通常含水量须小于 10%)、粉碎(对流化床反应器来说，为获得快的加热速率和传热速率，原料粒径应该保证在2mm左右)、热解、固体产物生物炭的分离和热解蒸汽的冷凝及收集。快速热解过程的核心是反应器的选型及搭建，一个集成的生物质快速热解工艺系统中反应器的建设虽然只占总投资的10%～15%，但是反应器的开发是热解工艺系统的关键环节。

生物质快速热解制取生物油在利用过程中存在含水量高、热值低、酸性强、黏度大、高固含量和难以二次挥发等问题，采用热蒸汽过滤器和多级冷凝系统等物理法可分别实现固体微尘分离和生物油的高效分级冷凝，耦合在线原位生物油催化转化技术可以提升生物油品质。未来的研究工作中，可考虑提升生物质热解制取生物油产业化装备，形成完整的生物质热解制取生物油产业化链条，并对生物质热解制取生物油技术的应用进行系统的技术经济性评价及全生命周期评价。

8.4 生物质气化技术

生物质气化是在高温条件下(通常大于800℃)生物质与气化剂(空气、氧气、水蒸气和二氧化碳等)发生部分氧化反应,将生物质转化为小分子合成气的过程。由于能源转化效率高、设备投资较低、操作相对简单,生物质气化是其热化学转化主要利用途径之一。气化可以将生物质中的化学能转变到使用方便的合成气产物中,能量转化效率可达70%～90%。合成气的有效组分是CO、H_2和CH_4等可燃小分子气体,热值为9～10MJ/Nm³,不仅可以作为燃气直接供热,还可以作为低碳醇、二甲醚和低碳烯烃等化工产品的原料气。生物质气化可以在较小的规模下实现较高的利用率,并能提供高品位的能源形式,特别适合于农村等地区。气化是生物质利用的一种重要途径,也是可再生能源发展领域的一个重要发展方向。

8.4.1 生物质气化原理

8.4.1.1 主要的化学反应

生物质主要是碳、氢、氧三种元素组成的复杂有机混合物,其分子结构可以表示为CH_mO_n,当采用空气或纯氧作为气化剂时,在氧气充足气氛条件下发生完全燃烧反应生成二氧化碳和水,释放热量(Q),其燃烧反应式可表示为

$$CH_mO_n + \frac{4+m-2n}{4}O_2 =\!\!= CO_2 + \frac{m}{2}H_2O - Q \tag{8.1}$$

相当于生物质中的碳和氢完全转化为二氧化碳和水,反应式为

$$C + O_2 =\!\!= CO_2 - 394.4kJ/mol \tag{8.2}$$

$$H_2 + \frac{1}{2}O_2 =\!\!= H_2O - 284kJ/mol \tag{8.3}$$

当氧气量不充足时,发生欠氧气化反应,主产物为一氧化碳,反应式为

$$C + \frac{1}{2}O_2 =\!\!= CO - 123.2kJ/mol \tag{8.4}$$

为了调控合成气中氢碳比(H_2/CO),可以选择水蒸气和二氧化碳作为气化剂,反应式为

$$C + H_2O(g) =\!\!= H_2 + CO + 131.3kJ/mol \tag{8.5}$$

$$C + CO_2 =\!\!= 2CO + 172.6kJ/mol \tag{8.6}$$

$$CO+H_2O(g) \Longrightarrow CO_2+H_2 - 41.2kJ/mol \tag{8.7}$$

合成气中的甲烷主要来源于生物质热解气，一小部分是气化炉中的碳与氢气和气体之间相互反应的结果，甲烷与氧气发生完全氧化反应生成二氧化碳和水，也可以与水蒸气发生气化反应生成 CO 和 H_2，反应式为

$$CH_4+2O_2 \Longrightarrow 2H_2O+CO_2-890.3kJ/mol \tag{8.8}$$

$$CH_4+H_2O(g) \Longrightarrow CO+3H_2+206.2kJ/mol \tag{8.9}$$

8.4.1.2　化学链气化

生物质化学链气化是新兴定向气化利用方式，利用载氧体的部分氧化特性，将生物质转化为以 CO 和 H_2 为主的气体产物，其反应流程如图 8.8 所示。化学链气化反应流程包括两个反应器：燃料反应器和空气反应器。燃料反应器中，生物燃料首先在高温下热解，其热解挥发分与金属氧化物 MeO_x 发生氧化还原反应，热解挥发分产物获得载氧体中的晶格氧转化为富含 CO 和 H_2 的合成气，载氧体 MeO_x 失去晶格氧转化为 MeO_y $(x>y)$ 被转移到空气反应器中，在空气反应器中与空气中的氧气发生氧化反应形成晶格氧，并将其转移回燃料反应器，载氧体在整个循环过程中作为氧传递介质。为了调控合成气氢碳比，燃料反应器中通常通入水蒸气或 CO_2 作为气化介质。

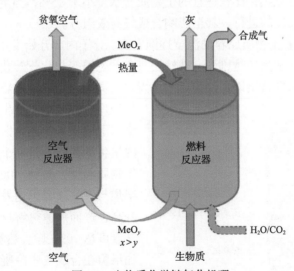

图 8.8　生物质化学链气化机理

在燃料反应器中，生物质与金属氧化物载氧体发生还原反应：

$$CH_mO_n+MeO_x \longrightarrow CO+H_2+MeO_y \tag{8.10}$$

$$CH_mO_n+H_2O \longrightarrow CO+H_2 \text{（引入水蒸气为气化介质）} \tag{8.11}$$

$$CH_mO_n+CO_2 \longrightarrow CO+H_2 \text{（引入 CO_2 为气化介质）} \tag{8.12}$$

在空气反应器中，还原后金属氧化物发生氧化反应：

$$MeO_y + O_2 \longrightarrow MeO_x \tag{8.13}$$

化学链气化是以载氧体的晶格氧代替空气中的游离氧，通过合理控制载氧体载氧量，在燃料反应器中适当引入气化介质(H_2O、H_2O/CO_2)将生物质转化为合成气或富氢气体。与传统的生物质气化技术相比，化学链气化技术由于载氧体的引入省去了空分系统投资，载氧体在为气化反应供热的同时可以催化转化焦油，通过转变传统气化中能量释放途径以实现燃料中化学能的梯级利用。

8.4.1.3 生物质气化过程

气化是生物质原料在特定反应器内发生干燥脱水、热解、氧化和还原等诸多复杂反应的集合，对于不同的反应器装置类型、工艺流程和气化剂种类，反应过程存在差异，从宏观现象来说，生物质气化过程可分为干燥、热解、氧化和还原四个反应阶段(图8.9)[8]。

(1)干燥区：一般用于气化的生物质原料含水量在 8%～20%，生物质经进料器被送入气化装置后，在 100～150℃进行干燥，干燥是一个物理过程，化学组成没有发生变化，游离水首先在低于 105℃条件下释放，随着温度的进一步升高，原料中的结合水析出。干燥是一个吸热过程，热量一方面用于物料升温，另一方面大量的热量需要供应水分蒸发变为水蒸气的汽化显热，比较适宜的生物质含水量小于 15%，当生物质原料含水量过高时，会影响气化反应的进行，甚至影响合成气有效组分。

(2)热解区：随着生物质原料的温度逐渐升高，分子内部开始发生内部裂解，析出挥发分，温度越高，热解反应越剧烈。热解是气化和燃烧等热化学转化的前驱反应，生物质原料气化工艺热解区析出以焦油为主的挥发分，同时产生固体产物半焦，半焦进一步作为反应的床层，产生的挥发分在风机的牵引下进入氧化还原区反应。在气化装置内发生的热解不是一个独立热解过程，当生物质温度升高到 400℃以上，挥发分和半焦与氧气接触迅速发生反应使床层温度升高，进而加速热解反应。生物质挥发分含量可达 70%以上，热解中产生重质焦油，如果留在合成气中冷凝后容易堵塞管道，影响气化装备的运行。如何彻底清除焦油，一直是生物质气化中的难点问题。

(3)氧化区：热解挥发分和半焦与氧气发生氧化是剧烈放热反应，这是生物质干燥、热解和还原反应热量的来源，氧化反应被认为是气化过程的驱动力。在气化装置内，只供入有限空气或氧气，是不完

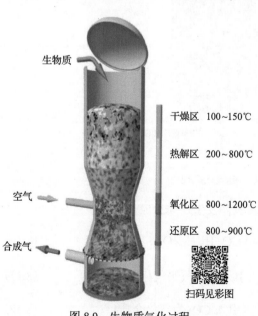

生物质

干燥区 100～150℃

热解区 200～800℃

氧化区 800～1200℃

还原区 800～900℃

空气

合成气

扫码见彩图

图8.9 生物质气化过程

全燃烧过程,燃烧产物包括水蒸气、CO_2 和 CO。在固定床气化炉的氧化区中,燃烧释放的热量可使温度达到 $1000\sim1200℃$,反应进行得十分剧烈。

(4)还原区:还原反应位于氧化反应的后方,氧化区产生的水蒸气、CO_2 和不完全燃烧产生的焦油挥发分等产物与半焦(碳含量大于 80%)反应生成以 H_2 和 CO 为主要组成的合成气,从而完成固体燃料向气体燃料的转变,还原反应是吸热反应,温度越高,反应越剧烈。随着反应的进行,温度不断下降,反应速率也逐渐降低。

干燥、热解、氧化和还原四个基本反应的区域划分在固定床气化炉中有明显的特征,但是其分界面也是模糊的,而在流化床气化炉中是无法界定其分布区域的。通常原料干燥和热解称为燃料准备过程,氧化反应和还原反应统称为气化反应。

8.4.2　生物质气化炉

不同的生物质气化技术对应不同的气化器,目前主流技术主要采用上吸式固定床、下吸式固定床、鼓泡流化床、循环流化床、气流床、旋转窑和等离子体气化器,主要气化器的优缺点介绍如表 8.5 所示。限制生物质气化技术推广的因素包括合成气热值低、焦油处理难、气化效率低、炉内结渣和团聚等问题。生物质气化主要研究方向是提高燃气热值或特定可燃气体组分含量,降低燃气焦油含量,提高气化效率,提升原料适应性等。富氧气化、水蒸气气化、双流化床气化、化学链气化和外热式气化等技术可显著提高燃气热值或特定可燃气体组分含量。新型气化技术如两段式气化、气流床气化和等离子体气化等技术可降低燃气焦油含量。这些技术存在运行成本高、能耗大或技术瓶颈等问题,没有得到规模化推广。目前,生物质气化最成熟和应用最广泛的气化器是常规固定床和流化床的空气气化。

8.4.2.1　固定床反应器

合肥德博生物能源科技有限公司在合肥市肥西县建设了一套农林废弃物气化下吸式固定床反应器,该装备以稻壳、秸秆压块等农林废弃物为原料,装有 2 台额定产气量 $3000Nm^3/h$ 的下吸式固定床气化炉,与 1 台 10t/h 蒸汽锅炉配合,每小时可消纳农林废弃物 3.5t,生产蒸汽约 8t,生产生物炭约 1.05t,实现生物质气化气炭联产。

表 8.5　常见生物质气化反应器类型与特点

气化器类型	气化性能	优点	缺点
上吸式固定床	床温 $950\sim1150℃$,气体出口温度 $150\sim400℃$;冷煤气效率 20%~60%;碳转化率 40%~85%;原气焦油 $30\sim150g/Nm^3$	炉排工作条件温和;原料形状、尺寸和含水量适应性广;燃料与气化剂接触较好,燃气带灰少;热效率高,结构简单;容易放大	燃气焦油含量高;燃气 H_2 和 CO 含量较低,CO_2 含量高;生产强度小,不能连续加料
下吸式固定床	床温 $900\sim1050℃$,气体出口温度 700℃;冷煤气效率 30%~60%;碳转化率<85%;原气焦油 $0.015\sim0.5g/Nm^3$	结构简单,容易放大,工作稳定性好;加料方便,可连续加料;物料停留时间长;碳转化率高,燃气焦油含量低	对原料含水量要求较上吸式高(通常<20%);燃气中灰含量高;原料要求较高(<100mm);生产强度小,不容易放大

续表

气化器类型	气化性能	优点	缺点
鼓泡流化床	800~900℃；冷气效率<70%；碳转化率<70%；原气焦油 10~40g/Nm³	气固接触好，碳转化率和热负荷高；温度分布均匀，负荷适应性强；合成气中焦油含量低；易于操作，生产强度大；容易放大	原料尺寸要求较严，通常需要预处理；飞灰碳损失；负荷调节幅度受气速的限制；温度要控制在燃料软化温度之下以避免团聚；建设和运行成本较高
循环流化床	750~850℃；冷气效率 50%~70%；碳转化率<95%；原气焦油 5~12g/Nm³	焦油含量低；转化率高；负荷适应能力强，调节范围大；生产强度大；容易放大	原料尺寸要求较严，通常需要预处理(固体材料必须彻底粉碎，尺寸小于100mm)；技术复杂，难以控制；建设和运行成本较高
气流床	床温 1100~1300℃	原料适应性广；温度分布均匀，碳转化率高；燃气中基本不含焦油；停留时间短；操作容易，容易放大	氧化剂需求量大；排渣温度和燃气出口温度很高，冷气效率低；要求生物质粒度在100μm 以下，原料预处理要求高；系统组件寿命短，维护比较困难；建设和运行成本高
旋转窑	无须载气，气化效率高	原料适应性广；负载量大；原料转化率高；结构简单，运行可靠；运行投资成本低	启动和温度控制困难；运动部件的存在及其泄漏和磨损问题；耐火材料消耗相高；换热能力低；粉尘和焦油含量高；热效率低；维护费用高
等离子体气化器	气化温度最高可达 3000~5000℃	灰渣无污染，可直接用作建筑材料；合成气焦油等污染物组分极低；反应时间极短；容易放大	不能连续运行；需要辅助燃料以获得炉内均匀温度；熔融物在管道凝固；存在活动部件，维护困难；消耗耐热材料和电极；安全问题；建设和运行成本高

工艺流程如图 8.10 所示，原料由给料系统间断送入气化炉，与从顶部进入的少量空气发生热解、气化反应，生成的生物质合成气和少量生物炭微尘经旋风分离器分离出合成气中的生物炭微尘，合成气由增压风机加压后送入锅炉燃烧供热；生物炭由反应器底部冷却后经螺旋输送机排出气化炉。

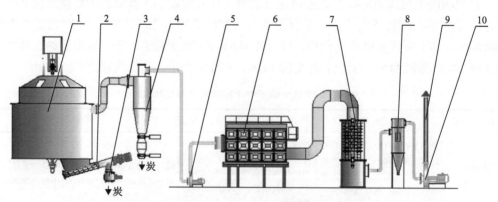

图 8.10 下吸式生物质气化气炭联产系统工艺流程
1.气化炉本体；2.炭冷却螺旋输送机；3.星型卸料器；4.旋风分离器；5.燃气增压风机；
6.蒸汽锅炉；7.省煤器；8.除尘器；9.烟囱；10.锅炉引风机

该装置气化系统工艺参数及合成气成分见表 8.6，采用空气作为气化剂，合成气中

CO 和 H$_2$ 含量分别为 15.61% 和 12.93%，合成气热值 950～1150kcal/Nm^3，气化炉出口生物质燃气温度 380～430℃，产生的焦油呈气态，与生物质燃气一同送入锅炉燃烧，不仅充分利用了焦油热量，还可以避免管道和设备发生堵塞。生物炭作为产品出售，系统没有废水、废液、灰渣排放，实现生物质绿色环保利用。

表 8.6　固定床气化系统工艺参数及合成气特性

系统参数		合成气成分和热值	
原料水分	≤15%	N$_2$	35.71%
原料颗粒度	1～3cm	CO	15.61%
原料热值	约 3160kcal/kg	CO$_2$	7.71%
生物质燃气产量	约 3000Nm^3/h	H$_2$	12.93%
生物质燃气出口温度	380～430℃	CH$_4$	1.57%
热能输出	345 万～375 万 kcal/h	C$_2$H$_4$	0.47%
热效率	约 56%	H$_2$O	25.17%
转入生物质炭的热量	约 34%	热值	950～1150kcal/Nm^3

固定床气化炉结构简单、运行可靠，非常适合小规模气化系统，可用于生物质气炭联产和小规模供热应用。为了提高合成气品质，中国科学院青岛生物能源与过程研究所开展了生物质富氧气化研究，搭建的两步法生物质气化下吸式固定床中试平台如图 8.11 所示。

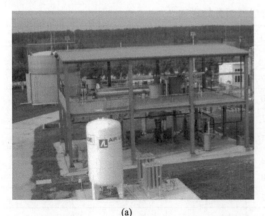

(a)　　　　　　　　　　　　　　　　　(b)

图 8.11　两步法生物质气化下吸式固定床中试平台
(a) 气化炉；(b) 工艺简图

生物质原料经过料仓进入移动床热解反应器，在与空气隔绝条件下被来自燃烧炉的高温烟气间接加热，在 400～650℃温度下发生高温热解，通过控制固相滞留时间和热解温度，将占生物质质量 70% 以上的挥发分析出。在热解反应器末端，将热解产生的半焦与气相产物分离，半焦落入催化裂解器，热解气进入绝热燃烧器。燃烧器中，富含焦油的热解气在绝热条件下与预热空气发生部分氧化反应,使用很少量空气将气体温度提升至 1100~1300℃,大部分焦油被裂解为燃气,增加了燃气产率。部分氧化后的气体仍含有少量三级重质焦油,使其下行穿过催化裂解器的炭层,在高温和半焦催化作用下继续发生裂解,使残存焦油彻底消除,部分氧化产生的 CO_2 和 H_2O 也被还原为可燃气体。离开气化炉的燃气经空气预热器降温,通过袋式除尘器除去粉尘,再冷却到常温后供出。气化后得到的木炭进入燃烧炉,为热解反应器提供高温烟气,多余的木炭作为副产品,根据原料和工程操作情况,木炭、半焦可用于土壤改良和固碳,或制备低灰炭黑材料、活性炭等高附加值产品。

该工艺的优点是将热解和气化过程相对分开进行,质地疏松、外形杂乱的生物质在机械力的作用下通过热解器,克服了以往固定床气化炉易产生架桥、空洞、反应不稳定的缺点,从而保证了热解反应的顺利进行。生物质经过热解以后,形成的碳的堆积密度和流动性比生料有较大改观,热解产物可以很容易地通过燃烧区进入还原区,形成均匀稳定的高温燃烧环境,保证了焦油的充分裂解,避免了因反应不均而造成的局部结焦现象。该工艺可使合成气中焦油质量浓度小于 $20mg/m^3$,简化后续净化设备,消除水洗除焦造成的二次污染,提高后续燃气利用系统的可靠性。

氧含量对合成气组分的影响如表 8.7 所示,当采用空气作为气化剂时,H_2 和 CO 的含量分别为 16%~17% 和 13%~15%,随着氧气含量的增加,合成气中有效气含量呈现增加趋势,当采用 100% 纯氧气化时,H_2 和 CO 的总含量可达 71%~74%,合成气氢碳比约为 1:1,可用于催化合成低碳烯烃、二甲醚、甲醇、汽/柴油、航空煤油或者作为高附加值化学品原料。当在富氧气氛中添加水蒸气作为气化剂时,H_2 的含量可达 45.6%[1]。

表 8.7　氧含量对合成气组分的影响[9]

原料	氧含量(体积分数)/%	H_2	CO	CO_2	CH_4	N_2	O_2	低位热值/(MJ/Nm³)
棉秆	21	17	15	14	1.3	51	0.61	4.22
	30	24	22	17	4.6	32	0.56	7.03
	50	27	29	20	3.6	20	0.53	7.88
	70	29	31	21	3.5	14	0.49	8.34
	100	36	38	21	2.7	2.3	0.36	9.62
松木	21	16	13	15	1.9	53	0.64	4.11
	30	24	22	18	4.4	32	0.14	6.90
	50	27	25	22	3.6	23	0.27	7.34
	70	29	29	23	3.3	15	0.29	8.01
	100	36	35	22	3.3	2.4	0.35	9.60

下吸式固定床的优点是可以实现气炭联产,过程的经济性一直是生物质能发展的主要瓶颈,生物质气炭联产技术可同时生产燃气和生物半焦(生物炭),燃气可通过催化转化制取汽油、柴油或航空煤油等能源产品;也可以经净化调变脱碳纯化过程制得高纯氢用于氢燃料电池发电;生物炭经活化处理可作为土壤改良剂和炭材料。气炭联产可以实现生物质综合利用,生产高附加值产品,提高经济性。生物质富氧气化剩余生物炭经活

化处理后显示出良好的理化特性，其比表面积可达 1715m²/g，材料呈现类石墨烯片层结构。应用在碳锂离子电池中也显示了良好的性能，在电流密度 100mA/g 条件下，平均电荷容量为 327mA·h/g；在电流密度 500mA/g 条件下，电池库仑效率可达 99.5%[1]。相关数据如图 8.12 所示，该成果为生物半焦的下游高附加值利用拓展了新途径，有望明显改善生物质转化利用过程的总体经济性能。

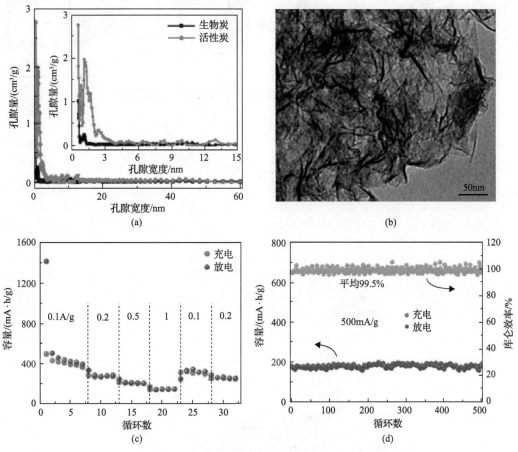

图 8.12　生物炭理化特性及碳锂离子电池特性
(a)BET；(b)TEM；(c)电流对吸放电影响；(d)恒电流下吸放电和库仑效率

8.4.2.2　流化床气化炉

合肥德博生物能源科技有限公司在湖北省襄阳市建设一个 10.8MW 生物质气化耦合燃煤机组发电循环流化床气化炉，该装备工艺流程图及气化炉简图如图 8.13 和图 8.14 所示。以稻壳、生物质成型颗粒为原料，原料消耗量 8t/h，其中 50% 为稻壳，50% 为生物质成型燃料，年可消纳原料 5.14 万 t。循环流化床气化炉额定产气量 17 000Nm³/h，与燃煤电站锅炉配合，实现生物质气化耦合燃煤锅炉发电。该装备设计发电平均电功率为 10.8MW，生物质能发电效率超过 35%，年供电量 5458 万 kW·h，每年可节省标煤约2.25 万 t，减排 SO₂ 约 218t，减排温室效应气体 CO₂ 约 6.7 万 t。

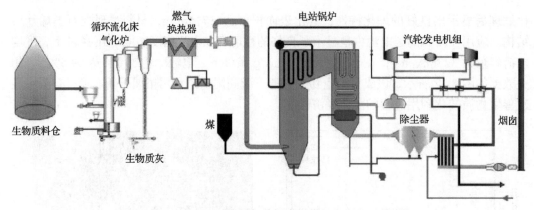

图 8.13　10.8MW 生物质气化耦合燃煤机组发电工艺流程

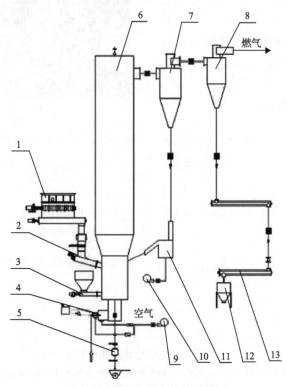

图 8.14　循环流化床气化炉简图

1. 炉前料仓；2. 给料螺旋输送机；3. 床料给料装置；4. 点火装置；5. 底部排渣装置；6. 气化炉本体；
7. 一级旋风分离器；8. 二级旋风分离器；9. 气化炉鼓风机；10. 返料风机；11. 返料器；12. 小灰仓；13. 排灰系统

　　生物质原料由炉前给料系统连续稳定定量给入循环流化床气化炉，与炉底通入的空气发生热解气化反应，挥发分气体和生物质半焦在载气的作用下被携带出气化炉，半焦微尘经一级旋风分离器分离后由返料器送入气化炉继续反应，未被一级旋风分离器分离的半焦由二级旋风分离器分离捕集，进入排灰系统排出；生物质热燃气经导热油换热器冷却后，通过燃气增压风机加压送入电站锅炉与煤粉混烧，利用燃煤机组的发电系统实现生物质耦合燃煤锅炉高效发电。

气化系统工艺参数及合成气组分如表 8.8 所示，原料的热解气化以空气作为气化剂，热燃气中 CO 和 H_2 含量分别为 17.85% 和 6.15%，产生的生物质热燃气热值为 1000～1200kcal/Nm^3，气化炉出口生物质燃气温度为 700～750℃，经导热油换热器换热至 400℃后进行输送，焦油呈气态随生物质燃气一同送入电站锅炉与煤粉混燃，生物质气化热燃气直接燃烧可避免燃气中焦油冷却析出堵塞设备及管道，同时可高效利用焦油热量，提高系统热效率。

表 8.8　流化床气化系统工艺参数及合成气特性

系统参数		合成气组分和热值	
原料水分	约 15%	N_2	43.20%
原料颗粒度	≤5cm	CO	17.85%
原料热值	约 3050kcal/kg	CO_2	7.62%
原料消耗量	约 8.0t/h	H_2	6.15%
生物质燃气产量	约 17 000Nm^3/h	CH_4	3.22%
生物质燃气出口温度	700～750℃	C_2H_4	0.90%
冷却后生物质燃气温度	400℃	H_2O	20.71%
热能输出	1930 万～2270 万 kcal/h	合成气热值	1105kcal/Nm^3
热效率	约 87%		

8.4.2.3　化学链气化反应器

鉴于化学链气化过程具有成本低、㶲损少、产物组分易于调变等优点，近年来国内外研究人员对该反应过程开展了系统研究，涉及所用载氧体、反应器及系统耦合等方面。反应器是实现化学链转化过程的关键因素，随着化学链转化技术的不断发展，研究采用反应器也从起始的热重分析仪（TGA）、固定床反应器发展到循环流化床反应器。TGA 和固定床反应器是研究化学链反应的可行装备，但反应过程间歇进行，难以实现连续操作，同时载氧体与燃料接触不够充分。为了进一步提高反应器的反应负荷，改善反应过程气固相接触面积和热质传递速率，实现连续稳定操作，流化床反应器是研究化学链反应的最佳装备[10]。

国内研究学者在化学链转化反应器装备方面开展了较多研究，东南大学沈来宏教授研究团队等在国内较早地搭建了 10kW·h 串行流化床化学链燃烧反应器和 25kW·h 双床反应器，如图 8.15 所示，以 NiO/Al$_2$O$_3$ 作为载氧体，松木木屑作为燃料开展了化学链燃烧实验研究，在 100h 测试中，载氧体表现出良好的反应活性，燃料燃烧效率达到 95.2%；采用天然铁矿石作为载氧体进行了生物质化学链气化实验，将双循环流化床反应系统燃料反应器设计为制氢区和气化区，通过在制氢区引入水蒸气可以达到高氢碳比的合成气，铁矿石添加比例为 40% 时可以维持气化系统温度的稳定。

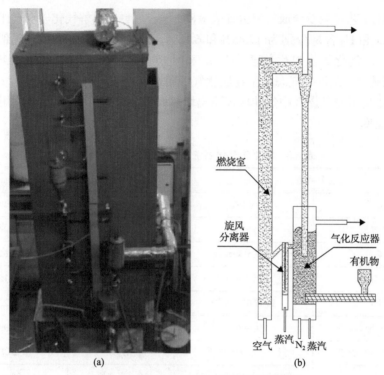

图 8.15   东南大学 25kW·h 流化床反应器

(a)实物图；(b)工艺图

中国科学院广州能源研究所搭建了 10kW·h 生物质化学链气化串行流化床反应装置（图 8.16），并采用铁基载氧体开展了生物质化学链气化实验研究，发现生物质与铁基载

图 8.16   中国科学院广州能源研究所生物质化学链气化串行流化床反应器

氧体经化学链气化反应可以生成 CO、H_2 为主的合成气，Fe_2O_3 在反应中被还原成 Fe_3O_4，反应中最佳的进料量为 2.24kg/h，60h 连续实验中燃料的碳转化率超过 90%。上述流化床反应器实现了化学链反应过程的连续运行，增大了气固相接触面积，提升了反应器处理负荷，促进了反应热质传递，保证了反应床层温度相对稳定。

流化床结构参数与压降分布对于生物质化学链气化设备稳定循环运行非常关键，对串行流化床反应器冷态实验研究表明，载氧体循环率随着表观气速的增加而增大，燃料反应器与气化反应器间的气体泄漏会影响整个化学链转化过程。进行生物质化学链气化串行流化床反应器设计及冷态实验得到的燃料反应器、空气反应器及返料器的最佳气速，可为该类型反应器开发提供指导。基于流化床生物质化学链转化研究如表 8.9 所示。

表 8.9　基于流化床生物质化学链转化研究[11]

机构	载氧体/原料	燃料反应器	空气反应器	主要结论
中国科学院广州能源研究所	天然铁矿石 180~250μm/松木粉 250~425μm	实验室规模的小型流化床反应器，$L=1000$mm，下部反应区 $d_{in}=54$mm，上部分分离区，$d_{in}=64$mm。$T=650$~900℃		随着温度的升高，CO、H_2 的浓度增加，CO_2、CH_4 浓度缓慢降低；载氧体的存在能显著提高气体产率和碳的转化率及气化效率。在 20 个循环反应内，载氧体的反应性能没有明显衰减
	天然铁矿石 180~250μm/松木粉 250~425μm	鼓泡流化床，$T=840$℃，$L=1000$mm，$d_{in}=60$mm，Ar 流速为 1500L/h	5% O_2，N_2 流速为 1000L/h，30min	赤铁矿还原后主要以 Fe_3O_4 存在，20 次循环后发现较多的 FeO，气体产量和碳转化率分别从第一个循环的 1.06Nm³/kg 和 87.63%下降到 0.93Nm³/kg 和 77.18%（第 20 个循环）
	Fe_2O_3，Al_2O_3/松木屑	鼓泡床，$T=850$℃，$L=200$mm，$d_{in}=100$mm，生物质进料量为 0.72~3.66kg/h	快速流化床，$L=1650$mm，$d_{in}=50$mm	生物质供料量在 2.24kg/h 时冷煤气效率最好
华中科技大学	天然铜铁矿（CuO，$CuFe_2O_4$），赤铁矿（Fe_2O_3，Al_2O_3，SiO_2），合成的 $CuO/CuAl_2O_4$，Fe_2O_3/Al_2O_3；松木屑	间歇式流化床反应器，$T=800$℃，$L=892$mm，$d_{in}=26$mm		气体产量（Nm³/kg）：$CuO/CuAl_2O_4$(0.90)＞Fe_2O_3/Al_2O_3(0.82)＞铜矿(0.79)＞赤铁矿(0.78)；碳转化率：$CuO/CuAl_2O_4$(95.6%)＞铜矿(83.2%)＞Fe_2O_3/Al_2O_3(81.7%)＞赤铁矿(64.6%)；气化效率 Fe_2O_3/Al_2O_3(60.1%)＞赤铁矿(55.1%)＞$CuO/CuAl_2O_4$(30.8%)＞铜矿(26.6%)
东南大学	天然铁矿石/稻壳	鼓泡流化床，长方形，230mm×120mm，$T=800$~900℃，N_2 流速为 3.0m³/h，水碳比为 0.3~1.2；生物质进料量为 3.6kg/h	快速流化床，$L=2400$mm，$d_{in}=133$mm，空气流速为 14.7m³/h	考虑到碳转化率和合成气在气体产物的含量，在 25kW·h 反应器中，最佳的反应温度是 850℃；合成气含量随着水碳比的增加而增加
	NiO/Al_2O_3（质量比=3:2），CaO(10%)/稻秸	鼓泡流化床，长方形，230mm×120mm，$T=650$~850℃	快速流化床，$L=2400$mm，$d_{in}=133$mm	当温度从 650℃升高到 850℃时碳转化效率从 40.55%升高到 67.5%，合成气在 750℃时达到最大值 0.33Nm³/kg，CaO 的加入能够降低合成器中 CO_2 的产量

续表

机构	载氧体/原料	燃料反应器	空气反应器	主要结论
青岛科技大学	Fe4ATP6K1（98～180μm）/咖啡渣（0.25～0.425mm）	流化床：H=650mm，d_{in}=50mm，T=800～900℃，水蒸气：0～0.6g/min（底部进水蒸气）	T=800～900℃，空气0.3L/min，t_r=60min	最优条件：反应温度900℃，水蒸气量0.23g/min，O/C物质的量比1，碳转化率相比于石英砂床料由71.38%提升至86.25%
中国科学院青岛生物能源与过程研究所	Ba-Fe载氧体，原料：核桃壳颗粒；进料量：3.6kg/h		空气反应器温度为1000℃，燃料反应器温度为800℃	加水蒸气后，氢气浓度从11.77%升至26.09%，H_2/CO从0.29升至0.77，焦油含量从1.61g/Nm^3降至1.21g/Nm^3

中国科学院青岛生物能源与过程研究所在国家重点研发计划政府间国际科技创新合作重点专项的资助下搭建了 20kW·h 生物质双流化床化学链气化装置，如图 8.17 所示，完成了载氧体放大工作，以天然赤铁矿和放大生产的 $BaFe_2O_4$ 为载氧体，以核桃壳为生物质原料，进行了生物质化学链气化热态实验。$BaFe_2O_4$、天然赤铁矿为载氧体，以核桃壳为生物质原料，进料量 3kg/h，气化温度 800℃下在整个运行检测过程中，以 $BaFe_2O_4$ 为载氧体的化学链气化过程中，CO 是主要气体产物，有少量的 CO_2、CH_4 和 H_2；而以

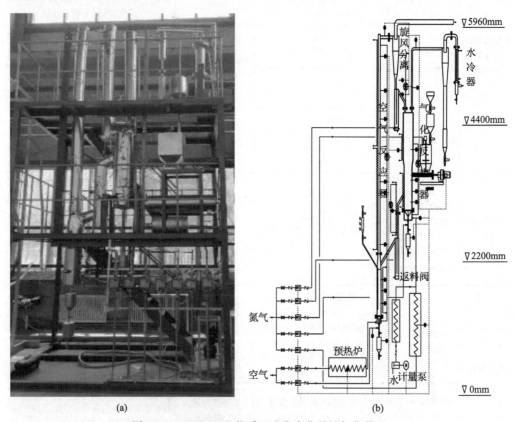

图 8.17　20kW·h 生物质双流化床化学链气化装置
(a)实物图；(b)工艺图

天然赤铁矿为载氧体的化学链反应中，CO_2是主要气体产物，相比之下，$BaFe_2O_4$在热态实验中仍然显示出较强的控制性氧化能力，气体产物热值为 $13\sim14MJ/Nm^3$，较生物质空气气化合成气热值提高了近一倍[11]。

　　生物质气化在产业化实施过程中存在焦油含量高和燃气热值低两个共性难题，常规固定床、流化床生物质气化技术相对成熟，制备得到的合成气大多采用热燃气方式直接燃烧或发电，很难作为高品质合成气使用。采用生物质化学链气化的方式，研制具有选择性控制氧化的多功能复合型载氧体，可以显著提高合成气品质和热值，开发双流化床生物质气化装置，实现空气反应器和燃料反应器之间的顺畅循环输运与良好的气体密封是化学链气化的重要挑战。

参 考 文 献

[1] Chen T, Zhang J, Wang Z, et al. Oxygen-enriched gasification of lignocellulosic biomass: Syngas analysis, physicochemical characteristics of the carbon-rich material and its utilization as an anode in lithium ion battery[J]. Energy, 2020, 212: 118771.

[2] 董祝君. 生物质热转化动力学模型分析及其模拟应用[D]. 上海: 上海交通大学, 2019.

[3] Zhang J Z, Chen T, Wu J, et al. A novel Gaussian-DAEM-reaction model for the pyrolysis of cellulose, hemicellulose and lignin[J]. RSC Advances, 2014, 4(34): 17513.

[4] Cai J M, Wu W, Liu R, et al. A distributed activation energy model for the pyrolysis of lignocellulosic biomass[J]. Green Chemistry, 2013, 15(5): 1331-1340.

[5] Chen T, Deng C, Liu R. Effect of selective condensation on the characterization of bio-oil from pine sawdust fast pyrolysis using a fluidized-bed reactor[J]. Energy & Fuels, 2010, 24(12): 6616-6623.

[6] Chen T, Wu C, Liu R, et al. Effect of hot vapor filtration on the characterization of bio-oil from rice husks with fast pyrolysis in a fluidized-bed reactor[J]. Bioresource Technology, 2011, 102(10): 6178-6185.

[7] Yin R, Liu R, Mei Y, et al. Characterization of bio-oil and bio-char obtained from sweet sorghum bagasse fast pyrolysis with fractional condensers[J]. Fuel, 2013, 112: 96-104.

[8] 孙立, 张晓东. 生物质热解气化原理与技术[M]. 北京: 化学工业出版社, 2013.

[9] Wang Z, He T, Qin J, et al. Gasification of biomass with oxygen-enriched air in a pilot scale two-stage gasifier[J]. Fuel, 2015, 150: 386-393.

[10] 魏国强. 铁基复合氧载体生物质化学链气化耦合 CO_2 裂解基础研究[D]. 太原: 太原理工大学, 2021.

[11] 武景丽. 生物质热解机理及化学链气化过程研究[D]. 北京: 中国科学院大学, 2020.